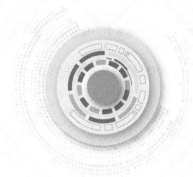

三菱PLC
编程基础及应用

● 张树江 于 水 郭智渊 等 编著

U0201709

化学工业出版社
·北京·

内 容 简 介

《三菱 PLC 编程基础及应用》主要以三菱 FX_{2N} PLC 为讲授对象，系统地介绍了 PLC 初学者需要掌握的基本知识和应用技能，主要讲解了 FX_{2N} 系列 PLC 的硬件资源、编程软件、基本指令、步进指令及顺序控制程序设计、功能指令、特殊功能模块及指令的应用，另外还介绍了 PLC 的通信、网络及应用，触摸屏和变频器，三菱 PLC 控制系统综合应用实践等内容。

本书讲解全面详细，内容由浅入深，语言通俗易懂。通过学习本书，读者不仅能快速入门、夯实基础，也能扩展思路、提升技能。

本书可供学习 PLC 的工程技术人员使用，也可供高等院校相关专业的师生学习参考。

图书在版编目（CIP）数据

三菱 PLC 编程基础及应用/张树江等编著. —北京：化学工业出版社，2020.11
ISBN 978-7-122-37673-2

Ⅰ.①三… Ⅱ.①张… Ⅲ.①PLC 技术-程序设计 Ⅳ.①TM571.61

中国版本图书馆 CIP 数据核字（2020）第 165783 号

责任编辑：万忻欣　　　　　　　　　　　文字编辑：吴开亮
责任校对：宋　夏　　　　　　　　　　　装帧设计：张　辉

出版发行：化学工业出版社（北京市东城区青年湖南街 13 号　邮政编码 100011）
印　　装：北京科印技术咨询服务有限公司数码印刷分部
787mm×1092mm　1/16　印张 20½　字数 509 千字　　2021 年 1 月北京第 1 版第 1 次印刷

购书咨询：010-64518888　　　　　　　　售后服务：010-64518899
网　　址：http://www.cip.com.cn
凡购买本书，如有缺损质量问题，本社销售中心负责调换。

定　　价：68.00 元　　　　　　　　　　　　　　版权所有　违者必究

前 言

可编程控制器（Programmable Logic Controller，PLC）是以计算机技术为核心的通用工业自动化装置，它将传统的继电器控制系统与计算机技术结合在一起，具有高可靠性、灵活通用、易于编程、使用方便等特点。 因此，在工业自动控制、机电一体化、改造传统产业等方面得到了广泛的应用，被誉为现代工业生产自动化的三大支柱之一。

三菱 PLC 以其高性能、低价格的优点，在国内很多行业得到了广泛的应用。 在三菱小型 PLC FX$_{1N}$、FX$_{2N}$ 及 FX$_{3U}$ 三代产品中，FX$_{2N}$ 是三菱 FX 家族中颇具代表性的产品，它具有结构紧凑、功能强大、小巧、高速、安装方便、可扩展大量满足单个需要的特殊功能模块等特点，在我国小型 PLC 市场中占有较大份额，为工厂自动化应用提供最大的灵活性和控制能力。 为了便于学习和理解 FX$_{2N}$ 系列 PLC 控制系统的相关技术，特编写此书。

全书从初学者的角度出发，对 PLC 工程技术人员需要掌握的基础知识和应用做了全面的介绍，力求内容实用，语言通俗易懂，希望帮助读者夯实基础，提高技能。 本书分为十章，内容包括：PLC 简介，FX$_{2N}$ 系列 PLC 的硬件资源，FX$_{2N}$ 系列 PLC 的编程软件，FX$_{2N}$ 系列 PLC 的基本指令及应用，步进指令、顺序控制程序设计及应用，FX$_{2N}$ 系列 PLC 的功能指令及应用，FX$_{2N}$ 系列 PLC 的特殊功能模块及应用，PLC 的通信、网络及应用，触摸屏和变频器，三菱 PLC 控制系统综合应用实践。

本书是在辽宁石油化工大学矿业工程学院自动化教研室编写的《可编程控制技术》讲义基础上重新编写的。 辽宁石油化工大学矿业工程学院张树江、于水以及山西煤炭进出口集团公司教授级高级工程师郭智渊担任主要编著者，辽宁石油化工大学矿业工程学院闫兵、王宏宇共同参加研究编写。

由于水平有限，疏漏和不妥之处在所难免，恳请读者批评指正。

编著者

目录

第1章 PLC 简介

第2章 FX$_{2N}$ 系列 PLC 的硬件资源

第 3 章　FX_{2N} 系列 PLC 的编程软件

第 4 章　FX_{2N} 系列 PLC 的基本指令及应用

第 5 章 步进指令、顺序控制程序设计及应用

第 6 章 FX$_{2N}$ 系列 PLC 的功能指令及应用

第 7 章 FX₂ₙ 系列 PLC 的特殊功能模块及应用

第 8 章   PLC 的通信、网络及应用

第 9 章   触摸屏和变频器

第 10 章 三菱 PLC 控制系统综合应用实践

参考文献

1.1 PLC 概述

1.1.1 PLC 的定义及发展趋势

20 世纪 60 年代，计算机开始应用于工业控制，但其编程难，且难以适应恶劣的工业环境。传统的继电器-接触器组成的控制系统，简单易懂，价格便宜，在工业生产中发挥着重要作用，其最大缺点是接线复杂，改变设计困难。1968 年，美国通用汽车公司（GM）为了适应汽车不断更新换代，生产工艺不断变化的需要，寻求一种能减少重新设计和更换电器控制系统及接线的新型工业控制器，以降低成本，缩短生产周期。1969 年，美国数字设备公司（DEC）研制出世界上第一台可编程序（可编程）控制器（Programmable Logic Controller，PLC），并在通用汽车公司的自动装配线上首次试用成功，从而开创了工业控制的新局面。20 世纪 70 年代中末期，可编程序控制器进入了实用化发展阶段，20 世纪 80 年代初，可编程控制器在先进工业国家广泛应用，20 世纪末期，可编程序控制器已经适应现代工业控制的需要，21 世纪初，随着计算机通信技术的发展，可编程序控制器重点发展了网络通信能力，并广泛应用于工业控制系统的各个领域。

1980 年美国电气制造商协会（NEMA）正式将其命名为可编程控制器（Programmable Controller），简称 PC。为了和个人计算机（PC）相区别，将最初用于逻辑控制的可编程控制器称为 PLC（Programmable Logic Controller）。

1985 年 1 月，国际电工委员会（IEC）制定了可编程控制器的标准。可编程控制器是一种数字运算操作的电子系统，专为在工业环境下应用而设计，它采用一类可编程的存储器，用于其内部存储程序，执行逻辑运算、顺序控制、定时、计数与算术操作等面向用户的指令，并通过数字或模拟式输入/输出控制各种类型的机械或生产过程。可编程控制器及其有关外部设备，都按易于与工业控制系统联成一个整体，易于扩充其功能的原则设计。

可编程控制器是以微机技术为核心的通用工业自动控制装置。

PLC 自问世以来，经过 40 多年的发展，在美、德、日等工业发达国家已经成为重要的产业之一。目前，世界上有 200 多个生产厂商，较有名的有美国的艾伦-布拉德利公司、通用电气公司、莫迪康公司；德国的西门子公司；法国的施耐德公司；日本的三菱公司、欧姆龙公司、富士电机公司、东芝公司、松下电器公司；韩国的三星公司、LG 公司等。我国使用较多的外国 PLC 主要是德国西门子公司、日本三菱公司和欧姆龙公司生产的系列产品。

近年来，我国在 PLC 研制、生产、应用上发展很快。特别是在应用方面，在引进成套设备的同时也配套引进了 PLC。同时，对老旧设备进行改造，实现产品升级换代时，大量应用 PLC。我国自己生产制造的设备也大量采用了 PLC 控制。在研制生产自己的 PLC 产品的同时，我国也与国外公司合资生产各种档次的 PLC 产品。PLC 在国内各行各业有了极大的应用，技术含量也越来越高，广泛应用于顺序控制、运动控制、过程控制、数据处理、通信等类型的控制，获得了令人瞩目的经济效益和社会效益。特别是 PLC 远程通信功能的实现及多种功能的编程语言和先进的指令系统，为工业自动化提供了有力的工具，加速了机电一体化进程。无论是国内还是国外，PLC 正向着集成度越来越高、速度越来越快、功能越来越强、性能越来越可靠、使用越来越方便的方向发展。

1.1.2 PLC 的特点、功能及应用

PLC 是一种新型的通用自动化控制装置，它将传统的继电器-接触器控制技术、计算机技术等融为一体，具有体积小、重量轻、能耗低、可靠性高、抗干扰能力强、编程简单、使用方便等特点，广泛应用于钢铁、石化、电力、机械制造、汽车装配、纺织、交通、文化娱乐等各行各业。随着 PLC 性价比不断提高，其应用领域不断扩大。典型的 PLC 功能如下：

① 顺序控制。这是可编程控制器最广泛应用的领域，取代了传统的继电器顺序控制，例如注塑机、印刷机械、订书机械、切纸机、组合机床、磨床、装配生产线、包装生产线、电镀流水线及电梯控制等。

② 过程控制。在工业生产过程中，有如温度、压力、流量、液位、速度、电流和电压等许多连续变化的模拟量。可编程控制器有 A/D 和 D/A 转换模块，可以在过程控制中实现模拟量控制功能。

③ 数据处理。一般可编程控制器都有四则运算指令等运算类指令，可以很方便地对生产过程中的资料进行处理。用 PLC 可以构成监控系统，进行数据采集和处理、控制生产过程。

④ 位置控制。较高档次的可编程控制器都有位置控制模块，用于控制步进电动机或伺服电机，实现对各种机械的位置控制。

⑤ 通信联网。某些控制系统需要多台 PLC 连接起来，使用一台计算机与多台 PLC 组成分布式控制系统。可编程控制器的通信模块可以满足这些通信联网要求。

⑥ 显示打印。可编程控制器还可以连接显示终端和打印等外围设备，从而实现显示和打印的功能。

1.1.3 PLC 与其他控制系统的比较

PLC 控制系统与工业上广泛使用的继电器-接触器控制系统、微型计算机控制系统相比，有其自身的优越性，它代表了当今电气程序控制的世界先进水平。

（1）PLC 控制系统与继电器-接触器控制系统的比较

PLC 控制系统由输入设备、微处理器和存储器、输出设备三部分组成，其控制作用由软件编程实现，如图 1-1 所示。

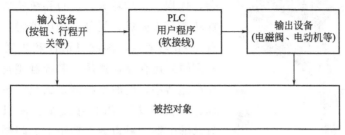

图 1-1　PLC 控制系统

三菱 PLC 外形如图 1-2 所示。

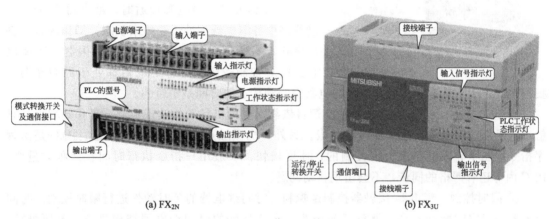

(a) FX$_{2N}$

(b) FX$_{3U}$

图 1-2　三菱 PLC 外形

继电器-接触器控制线路是用导线将基本控制环节相互连接，实现特定的控制要求。传统的继电器-接触器控制系统由输入设备、继电器-接触器控制线路、输出设备三部分组成，其控制作用由继电器-接触器实现，如图 1-3 所示。

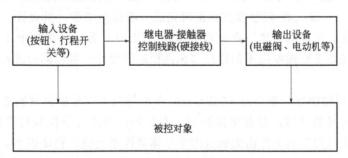

图 1-3　继电器-接触器控制系统

传统的继电器-接触器控制系统如图 1-4 所示。

PLC 是在传统的继电器-接触器控制系统上发展起来的，PLC 编程语言中的梯形图与继电器-接触器控制线路十分相似，但是 PLC 与继电器-接触器控制系统还存在一些区别，主要表现在以下几方面。

图 1-4 传统的继电器-接触器控制系统

① 控制逻辑 继电器-接触器控制逻辑采用硬接线逻辑，利用继电器机械触点的串联或并联及时间继电器的延时动作等组合成控制逻辑，其接线多而复杂，体积大，功耗大，一旦系统构成后想再改变或增加功能都很困难。另外，继电器触点数目有限，每只有 4～8 对触点，因此灵活性和扩展性很差。PLC 控制逻辑采用存储器逻辑，其控制逻辑以程序方式存储在存储器中，要改变控制逻辑只需改变程序即可，故称为"软接线"。PLC 接线少、体积小，而且其中每只软继电器的触点数在理论上无限制，因此灵活性和扩展性很好。PLC 由中大规模集成电路组成，功耗小。

② 工作方式 当电源接通时，继电器-接触器控制线路中各继电器都处于受约束状态，即该吸合的都应吸合，不该吸合的都因受某种条件限制而不能吸合。PLC 控制逻辑中，各继电器都处于周期性循环扫描接通之中，从宏观上看，每个继电器受制约接通的时间是短暂的。

③ 控制速度 继电器-接触器控制逻辑依靠触点的机械动作实现控制，工作频率低，且触点的通断动作一般在几十毫秒数量级。另外，机械触点还会出现抖动问题。PLC 是由程序指令控制半导体电路来实现控制的，速度极快，一般用户指令执行时间在微秒数量级。PLC 内部还有严格的同步，不会出现抖动问题。

④ 限时控制 继电器-接触器控制逻辑利用时间继电器的延时动作进行限时控制。时间继电器一般定时精度不高，调整时间困难，有些特殊的时间继电器结构复杂，不便维护。PLC 使用半导体集成电路作定时器，时基脉冲由晶体振荡器产生，精度相当高，且定时时间不受环境影响，定时范围大。用户可根据需要在程序中设定定时值，然后由软件和硬件计数器来控制定时时间。

⑤ 计数限制 继电器-接触器控制逻辑一般不具备计数功能，而 PLC 能实现计数功能。

⑥ 设计和施工 继电器-接触器控制逻辑完成一项控制工程，其设计、施工、调试必须依次进行，周期长，工程越大这一点就越突出。而用 PLC 完成一项控制工程时，在系统设计完成以后，现场施工和控制逻辑的设计（包括梯形图设计）可以同时进行，其周期短，且调试、维修方便。

⑦ 可靠性和可维护性 继电器-接触器控制逻辑使用了大量的机械触点，连线也多。触点通断时会受到电弧的损坏，并有机械磨损，寿命短，因此可靠性和可维护性差。PLC 采用微电子技术，大量的开关动作由无触点的半导体器件来完成，它体积小、寿命长、可靠性高。PLC 还配有自检和监督功能，能检查出自身的故障，并随时显示给操作人员，还能动态地监视控制程序的执行情况，为现场调试和维护提供了方便。

⑧ 价格 继电器-接触器控制逻辑使用机械开关、继电器和接触器，价格比较低，而 PLC 使用中大规模集成电路，价格比较高。

从以上几个方面的比较可知，PLC 控制在性能上比继电器-接触器控制逻辑优异、可靠性高、设计施工周期短、调试修改方便，但其价格高于继电器-接触器控制系统。从系统的性价比而言，PLC 具有很大的优势。继电器-接触器控制线路要想改变控制功能，必须变更硬接线，其灵活性差。PLC 还具有网络通信功能，可附加高性能模块对模拟量进行处理，实现了各种复杂控制功能。

（2）PLC 控制系统与微型计算机控制系统比较

微型计算机是通用的专用机，主要用于信息处理，其最大特征是运算快、功能强、应用范围广。如果采用微型计算机作为某一设备的控制器，就必须根据实际需要考虑抗干扰问题和软、硬件设计，以适应设备控制的专门需要。这样，就把通用的微型计算机转化为具有特殊功能的控制器而成为一台专用机。PLC 是一种为适应工业控制环境而设计的专用计算机，主要用于功能控制，选配对应的模块便可适用于各种工业控制系统，而用户只需改变用户程序即可满足工业控制系统的具体控制要求。

PLC 与微型计算机的主要差异及各自的特点主要表现为以下方面。

① 应用范围　微型计算机除了控制领域外，还大量用于科学计算、数据处理、计算机通信等领域，而 PLC 主要用于工业控制领域。

② 使用环境　微型计算机对环境要求较高，一般要在干扰小、具有一定的温度和湿度要求的机房内使用，PLC 则适用于工业现场环境。

③ I/O　微型计算机的 I/O 设备与主机之间采用微电（微弱的电压、电流信号）联系，一般不需要电气隔离。PLC 一般控制强电设备，需要电气隔离，I/O 均用光耦合器进行光电隔离，输出还采用继电器、晶闸管或大功率晶体管进行功率放大。

④ 程序设计　微型计算机具有丰富的程序设计语言，如汇编语言、PASCAL 语言、C 语言等，其语句多、语法关系复杂，要求使用者必须具有一定水平的计算机硬件和软件知识。PLC 提供给用户的编程语句数量少、逻辑简单，易于学习和掌握。

⑤ 系统功能　微型计算机一般配有较强的系统软件，例如操作系统，能进行设备管理、文件管理、存储器管理等。它还配有许多应用软件，以方便用户使用。PLC 一般只有简单的监控程序，能完成故障检查、用户程序的输入和修改、用户程序的执行与监视。

⑥ 运算速度和存储容量　微型计算机运算速度快，一般为微秒级，因有大量的系统软件和应用软件，故存储容量大。PLC 因接口的响应速度慢而影响数据处理速度，一般 PLC 接口响应速度为 2ms，巡回检测速度为 8ms/KB。PLC 的软件少，所编程序也短，故存储器容量小。

⑦ 价格　微型计算机是通用机，功能完善，故价格较高，而 PLC 是专用机，功能较少，其价格相对较低。

从以上几个方面的比较可知，PLC 是一种用于工业自动化控制的专用机系统，它的结构简单、抗干扰能力强，价格也比一般的微型计算机系统低。总之，PLC 与微型计算机相比：PLC 继承了继电器-接触器控制系统的基本格式和习惯，对于有继电器-接触器控制系统方面知识和经验的人来说，尤其是现场的技术人员，学习起来十分方便；PLC 一般由电控设备的制造厂商研制生产，各厂商的产品不通用。微型计算机是由通用计算机推广应用发展起来的，一般由微型计算机生产厂商、芯片及板卡制造厂商开发生产。它在硬件结构方面的突出优点是总线标准化程度高、产品兼容性强。PLC 运行方式与微型计算机不同，PLC 不能直接使用微型计算机的许多软件。微型计算机可使用各种编程语言，对要求快速、实时性强、模型复杂的工业对象的控制占有优势，但它要求使用者具有一定的计算机专业知识。PLC 一般具有模块结构，可以针对不同的对象进行组合和扩展。

1.2 PLC 的性能指标及分类

1.2.1 PLC 的性能指标

PLC 的性能指标包括硬件性能指标和软件性能指标。硬件性能指标包括一般指标、输入特性和输出特性；软件性能指标包括远行方式、运算速度、程序容量、逻辑器件种类和数量以及编号、指令类型和数量等。

PLC 的技术性能不同，性能指标也有所不同，主要性能指标如下：

① I/O 点数 I/O 点数是指 PLC 组成控制系统时所能接入的 I/O 信号的最大数量，即 PLC 外部 I/O 端子数，它表示 PLC 组成控制系统时可能的最大规模。通常，在总点数中，输入点数大于输出点数，且输入点与输出点不能相互替代。

② 扫描速度 一般以执行 1000 步指令所需的时间来衡量，单位为 ms/千步；也有以执行一步指令时间计的，单位为 μs/步。

③ 存储器容量 PLC 的存储器包括系统程序存储器、用户程序存储器和数据存储器三部分。PLC 产品中可供用户使用的是用户程序存储器和数据存储器。PLC 中的程序指令是按"步"存放的，一"步"占用一个地址单元，一个地址单元一般占用 2B 存储容量。如 1024 步的 PLC，其存储容量为 2KB。

④ 编程语言 PLC 采用梯形图、指令表、顺序功能图、功能模块图和结构文本等编程语言，不同的 PLC 产品可能拥有其中一种、两种或全部的编程方式。它常用三种编程方式，即梯形图（LAD）、指令表（STL）和顺序功能图（SFC）。

⑤ 指令功能 PLC 的指令种类越多，其软件的功能就越强，使用这些指令完成一定的控制目标就越容易。

用户在选择 PLC 时，除对其主要性能指标进行认真查阅外，还需关注 PLC 的可扩展性、使用条件、可靠性、易操作性及经济性等指标。

三菱 FX 系列 PLC 基本性能指标如表 1-1 所示，输出技术指标如表 1-2 所示。

表 1-1 三菱 FX 系列 PLC 的基本性能指标

项目		FX_{1S}	FX_{1N}	FX_{2N} 和 FX_{2NC}
运算控制方式		存储程序，反复运算		
I/O 控制方式		批处理方式(在执行 END 指令时)，可以使用 I/O 刷新指令		
运算处理速度	基本指令	$0.55 \sim 0.7\mu s$/步		$0.08\mu s$/步
	应用指令	$3.7\mu s$/步到数百微秒每步		$1.52\mu s$/步到数百微秒每步
程序语言		逻辑梯形图和指令表，可以用步进梯形指令来生成顺序控制指令		
程序容量(EEPROM)		内置 2K 步	内置 8K 步	内置 8K 步,用存储器可达 16K 步
指令数量	基本、步进指令	基本指令 27 条，步进指令 2 条		
	功能指令	85 条	89 条	128 条
I/O 设置		最多 30 点	最多 128 点	最多 256 点

表 1-2 三菱 FX 系列 PLC 的输出技术指标

项目		继电器输出	晶闸管输出	晶体管输出
外部电源		最大 AC 240V 或 DC 30V	AC 85~242V	DC 5~30V
最大负载	电阻负载	2A/1 点,8A/COM	0.3A/1 点,0.8A/COM	0.5A/1 点,0.8A/COM
	感性负载	80V·A,AC 120V/240V	36V·A/AC 240V	12W/DC 24V
	灯负载	100W	30W	0.9W/DC 24V(FX_{1S}),其他系列 1.5W/DC 24V
最小负载		电压<DC 5V 时 2mA,电压<DC 24V 时 5mA(FX_{2N})	2.3V·A/AC 240V	—

FX_{2N} 是 FX 系列 PLC 中功能强大的小型 PLC。按功能可分为基本单元、扩展单元、扩展模块及特殊适配器等四种类型产品。基本单元内有 CPU、存储器、输入/输出、电源等,是一个完整的 PLC 机,可以单独使用。FX_{2N} 系列 PLC 拥有非常高的运行速度、高级的功能逻辑选件以及定位控制等特点。FX_{2N} 系列 PLC 是从 16 路到 256 路 I/O 的多种应用的选择方案,适用于在多个基本组件间连接、模拟控制、定位控制等特殊用途,是一套可以满足多样化广泛需要的 PLC。

1.2.2 PLC 的分类

由于 PLC 的品种、型号、规格、功能各不相同,没有统一的分类标准。通常,按 I/O 点数分成大型、中型和小型三类;按功能强弱分为低档机、中档机和高档机三类;按结构分为整体式和模块式两类。

(1) 按 I/O 点数分类

① 小型 PLC 小型 PLC 的 I/O 点数小于 256,采用单 CPU,8 位或 16 位处理器,用户存储器容量在 8KB 以下。

② 中型 PLC 中型 PLC 的 I/O 点数在 256~2048 之间,大多采用双 CPU,16 位处理器,用户存储器容量为 2~8KB,主要采用模块组合式结构。

③ 大型 PLC 大型 PLC 的 I/O 点数大于 2048 点,采用多 CPU,16 位或 32 位处理器,用户存储器容量为 8~16KB,它是为需求连续控制的大型工厂或大型机器设计的。

(2) 按结构分类

① 整体式 PLC 整体式 PLC 是将电源、CPU、I/O 接口等部件都集中装在一个机箱内。具有结构紧凑、体积小、价格低的特点,小型 PLC 一般采用这种结构。整体式 PLC 由不同 I/O 点数的基本单元(又称主机)和扩展单元组成。基本单元内有 CPU、I/O 接口、与 I/O 扩展单元相连的扩展口,以及与编程器或 EPROM 写入器相连的接口等。扩展单元内只有 I/O 和电源等,没有 CPU。基本单元和扩展单元之间一般用扁平电缆连接,整体式 PLC 一般还可配备特殊功能单元,如模拟量单元、位置控制单元等,使其功能得以扩展。

② 模块式 PLC 模块式 PLC 是将 PLC 各组成部分分别作成若干个单独的模块,如 CPU 模块、I/O 模块、电源模块(有的含在 CPU 模块中)以及各种功能模块。模块式 PLC 由框架或基板和各种模块组成,模块装在框架或基板的插座上。这种模块式 PLC 的特点是配置灵活,可根据需要选配不同规模的系统,而且装配方便,便于扩展和维修。大中型 PLC 一般采用模块式结构。

除了以上两种分类外，还有一种叠装式 PLC（也称混合式 PLC）。叠装式 PLC 是将整体式与模块式结合起来的 PLC，其配置更具灵活性。叠装式 PLC 的 CPU、电源、I/O 接口等也是各自独立的模块，但它们之间靠电缆进行连接，并且各模块可以逐层地叠装，这样不但系统可以灵活配置，还可做得体积小巧。

(3) 按功能分类

① 低档机　低档 PLC 具有逻辑运算、定时、计数、移位以及自诊断、监控等基本功能，还可有少量模拟量输入/输出、算术运算、数据传送和比较、通信等功能。低档 PLC 主要用于逻辑控制、顺序控制或少量模拟量控制的单机控制系统。

② 中档机　中档 PLC 除具有低档 PLC 的功能外，还具有较强的模拟量处理、数值运算、数据处理、PID（比例、积分、微分）控制、远程 I/O 及通信联网等功能，适用于复杂控制系统。

③ 高档机　除具有中档机的功能外，高档 PLC 还增加了带符号算术运算、矩阵运算、位逻辑运算、平方根运算及其他特殊功能函数的运算、制表及表格传送功能等。高档 PLC 具有更强的通信联网功能，可用于大规模过程控制或构成分布式网络控制系统，实现工厂自动化。

1.3　PLC 的基本结构及工作原理

1.3.1　PLC 的基本结构

PLC 主要由主机和外部设备构成。主机由微处理器（CPU）、存储器（RAM/ROM）、输入/输出（I/O）接口和内部电源构成；外部设备一般由编程器、打印机、显示器、特殊模块、上位计算机及其他 PLC 等构成。PLC 的基本结构如图 1-5 所示。

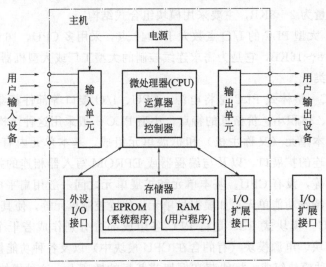

图 1-5　PLC 的基本结构

① CPU（Central Processing Unit）　中央处理单元，是 PLC 的运算控制中心，它在系

统程序的控制下，完成逻辑运算、数学运算、协调系统内部各部分的工作，其具体作用是：

a.接收、存储用户程序；

b.按扫描工作方式接收来自输入单元的数据和信息，并存入相应的数据存储区；

c.执行监控程序和用户程序，完成数据和信息的逻辑处理，产生相应的内部控制信号，完成用户指令规定的各种操作；

d.响应外部设备的请求。

② RAM（Random Access Memory）　随机存取存储器，用于用户程序和运行中的数据。RAM可读可写，没有断电保持功能。用户存储器一般采用低功耗的CMOS RAM，由锂电池实现断电保护，可保持用户程序5～10年。

③ ROM（Read Only Memory）　只读存储器，CPU只能读不能写入，用于存储厂家编写的系统程序，系统程序是控制和完成PLC各种功能的程序，系统程序存储器一般为EPROM和EEPROM，由编程器写入。

④ I（Input）/O（Output）　输入/输出，连接现场设备与CPU之间的接口电路。输入接口用来接收生产过程的各种参数（输入信号）；输出接口用来送出可编程控制器运算后得出的控制信息（输出信号），并通过机外的执行机构完成工业现场的各类控制。为了适应工业生产现场的复杂环境，输入输出接口有良好的抗干扰能力和满足各类信号的匹配要求。

⑤ 外部设备　可编程控制器一般可配备的外部设备有编程器、打印机（打印程序或制表）、EPROM写入器（将程序写入用户EPROM中）、彩色图形监控系统（显示或监视有关部分的运行状态）。

1.3.2　PLC的工作原理

最初生产的PLC主要用于代替传统的由继电器、接触器构成的控制装置，但这两者的运行方式是不相同的。继电器控制装置采用硬逻辑并行运行的方式，即如果这个继电器的线圈通电或断电，该继电器所有的触点（包括其常开或常闭触点）在继电器控制线路的哪个位置上都会立即同时动作。而PLC的CPU采用顺序逻辑扫描用户程序的运行方式，即如果一个输出线圈或逻辑线圈被接通或断开，该线圈的所有触点（包括其常开或常闭触点）不会立即动作，必须等扫描到该触点时才会动作。

为了消除二者之间由于运行方式不同而造成的差异，考虑到继电器控制装置各类触点的动作时间一般在100ms以上，而PLC扫描用户程序的时间一般均小于100ms，因此，PLC采用了一种不同于一般微型计算机的运行方式——扫描技术。这样在对于I/O响应要求不高的场合，PLC与继电器控制装置的处理结果上就没有什么区别了。

PLC的一个扫描过程包含以下五个阶段。如图1-6所示。

① 内部处理　检查CPU等内部硬件是否正常，对监视定时器复位，其他内部处理。

② 通信服务　与编程器、计算机进行通信。如响应编

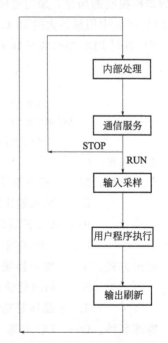

图1-6　PLC循环扫描过程示意图

程器键入的命令，更新编程器的显示内容；用一台计算机与多台 PLC 组成分布式控制系统。

③ 输入采样　在输入采样阶段，PLC 以扫描方式依次地读入所有输入状态和数据，并将它们存入输入映像寄存器中的相应单元内。输入采样结束后，转入用户程序执行和输出刷新阶段。在这两个阶段中，即使输入状态和数据发生变化，输入映像寄存器中的相应单元的状态和数据也不会改变。因此，如果输入是脉冲信号，则该脉冲信号的宽度必须大于一个扫描周期，才能保证在任何情况下，该输入均能被读入。

④ 用户程序执行　在用户程序执行阶段，PLC 总是按由上而下的顺序依次地扫描用户程序（梯形图）。在扫描每一条梯形图时，又总是先扫描梯形图左边的由各触点构成的控制线路，并按先左后右、先上后下的顺序对由触点构成的控制线路进行逻辑运算，然后根据逻辑运算的结果，刷新该逻辑线圈在系统 RAM 存储区中对应位的状态，或者刷新该输出线圈在输入/输出映像寄存器中对应位的状态，或者确定是否要执行该梯形图所规定的特殊功能指令。

⑤ 输出刷新　当扫描用户程序结束后，PLC 就进入输出刷新阶段。在此期间，CPU 按照输出映像寄存器中对应的状态和数据刷新所有的输出锁存电路，再经输出电路驱动相应的外部设备。这时才是 PLC 的真正输出。

1.4　三菱系列 PLC 简介

FX 系列 PLC 是由三菱公司推出的高性能小型可编程控制器。其中，FX_2 是 1991 年推出的产品；FX_0 是在 FX_2 之后推出的超小型 PLC；近几年来又连续推出了将众多功能集成在超小型机壳内的 FX_{0S}、FX_{1S}、FX_{0N}、FX_{1N}、FX_{2N}、FX_{3U} 等系列 PLC，它们适用于大多数单机控制的场合，采用整体式和模块式相结合的叠装式结构，具有较高的性价比，是三菱 PLC 产品中用量最大的 PLC 系列产品。

FX 系列 PLC 型号含义如下：

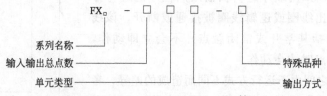

系列名称：0、2、0S、1S、0N、1N、2N、2NC、3U 等。

单元类型：M——基本单元；

　　　　　E——输入输出混合扩展单元；

　　　　　F——EX 扩展输入模块；

　　　　　EY——扩展输出模块。

输出方式：R——继电器输出；

　　　　　S——晶闸管输出；

　　　　　T——晶体管输出。

特殊品种：D——DC 电源，DC 输出；

　　　　　A1——AC 电源，AC 100～120V 输入或 AC 输出模块；

H——大电流输出扩展模块；

V——立式端子排的扩展模块；

C——接插口输入输出方式；

F——输入滤波时间常数为1ms的扩展模块。

如果特殊品种一项无符号，则为通用的AC电源、DC输入、横式端子排、标准输出。

在PLC的三种输出方式中，继电器输出可驱动交、直流负载，但不能发高速脉冲输出；晶闸管输出只能驱动交流负载；晶体管输出只能驱动直流负载，可发高速脉冲输出。

例如：

FX$_{2N}$-32MT-D表示FX$_{2N}$系列，有32个I/O点，基本单元，晶体管输出，使用24V直流电源。

FX$_{2N}$-64MR-D表示FX$_{2N}$系列，有64个I/O点，基本单元，继电器输出，使用24V直流电源。

FX$_{2N}$-48ER-D表示FX$_{2N}$系列，有48个I/O点，输入输出混合扩展单元，继电器输出，使用24V直流电源。

FX$_{2N}$的外形如图1-7所示。

图1-7 FX$_{2N}$的外形

FX$_{3U}$系列是三菱公司的第三代PLC，是三菱小型PLC的"明星"产品，基本性能大幅提升，晶体管输出型的基本单元内置了3轴独立最高100kHz的定位功能，并且增加了新的定位指令，从而使得定位控制功能更加强大，使用更为方便，使FX$_{3U}$系列PLC成为FX$_{2N}$的替代产品。

FX$_{3U}$的型号含义如下：

FX$_{3U}$的外形如图1-8所示。

图1-8 FX$_{3U}$的外形

FX$_{3G}$系列是三菱公司新近推出的第三代PLC，基本单元自带两路高速通信接口（RS-422&USB），内置高达32KB大容量存储器，标准模式时基本指令处理速度可达0.21μs，控制规模为14～256点（包括CC-Link网络I/O），定位功能设置简便（最多三轴），基本单元左侧最多可连接4台FX$_{3U}$特殊适配器，可实现浮点数运算，可设置两级密码，每级16字符，增强密码保护功能。

A系列PLC使用三菱专用顺控芯片（MSP），指令处理速度可媲美大型三菱PLC。A2ASCPU支持32个PID回路，而QnASCPU的回路数目无限制，可随内存容量的大小而改变；程序容量由8K步至124K步，如使用存储器卡，QnASCPU内存量可扩充到2MB字节；有多种特殊模块可选择，包括网络、定位控制、高速计数、温度控制等模块。

Q 系列 PLC 是在 A 系列基础上发展起来的中、大型 PLC 系列产品。Q 系列 PLC 采用了模块化的结构形式，系列产品的组成与规模灵活可变，最大输入输出点数达到 4096 点；最大程序存储器容量可达 252K 步，采用扩展存储器后可以达到 32MB；基本指令的处理速度可以达到 34ns。其性能水平居世界领先地位，可以适合各种中等复杂机械、自动生产线的控制场合。

Q 系列 PLC 的基本组成包括电源模块、CPU 模块、基板、I/O 模块等。通过扩展基板与 I/O 模块可以增加 I/O 点数，通过扩展储存器卡可增加程序储存器容量，通过各种特殊功能模块可提高 PLC 的性能，扩大 PLC 的应用范围。Q 系列 PLC 可以实现多 CPU 模块在同一基板上的安装，CPU 模块间可以通过自动刷新来进行定期通信或通过特殊指令进行瞬时通信，以提高系统的处理速度。特殊设计的过程控制 CPU 模块与高分辨率的模拟量输入/输出模块，可以适合各类过程控制的需要。最大可以控制 32 轴的高速运动控制 CPU 模块，可以满足各种运动控制的需要。Q 系列 PLC 外形如图 1-9 所示。

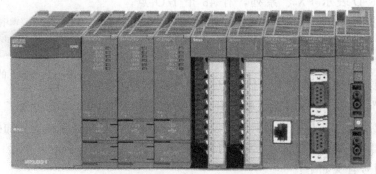

图 1-9　Q 系列 PLC 外形

第**2**章

FX₂N 系列 PLC 的硬件资源

PLC 在工业生产的各个领域得到了越来越广泛的应用。其种类繁多，但基本结构和工作原理相同。PLC 实施控制，其实质就是按一定算法进行输入输出变换，并将这个变换予以物理实现。输入输出变换、物理实现可以说是 PLC 实施控制的两个基本点，物理实现是 PLC 与普通微型计算机的最大区别。PLC 典型的计算机结构，主要是由中央处理器（CPU）、存储器（RAM/ROM）、输入/输出（I/O）模块、电源组成。PLC 的基本结构如图 2-1 所示。

PLC 的基本组成可归为：CPU——控制器的核心；I/O 部件——连接现场设备与 CPU 之间的接口电路；电源部件——为 PLC 内部电路提供能源。

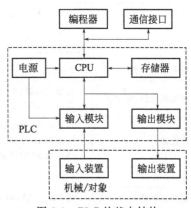

图 2-1 PLC 的基本结构

2.1 FX₂N 系列 PLC 的型号规格及系统构成

2.1.1 FX₂N 系列 PLC 的型号规格及特点

FX₂N 系列 PLC 是 FX 系列 PLC 中功能强大的小型 PLC。FX₂N 系列 PLC 拥有非常高的运行速度、高级的功能逻辑选件以及定位控制等特点。FX₂N 系列 PLC 是从 16 路到 256 路 I/O 的多种应用的选择方案，适用于在多个基本组件间的连接、模拟控制、定位控制等特殊用途，可以满足多样化广泛需要的 PLC。连接扩展单元或扩展模块，可进行 16～256 点的灵活 I/O 组合。可选用 16/32/48/64/80/128 点的主机，可以采用最小 8 点的扩展模块进行扩展，可根据电源及输出形式自由选择。

FX₂N 系列 PLC 的控制规模为 16～256 点（基本单元：16/32/48/64/80/128 点），程序容量为内置 8K 步 RAM（可输入注释），可使用存储盒，最大可扩充至 16K 步。丰富的软元件应用指令中有多个可使用的简单指令、高速处理指令，输入过滤器常数可变，中断输入处理，直接输出等，方便指令数字开关的数据读取、16 位数据的读取、矩阵输入的读取、7 段显示器输出等。

FX$_{2N}$ 系列 PLC 具体规格见表 2-1。

表 2-1 FX$_{2N}$ 系列 PLC 规格表

电源规格	交流电源型:交流 100～240V 直流电源型:直流 24V
输入规格	直流输入型:直流 24V,7mA/5mA(无电压触点,或者 NPN 集电极开路型晶体管输入) 交流输入型:交流 100～240V(交流电压输入)
输出规格	继电器输出型:2A/1 点,8A/4 点公共端　交流 250V,直流 30V(最大) 晶体管输出型:0.5A/1 点(Y000、Y001 为 0.3A/1 点),0.8 A/4 点公共端直流 5～30V 晶闸管输出型:0.3A/1 点,0.8 A/4 点公共端　交流 85～242V
I/O 扩展	可以连接 FX$_{1N}$、FX$_{2N}$ 系列用的扩展模块以及 FX$_{2N}$ 系列用的扩展单元
程序存储器	内置 8000 步 RAM(备用电池),注释输入,可以在 RUN(运行)时写入,安装存储盒时,最大可以扩展到 16000 步
时钟功能	内置实时时钟(有时间设定指令、时间比较指令)
指令	基本指令 27 个,步进梯形图指令 2 个,应用指令 132 个
运算处理速度	基本指令:0.08μs;应用指令:1.52～数百 μs
高速处理	有 I/O 刷新指令、输入滤波器调整指令、输入中断功能、定时器中断功能、计数器中断功能、脉冲捕捉功能
最大 I/O 点数	256 点
辅助继电器/定时器	辅助继电器:3072 点 定时器:256 点
计数器	一般用 16 位增计数器:200 点 一般用 16 位增减计数器:35 点 高速用 32 位增减计数器:(1 相)60kHz/2 点,10kHz/4 点;(2 相)30kHz/1 点,5kHz/1 点
数据寄存器	一般用 8000 点,变址用 16 点,文件用最大可以在程序区域中设定为 7000 点
模拟电位器	用 FX$_{2N}$8AV8D 型的功能扩展板可以内置增加 8 点
功能扩展板	可以安装 FX$_{2N}$232(485、422 等)BD 型的功能扩展板
特殊适配器	可以用 FX$_{2N}$CNVBD 来连接
特殊扩展	可以连接 FX$_{1N}$、FX$_{2N}$ 系列用的特殊单元以及特殊模块
显示模块	可以外置 FX10DM(也可以直接连接 GOT、ET 系列显示器)
适用数据通信、 适用数据链接	RS-232C、RS-485、RS-422、简易 PC 间连接,并联连接,计算机连接,CC-Link、CC-Link/LT、MELSEC-I/O 链接,AS-i 网络
外围设备的机型选择	选择 FX$_{2N}$ 或 FX$_2$ 系列,但是选择 FX$_2$ 系列时有使用限制

FX$_{2N}$ 系列 PLC 可以进行数据检索、数据排列、三角函数运算、平方根、浮点小数运算等数据处理,还具有脉冲输出 (20kHz/DC 5V,10kHz/DC 12～24V)、脉宽调制、PID 控制指令等功能,可以和外部设备相互通信,进行串行数据传送、ASCII 码转换及打印、校验码等。

FX$_{2N}$ 系列 PLC 具有丰富的器件资源,有 3072 点辅助继电器,提供了多种特殊功能模块,可实现过程控制、位置控制,有 RS-232C、RS-422、RS-485 多种串行通信模块或功能扩展板支持网络通信。FX$_{2N}$ 系列 PLC 具有较强的数学指令集,使用 32 位 CPU 处理浮点数,具有均方根和三角几何指令,满足数学功能要求很高的数据处理。

FX$_{2N}$ 系列 PLC 具有以下特点：

① 集成型和高性能：CPU、电源、输入输出三位一体。对 6 种基本单元，可以最小 8 点为单位连接 I/O 扩展设备，最大可以扩展 I/O 256 点。

② 高速运算：基本指令的执行速度为 0.08μs/指令（步），应用指令为 1.52μs/指令至数百微秒执行一条指令。

③ 存储器容量较大：内置 8000 步 RAM 的存储器安装于存储盒后，最大可以扩展到 16000 步。

④ 软元件范围丰富：有辅助继电器 3072 点、定时器 256 点、计数器 235 点、数据寄存器 8000 点。

2.1.2　FX$_{2N}$ 系列 PLC 的系统构成

(1) 基本单元

基本单元是构成 PLC 系统的核心部件，有 CPU、存储器、I/O 模块、通信接口和扩展接口等。

FX$_{2N}$ 系列 PLC 有 20 种基本单元，功能强、速度快，每条指令执行时间仅为 0.08μs，内置用户存储器为 8K 步，可扩展到 16K 步，I/O 点最多可扩展到 256 点。它有多种特殊功能模块或功能扩展板，可实现多轴定位控制。机内有实时时钟，PID 指令可实现模拟量闭环控制。有很强的数学指令集，如浮点数运算、开平方和三角函数等。

每个 FX$_{2N}$ 基本单元可扩展 8 个特殊单元。FX$_{2N}$ 基本单元有 16/32/48/65/80/128 点，6 个基本单元中的每一个可以通过 I/O 扩展单元扩充为 256 个 I/O 点，其基本单元见表 2-2。

表 2-2　FX$_{2N}$ 系列基本单元

型号			输入点数	输出点数	扩展模块可用点数
继电器输出	晶闸管输出	晶体管输出			
FX$_{2N}$-16MR-001	FX$_{2N}$-16MS	FX$_{2N}$-16MT	8	8 继电器	24～32
FX$_{2N}$-32MR-001	FX$_{2N}$-32MS	FX$_{2N}$-32MT	16	16 继电器	24～32
FX$_{2N}$-48MR-001	FX$_{2N}$-48MS	FX$_{2N}$-48MT	24	24 继电器	48～64
FX$_{2N}$-64MR-001	FX$_{2N}$-64MS	FX$_{2N}$-64MT	32	32 继电器	48～64
FX$_{2N}$-80MR-001	FX$_{2N}$-80MS	FX$_{2N}$-80MT	40	40 继电器	48～64
FX$_{2N}$-128MR-001		FX$_{2N}$-128MT	64	64 继电器	48～64

(2) I/O 扩展单元

FX 系列 PLC 具有较为灵活的 I/O 扩展功能，可利用扩展单元及扩展模块实现 I/O 扩展。对于 FX$_{2N}$ 系列基本单元，可以以最小 8 点为单位连接 I/O 扩展设备，可扩展 I/O 最大 256 点，是 FX 系列 PLC 中扩展性非常高、可实现柔性系统构建的 PLC。

FX 系列 PLCI/O 扩展功能中，有扩展单元和扩展模块。扩展单元内置电源，扩展 I/O 时使用。扩展模块是以 8 点或 16 点为单位来微调基本单元和扩展单元的 I/O。

扩展设备型号体系如下：

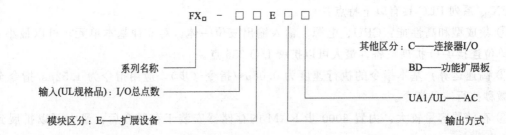

扩展单元是内置电源的 I/O 设备，与基本单元相同，也可以将各 I/O 扩展和特殊扩展设备连接到扩展单元的后面。

FX$_{2N}$ 系列的扩展单元见表 2-3。

表 2-3　FX$_{2N}$ 系列的扩展单元

型号	总 I/O 点数	输入			输出	
		点数	电压	类型	点数	类型
FX$_{2N}$-32ER	32	16	直流 24V	漏型	16	继电器
FX$_{2N}$-32ET	32	16	直流 24V	漏型	16	晶体管
FX$_{2N}$-48ER	48	24	直流 24V	漏型	24	继电器
FX$_{2N}$-48ET	48	24	直流 24V	漏型	24	晶体管
FX$_{2N}$-48ER-D	48	24	直流 24V	漏型	24	继电器(直流)
FX$_{2N}$-48ET-D	48	24	直流 24V	漏型	24	晶体管(直流)

扩展模块是从基本单元或扩展单元接受电源供给的 I/O 设备，可以以 8 点或 16 点为单位连接，可以连接的点数取决于每个基本单元和扩展单元。FX$_{2N}$ 系列的扩展模块见表 2-4。

表 2-4　FX$_{2N}$ 系列的扩展模块

型号	I/O 总点数	输入			输出	
		点数	电压/V	类型	点数	类型
FX$_{2N}$-16EX	16	16	直流 24V	漏型		
FX$_{2N}$-16EYT	16				16	晶体管
FX$_{2N}$-16EYR	16				16	继电器

(3) 编程工具

编程工具是 PLC 重要的外围设备，它实现了人与 PLC 的联系对话。用户利用编程工具不但可以输入、检查、修改和调试用户程序，还可以监视 PLC 的工作状态、修改内部系统寄存器的设置参数以及显示错误代码等。编程工具常用的有三种：一种是手持式编程器，只需通过编程电缆与 PLC 相接即可使用；另一种是图形编辑编程器；第三种是带有 PLC 专用工具软件的计算机，它通过 RS-232 通信口与 PLC 连接，若 PLC 用的是 RS-422 通信口，则需另加适配器。

FX 系列 PLC 最常用的手持式编程器是 FX-10P-E 和 FX-20P-E，具有体积小、重量轻、价格便宜、功能强等优点；有在线编程和离线编程两种方式；显示采用液晶显示屏，分别显示 2 行和 4 行字符；配有 ROM 写入器接口、存储器卡盒接口。

编程器可用指令表的形式读出、写入、插入和删除指令，进行用户程序的输入和编辑，可监视位编程器件的 ON/OFF 状态和字编程器件中的数据，如计数器、定时器的当前值及设定值、内部数据寄存器的值以及 PLC 内部的其他信息。FX-10P-E 与 FX-20P-E 手持式编程器如图 2-2 所示。

图形编辑编程器的结构、原理与通用计算机相同，只是安装了 PLC 专用的软件，并对其密封、接口等部分做了一定的改进，使之能够更好地适应工业环境的使用。

图形编辑编程器的功能比手持式编程器要强得多。在程序的输入、编辑方面，它不仅可以使用所有编程语言进行程序的输入与编辑，而且还可以对 PLC 程序、I/O 信号、内部编程元件等加文字注释与说明，为程序的阅读、检查提供了方便。在调试、诊断方面，图形编辑编程器可以进行梯形图程序的实时、动态显示，显示的图形形象、直观，可以监控与显示的内容也远比手持式

图 2-2　FX-10P-E 与 FX-20P-E 手持式编程器

编程器要多得多。在使用操作方面，图形编辑编程器不但可以与 PLC 联机使用，也能进行离线编程，而且还可以通过仿真软件进行系统仿真。

但图形编辑编程器价格通常较高，且其功能与安装了程序开发软件后的计算机无实质性的区别，目前已逐步被笔记本电脑所代替。

在计算机上可以安装 FX 系列 PLC 的编程软件。从早期的 FX-GP/WIN-C、GX-Developer 到最新的 GX Works3 软件，应用这些软件可以为 FX、A 等全系列三菱 PLC 编写用户程序。程序在 Windows 操作平台上运行，便于操作和维护，采用梯形图、语句表等语言进行编程，程序兼容性强。

(4) 其他外部设备

在一个 PLC 控制系统中，人机界面也非常重要。另外，还有一些辅助设备，如打印机、EPROM 写入器和外部存储模块等。

2.2　三菱 FX₂ₙ 系列 PLC 的编程元件

编程元件就是支持该机型编程语言的软元件，通俗叫法分别为继电器、定时器和计数器等。但它们与真实的继电器、定时器和计数器等元器件不同，这些编程用的继电器、定时器和计数器等软元件，工作线圈没有电压等级、功耗大小和电磁惯性等问题，触点没有数量限制、没有机械磨损和电蚀等问题，它们在不同的指令操作下，工作状态可以无记忆也可以有记忆，还可以作脉冲数字元件使用。

一般情况下，X 代表输入继电器，Y 代表输出继电器，M 代表辅助继电器，T 代表定时器，C 代表计数器，S 代表状态继电器，D 代表数据寄存器。各个元件有其各自的功能和固定的地址，元件的多少决定了 PLC 整个系统的规模及数据处理能力。

三菱 FX 系列 PLC 编程元件的编号由字母和数字组成，它们分别代表元件的类型和元件号。其中，输入继电器和输出继电器用八进制数字编号，其他均采用十进制数字编号。

三菱 FX 系列 PLC 使用以下五种类型的数制：

① 十进制数（Decimal Number，DEC） 包括定时器和计数器的设定值（K 常数）；辅助继电器（M）、定时器（T）、计数器（C）、状态继电器（S）等的编号（软元件编号）；指定应用指令操作数中的数值与指令动作（K 常数）。

② 十六进制数（Hexadecimal Number，HEX） 同十进制数一样，用于指定应用指令中的操作数与指定动作（H 常数）。

③ 二进制数（Binary Number，BIN） 如前所述，以十进制数或十六进制数对定时器、计数器或数据寄存器进行数值指定，但在 PLC 内部，这些数字都用二进制数处理。

④ 八进制数（Octal Number，OCT） FX 系列 PLC 的输入继电器、输出继电器的软元件编号以八进制数值进行分配，因此，可进行"0～7，10～17，…，100～107"的进位。

⑤ BCD 码（Binary Code Decimal，BCD） BCD 码是以用 4 位二进制表示 1 位十进制数（0～9）的方法，因此可用于 BCD 码输出形的数字式开关或七段码的显示器控制等方面。

其他数制有：浮点数和常数 K、H。

FX_{2N}、FX_{2NC} PLC 具有高精度浮点运算功能，用二进制浮点数进行浮点运算，同时用十进制浮点值实施监视；PLC 的程序进行数制处理时，必须使用常数 K（十进制数）或常数 H（十六进制数）。其作用和功能如下：常数 K 是表示十进制整数的符号，主要用于指定定时器或计数器的设定值或应用指令操作数中的数制；常数 H 是十六进制数的表示符号，主要用于指定应用指令操作数的数制。

在编程用外部设备上进行指令数制的相关操作时，十进制数加 K 后输入，十六进制数加 H 后输入。例如 20，用十进制表示为 K20，用十六进制则表示为 H14。

FX 系列 PLC 中使用的数制可按表 2-5 进行转换。

表 2-5 FX 系列 PLC 数制转换表

八进制数(OCT)	十进制数(DEC)	十六进制数(HEX)	二进制数(BIN)		BCD 码	
0	0	00	0000	0000	0000	0000
1	1	01	0000	0001	0000	0001
2	2	02	0000	0010	0000	0010
3	3	03	0000	0011	0000	0011
4	4	04	0000	0100	0000	0100
5	5	05	0000	0101	0000	0101
6	6	06	0000	0110	0000	0110
7	7	07	0000	0111	0000	0111
10	8	08	0000	1000	0000	1000
11	9	09	0000	1001	0000	1001
12	10	0A	0000	1010	0001	0000
13	11	0B	0000	1011	0001	0001
14	12	0C	0000	1100	0001	0010
15	13	0D	0000	1101	0001	0011
16	14	0E	0000	1110	0001	0100
17	15	0F	0000	1111	0001	0101

八进制数(OCT)	十进制数(DEC)	十六进制数(HEX)	二进制数(BIN)		BCD 码	
20	16	10	0000	0000	0001	0110
⋮	⋮	⋮				
143	99	63	0110	0011	1001	1001
主要用途	输入、输出继电器的软元件编号	除常数以及输入、输出继电器外的内部软元件编号	常数 H 等	PLC 内部的处理	BCD 码数字式开关,7 段码的显示器	

FX 系列 PLC 中几种常用型号的编程元件及编号见表 2-6。

表 2-6　FX 系列 PLC 的编程元件及编号

编程元件种类 ＼ PLC 型号		FX₀ₛ	FX₁ₛ	FX₀ₙ	FX₁ₙ	FX₂ₙ (FX₂ₙᴄ)
输入继电器 X (按八进制编号)		X0～X17 (不可扩展)	X0～X17 (不可扩展)	X0～X43 (可扩展)	X0～X43 (可扩展)	X0～X77 (可扩展)
输出继电器 Y (按八进制编号)		Y0～Y15 (不可扩展)	Y0～Y15 (不可扩展)	Y0～Y27 (可扩展)	Y0～Y27 (可扩展)	Y0～Y77 (可扩展)
辅助继电器 M	普通用	M0～M495	M0～M383	M0～M383	M0～M383	M0～M499
	保持用	M496～M511	M384～M511	M384～M511	M384～M1535	M500～M3071
	特殊用	M8000～M8255(具体见使用手册)				
状态继电器 S	初始状态用	S0～S9	S0～S9	S0～S9	S0～S9	S0～S9
	返回原点用	—	—	—	—	S10～S19
	普通用	S10～S63	S10～S127	S10～S127	S10～S999	S20～S499
	保持用	—	S0～S127	S0～S127	S0～S999	S500～S899
	信号报警用	—	—	—	—	S900～S999
定时器 T	100ms	T0～T49	T0～T62	T0～T62	T0～T199	T0～T199
	10ms	T24～T49	T32～T62	T32～T62	T200～T245	T200～T245
	1ms	—	—	T63	—	—
	1ms 累积	—	T63	—	T246～T249	T246～T249
	100ms 累积	—	—	—	T250～T255	T250～T255
计数器 C	16 位增计数 (普通)	C0～C15	C0～C15	C0～C15	C0～C15	C0～C99
	16 位增计数 (保持)	C14、C15	C16～C31	C16～C31	C16～C199	C100～C199
	32 位可逆计数 (普通)	—	—	—	C200～C219	C200～C219
	32 位可逆计数 (保持)	—	—	—	C220～C234	C220～C234
	高速计数器	C235～C255(具体见使用手册)				

续表

编程元件种类 ＼ PLC型号		FX0S	FX1S	FX0N	FX1N	FX2N (FX2NC)
数据寄存器 D	16 位普通用	D0~D29	D0~D127	D0~D127	D0~D127	D0~D199
	16 位保持用	D30、D31	D128~D255	D128~D255	D128~D7999	D200~D7999
	16 位特殊用	D8000~D8069	D8000~D8255	D8000~D8255	D8000~D8255	D8000~D8195
	16 位变址用	V $\quad$ Z	V0~V7 $\quad$ Z0~Z7	V $\quad$ Z	V0~V7 $\quad$ Z0~Z7	V0~V7 $\quad$ Z0~Z7
指针 N、P、I	嵌套用	N0~N7	N0~N7	N0~N7	N0~N7	N0~N7
	跳转用	P0~P63	P0~P63	P0~P63	P0~P127	P0~P127
	输入中断用	I00*~I30*	I00*~I50*	I00*~I30*	I00*~I50*	I00*~I50*
	定时器中断	—	—	—	—	I6**~I8**
	计数器中断	—	—	—	—	I010~I060
常数 K、H	16 位	K: -32768~32767			H: 0000~FFFFH	
	32 位	K: -2147483648~2147483647			H: 00000000~FFFFFFFF	

往: * 表示中断方式(0 为下降沿中断,1 为上升沿中断); ** 表示定时范围,可在 10~99ms 中选取。

2.2.1　输入继电器 X

　　输入、输出继电器的编号是由基本单元固有地址号及按照与这些地址号相连的顺序给扩展设备分配的地址号组成的。这些地址号使用的是八进制数。

　　输入继电器（X）是 PLC 接收外部输入信号的窗口。输入继电器与输入端相连,它是专门用来接收 PLC 外部开关信号的元件。PLC 通过光电耦合器,将外部信号的状态（接通时为"1",断开时为"0"）读入并存储在输入映像寄存器中。输入端可以外接常开触点或常闭触点,也可以接多个触点组成的串并联电路或电子传感器（如接近开关）。在梯形图中,线圈的吸合或释放只取决于 PLC 外部触点的状态。可以多次使用输入继电器的常开触点和常闭触点,且使用次数不限。输入电路的时间常数一般小于 10ms。输入继电器的元件号为八进制,X0~X177,最多 128 点。输入继电器的线圈在程序中不允许出现。图 2-3 所示为输入继电器 X0 的等效电路。

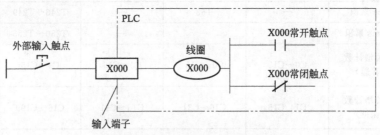

图 2-3　输入继电器 X0 的等效电路

　　输入继电器必须由外部信号驱动,不能用程序驱动,所以在程序中不可能出现其线圈。由于输入继电器（X）为输入映像寄存器中的状态,所以其触点的使用次数不限。

　　FX 系列 PLC 的输入继电器以八进制进行编号,FX2N 输入继电器的编号范围为 X0~

X267（184 点）。注意，基本单元输入继电器的编号是固定的，扩展单元和扩展模块是按与基本单元最靠近开始，顺序进行编号。

例如，基本单元 FX$_{2N}$-64M 的输入继电器编号为 X0～X37（32 点），如果接有扩展单元或扩展模块，则扩展的输入继电器从 X40 开始编号。表 2-7 为 FX$_{2N}$ 系列 PLC 主机输入继电器元件编号。

表 2-7　FX$_{2N}$ 系列 PLC 主机输入继电器元件编号

PLC 型号	FX$_{2N}$-16M	FX$_{2N}$-32M	FX$_{2N}$-48M	FX$_{2N}$-64M	FX$_{2N}$-80M	FX$_{2N}$-128M	扩展时
输入继电器	X0～X7 8 点	X0～X17 16 点	X0～X27 24 点	X0～X37 32 点	X0～X47 40 点	X0～X77 64 点	X0～X267 184 点

输入继电器的元件号为八进制，各基本单元都是八进制输入的地址，输入为 X0～X7、X10～X17、X20～X27，它们一般位于机器的上端。例如，FX$_{2N}$-32M 型 PLC 共有 16 个输入点，编号分别为 X0、X1、X2、X3、X4、X5、X6、X7，X10、X11、X12、X13、X14、X15、X16、X17。输入继电器的线圈在程序设计时不允许出现。

PLC 在每一个周期开始时读取输入信号，输入信号的通、断持续时间必须大于 PLC 的扫描周期，否则，会丢失输入信号。

2.2.2　输出继电器 Y

输出继电器（Y）是 PLC 向外部负载发送信号的窗口，它用来将 PLC 内部信号输出传送给外部负载（用户输出设备）。输出继电器的线圈由程序控制，由 PLC 内部程序的指令驱动。输出继电器用来将 PLC 的输出信号通过输出电路硬件驱动外部负载。图 2-4 所示为输出继电器的等效电路。

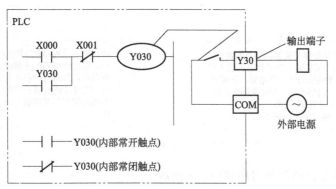

图 2-4　输出继电器的等效电路

输出继电器的线圈在程序设计时只能使用一次，不可重复使用，但触点可以多次使用。输出继电器的线圈"通电"后，继电器型输出模块中对应的硬件输出继电器的常开触点闭合，使外部负载工作。硬件输出继电器只有一个常开触点，接在 PLC 的输出端子上。FX 系列 PLC 的输出继电器也是八进制编号，其中 FX$_{2N}$ 编号范围为 Y0～Y267（184 点）。与输入继电器一样，基本单元的输出继电器编号是固定的，扩展单元和扩展模块的编号也是按与基本单元最靠近开始，顺序进行编号，如输出为 Y0～Y7、Y10～Y17、Y20～Y27，它们一般位于机器的下端。在实际使用中，输入、输出继电器的数量，要看具体系统的配置情况。

表 2-8 为 FX_{2N} 系列 PLC 主机输出继电器元件编号。

表 2-8　FX_{2N} 系列 PLC 主机输出继电器元件编号

PLC 型号	FX_{2N}-16M	FX_{2N}-32M	FX_{2N}-48M	FX_{2N}-64M	FX_{2N}-80M	FX_{2N}-128M	扩展时
输出继电器	Y0～Y7 8 点	Y0～Y17 16 点	Y0～Y27 24 点	Y0～Y37 32 点	Y0～Y47 40 点	Y0～Y77 64 点	Y0～Y267 184 点

　　输出继电器的元件号为八进制，如 FX_{2N}-32M 型 PLC 共有 16 个输出点，编号分别为 Y0、Y1、Y2、Y3、Y4、Y5、Y6、Y7、Y10、Y11、Y12、Y13、Y14、Y15、Y16、Y17。

　　在各基本单元中，按 X0～X7、X10～X17、…、Y0～Y7、Y10～Y17、…八进制数的方式分配输入和输出继电器的地址号、扩展单元和扩展模块的地址号，接在基本单元的后面，以八进制方式依次分别对 X 和 Y 连续编号。

　　在有些特定的输入继电器的输入滤波器中采用了数字滤波器，因此，可利用程序改变滤波值。所以，在高速接收的应用中，可以分配这种输入继电器地址号。

　　输入、输出继电器的等效电路如图 2-5 所示。

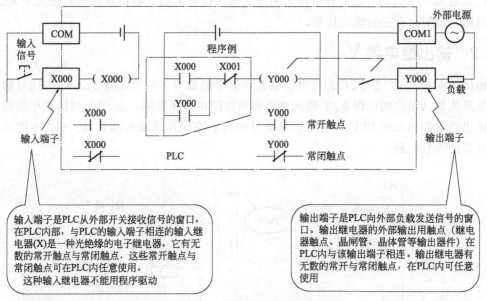

图 2-5　输入、输出继电器的等效电路

　　输入、输出继电器的动作时序如图 2-6 所示。

(1) 输入处理

　　在执行程序之前，将 PLC 所有输入端子的 ON/OFF 状态读入输入映像寄存器。在执行程序的过程中，即使输入变化，输入映像寄存器的内容也不变，而在下一周期的输入处理时，读入该变化。注意，输入触点出现 ON-OFF、OFF-ON 的变化后，在判定 ON/OFF 之前，输入滤波器会造成响应滞后（约为 10ms）。

(2) 程序处理

　　PLC 根据程序存储器的指令内容，从输入映像寄存器或其他软元件的映像寄存器中读出各软元件的 ON/OFF 状态，从 0 步开始依次进行运算，然后将结果存入映像寄存器。因此，各软元件的映像寄存器随着程序的执行逐步改变其内容，而且输出继电器的内部触点根

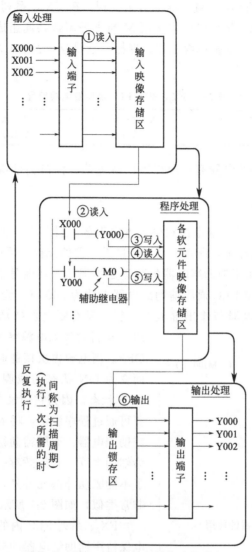

图 2-6　输入、输出继电器的动作时序

据输出映像寄存器的内容执行动作。

（3）输出处理

所有指令执行结束，将输出 Y 的映像寄存器的 ON/OFF 状态传输至输出锁存区，成为 PLC 的实际输出。PLC 内的外部输出用触点，按照输出用软元件的响应滞后时间动作。

2.2.3　辅助继电器 M

辅助继电器（M）是 PLC 内部具有的继电器，这种继电器有别于输入、输出继电器，它不能获取外部的输入，也不能直接驱动外部负载，只在程序中使用。PLC 内有很多的辅助继电器，辅助继电器是 PLC 中数量最多的一种继电器。它们是用软件实现的，其线圈与输出继电器一样，由 PLC 内各软元件的触点驱动。辅助继电器也称中间继电器，它没有向外的任何联系，是一种内部的状态标志，起到相当于继电器控制系统中的中间继电器的作用，只供内部编程使用。它的电子触点使用次数不受限制，但是这些触点不能直接驱动外部负载,外部负载的驱动必须通过输出继电器来实现。在 FX$_{2N}$ 系列 PLC 中,辅助继电器采用 M0~M499,共 500 点,辅助继电器采用 M 与十进制数共同组成编号。辅助继电器中还有一些特殊的辅助继电器,如掉电继电器、保持继电器等。表 2-9 为 FX$_{2N}$ 系列 PLC 辅助继电器编号。

表 2-9　FX$_{2N}$ 系列 PLC 辅助继电器编号

FX$_{2N}$ 系列	M0~M499 500 点	M500~M1023 524 点	M1024~M3071 2048 点	M8000~M8255 256 点

FX 系列 PLC 的辅助继电器有:通用辅助继电器、保持辅助继电器、特殊辅助继电器三种。

(1) 通用辅助继电器

在 FX 系列 PLC 中,输入继电器和输出继电器的元件号采用八进制编排,其他编程元件的元件号都采用十进制编排,所以,通用辅助继电器的元件号采用十进制编排。

不同型号的 PLC 其通用辅助继电器的数量是不同的,其编号范围也不同,使用时必须参照其编程手册。FX$_{2N}$ 型 PLC 通用辅助继电器点数为 500 点,元件号为 M0~M499。FX系列 PLC 的通用辅助继电器与输出继电器一样,没有断电保持功能。通用辅助继电器在PLC 运行时如果电源突然断电,则全部线圈均为 OFF。当电源再次接通时,除了因外部输入信号而变为 ON 状态的线圈以外,其余的仍将保持 OFF 状态,因为它们没有断电保护功能。根据需要可通过程序设定,将 M0~M499 变为断电保持辅助继电器。通用辅助继电器常在逻辑运算中作为辅助运算、状态暂存、移位等,在使用时,除了不能驱动外部元件外,其他功能与输出继电器非常类似,如图 2-7 所示。

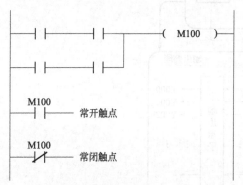

图 2-7　辅助继电器的使用

FX$_{2N}$ 系列 PLC 内的一般用辅助继电器和停电保持用辅助继电器的分配可通过外部设备的参数设定进行调整。

(2) 保持辅助继电器

如果在 PLC 运行过程中停电,那么输出继电器及一般的辅助继电器都断开。再运行时,除了输入条件为"ON"外,其他都是断开状态。但是,根据控制对象不同,有时需要记忆停电前的状态,再运行时再现该状态。断电保持辅助继电器就用于上述目的,它利用 PLC内装的备用电池或 EEPROM 进行停电保持。在将断电保持专用继电器作为一般辅助继电器使用的场合,应在程序最前面的地方用 RST 或 ZRST 指令清除内容。断电保持辅助继电器在断电后能保存原工作状态,是靠 PLC 内部备用电池供电的。

FX$_{2N}$ 型 PLC 保持辅助继电器点数共有 2572 点,元件号为 M500~M3071。它与普通辅助继电器不同的是具有断电保护功能,即能记忆电源中断瞬时的状态,并在重新通电后再现其状态。它之所以能在电源断电时保持其原有的状态,是因为电源中断时用 PLC 中的锂电池供电,来保持它们映像寄存器中的内容。其中 M500~M1023 可由软件将其设定为通用辅助继电器。

如图 2-8 所示，它是一种具有断电保持功能的辅助继电器用法。X000 接通后，M600 动作，其常开触点闭合自锁，即使 X000 再断开，M600 的状态仍保持不变。若此时 PLC 失去供电，等 PLC 恢复供电后再运行时，只要停电前 X001 的状态不发生改变，M600 仍能保持动作。M600 保持动作不是因为自锁，而是 M600 断电保持辅助继电器有后备电池供电。

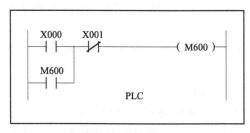
(a) 断电保持回路(自己保持方式)

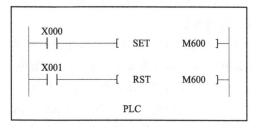
(b) 断电保持回路(置位复位方式)

图 2-8　具有断电保持功能的辅助继电器

断电保持辅助继电器用途示例如图 2-9 所示。

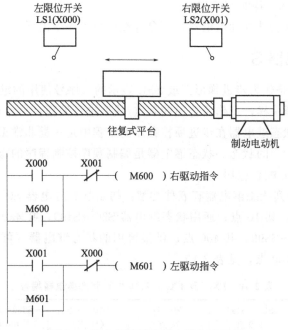

图 2-9　断电保持辅助继电器用途示例

再运行时，其前进方向与停电前的前进方向相同。X000＝ON（左限位开关）→M600＝ON→右驱动→断电→平台中途停止→再运行（M600＝ON）→X001＝ON（右限位开关）→M600＝OFF，M601＝ON→左驱动。

（3）特殊辅助继电器

PLC 内有大量的特殊辅助继电器，它们都有其各自的特殊功能。FX₂N 系列 PLC 中有 256 个特殊辅助继电器，地址编号为 M8000～M8255，这些特殊辅助继电器各自具有特定的功能，分为只能利用触点型和线圈驱动型两大类。

① 只能利用触点型　这类特殊辅助继电器的线圈由 PLC 自动驱动，用户只可使用其触

点。典型的只能利用触点型特殊辅助继电器如下。

M8000：运行监视器（在 PLC 运行中接通），M8001 与 M8000 逻辑相反。

M8002：初始脉冲（仅在运行开始时瞬间接通），M8003 与 M8002 逻辑相反。

M8005：PLC 后备锂电池电压过低时接通。

M8011、M8012、M8013、M8014：分别是产生 10ms、100ms、1s、1min 时钟脉冲的特殊辅助继电器。

② 线圈驱动型　这类特殊辅助继电器的线圈可由用户驱动，而线圈被驱动后 PLC 将做特定动作。典型的线圈驱动型特殊辅助继电器如下。

M8030：线圈被驱动后使后备锂电池欠电压指示灯熄灭。

M8033：线圈被驱动后 PLC 由 RUN 状态进入 STOP 状态后，映像寄存器与数据寄存器的内容不变。即若使其线圈得电，则 PLC 停止时保持输出映像存储器和数据寄存器内容。

M8034：线圈被驱动后禁止所有的输出。即若使其线圈得电，则将 PLC 的输出全部禁止。

M8039：线圈被驱动后 PLC 以 D8039 中指定的扫描时间工作。即若使其线圈得电，则 PLC 按 D8039 中指定的扫描时间工作。

注意，没有定义的特殊辅助继电器，不允许在用户程序中出现。

2.2.4　状态继电器 S

状态继电器（S）是作为步进梯形图或 SFC 表示的工序号使用的继电器。不作为工序号使用时，与辅助继电器一样，可作为普通的触点/线圈进行编程；另外也可作为信号报警器，用于外部故障诊断。状态继电器在步进顺控程序的编程中是一类非常重要的软元件，状态继电器用来记录系统运行中的状态。状态继电器是编制顺序控制程序的重要编程元件，它与后述的步进顺控指令 STL 配合应用。

FX$_{2N}$ 及 FX$_{2NC}$ 系列状态继电器有五种类型：初始状态继电器 S0～S9，共 10 点；回零状态继电器 S10～S19，共 10 点；通用状态继电器 S20～S499，共 480 点；具有断电保持功能的状态继电器 S500～S899，共 400 点；供报警用的状态继电器（可用作外部故障诊断输出）S900～S999，共 100 点，见表 2-10。

表 2-10　FX$_{2N}$ 及 FX$_{2NC}$ 系列 PLC 状态继电器编号

FX$_{2N}$ 及 FX$_{2NC}$ 系列	S20～S499 480 点	S0～S9 （10 点）	S10～S19 （10 点）	S500～S899 400 点	S900～S999 100 点

在使用状态继电器时应注意：

① 状态继电器与辅助继电器一样有无数的常开和常闭触点；

② 状态继电器不与步进顺控指令（STL）配合使用时，可作为辅助继电器（M）使用；

③ FX$_{2N}$ 系列 PLC 可通过程序设定将 S0～S499 设置为有断电保持功能的状态继电器。

通用状态继电器没有断电保持功能，S0～S9 供初始状态使用。断电保持状态继电器 S500～S899 在断电时依靠后备锂电池供电保持。报警状态继电器 S900～S999 可用作外部故障诊断输出，报警状态继电器为断电保持型。

状态继电器在 SFC 中的使用如图 2-10 所示。

在图 2-10 所示的工序步进控制中，如果启动信号 X000 为 ON，则状态 S20 置位

（ON），下降用的电磁阀 Y000 开始动作。其结果是，若下限限位开关 X001 为 ON，则状态 S21 置位（ON），夹紧用的电磁阀 Y001 动作。

如果夹紧动作确认的限位开关 X002 为 ON，则状态 S22 置位（ON）。随着状态动作的转移，状态自动返回原状态。

通用状态继电器在电源断开后，都变为 OFF 状态；但断电保持用状态继电器能记忆电源停电前一刻的 ON/OFF 状态，因此也能从中途工序开始运行。

状态继电器与辅助继电器一样，有无数的常开、常闭触点，在顺控程序内可随意使用。此外，在不用于步进梯形图指令时，状态继电器（S）也与辅助继电器（M）一样可在一般的顺控中使用，如图 2-11 所示。

FX₂N 及 FX₂NC 系列 PLC 可通过外围设备参数的设定，变更一般用状态继电器和断电保持状态继电器的分配。

一般用状态继电器使用的情况如下，应在程序的起始部分设置复位电路，如图 2-12 所示。

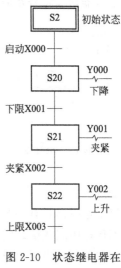

图 2-10　状态继电器在 SFC 中的使用

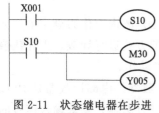

图 2-11　状态继电器在步进梯形图中的使用

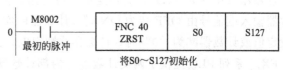

图 2-12　复位电路的设置

2.2.5　定时器 T

定时器（T）相当于继电器-接触器系统中的时间继电器，可对可编程控制器内 1ms、10ms、100ms 等时钟脉冲进行加法计算，当达到规定的设定值时输出触点动作，主要用于延时控制。利用基于时钟脉冲的定时器，可检测到 0.001～3276.7s。

FX₂N 系列 PLC 内有 256 个定时器，可以提供无限对常开、常闭延时触点。定时器的编号范围为 T0～T255。定时器一般分两类，通用型定时器和累积型定时器。其中，通用型定时器 246 个，累积型定时器 10 个。每个定时器的设定值在 K0～K32767 之间。定时器是根据时钟脉冲的累积计时的，时钟脉冲有 1ms、10ms 和 100ms 三种，当所计时间到达设定值时其输出触点动作。定时器有一个设定值寄存器（一个字长）、一个当前值寄存器（一个字长）和一个用来存储其输出触点状态的映像寄存器（占二进制的一位），这三个单元使用同一个元件号。

定时器可以用用户程序存储器内的常数（K）作为设定值，也可以用数据寄存器（D）的内容作为设定值。在后一种情况下，一般使用有断电保护功能的数据寄存器，目的是断电时不会丢失数据。即使如此，若备用电池电压降低时，定时器或计数器往往也会发生误动作。

定时器指令符号及应用梯形图如图 2-13 所示。

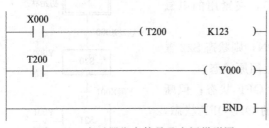

图 2-13 定时器指令符号及应用梯形图

当定时器线圈 T200 的驱动输入 X000 接通时，T200 的当前值计数器对 10ms 的时钟脉冲进行累积计数，当前值与设定值 K123 相等时，定时器的输出触点动作，即输出触点是在驱动线圈后的 1.23s（10×123ms＝1.23s）时才动作，当 T200 触点吸合后，Y000 就有输出。当驱动输入 X000 断开或发生断电时，定时器就复位，输出触点也复位。

每个定时器只有一个输入，它与常规定时器一样，线圈通电时开始计时，断电时自动复位，不保存中间数值。定时器有两个数据寄存器，一个为设定值寄存器，另一个为现时值寄存器，在编程时由用户设定累积值。

2.2.6 计数器 C

计数器（C）用于累计其输入端脉冲电平由低到高的次数，其结构与定时器类似，通常设定值在程序中赋予，有时也可根据需求在外部进行设定。

计数器可用常数（K）作为设定值，也可用数据寄存器（D）的内容作为设定值。如果计数器输入端信号由 OFF 变为 ON 时，计数器以加 1 或减 1 的方式进行计数，当计数值加到设定值或计数器减为"0"时，计数器线圈得电，其相应触点动作。

FX_{2N} 系列 PLC 提供了两类计数器：内部计数器和高速计数器。内部计数器是 PLC 在执行扫描操作时对内部信号 X、Y、M、S、T、C 等进行计数的计数器，要求输入信号的接通和断开时间应比 PLC 的扫描周期时间要长；高速计数器的响应速度快，因此对于频率较高的计数就必须采用高速计数器。

2.2.7 数据寄存器 D

数据寄存器（D）是存储数据用的软元件。PLC 在进行输入输出处理、模拟量控制、位置控制时，需要许多数据寄存器存储数据和参数。FX 系列 PLC 的数据寄存器都是 16 位的（最高位为符号位），将两个寄存器组合可进行 32 位（最高位为符号位）的数据处理。数据寄存器可以存储 16 位二进制数或称一个字。要想存储 32 位二进制数据（双字），必须同时用两个序号连续的数据寄存器进行数据存储。例如，用 D0 和 D1 存储双字，D0 存放低 16 位，D1 存放高 16 位。字或双字的最高位为符号位，0 表示为正数，1 表示为负数。FX_{2N}、FX_{2NC} 系列 PLC 数据寄存器编号见表 2-11。

表 2-11 FX_{2N}、FX_{2NC} 系列 PLC 数据寄存器编号

FX_{2N}、FX_{2NC} 系列	D0~D199 200 点	D200~D511 312 点	D512~D7999 7488 点	根据参数设定，可以将 D1000 以下作为文件寄存器	D8000~D8195 196 点	V0(V)~V7 Z0(Z)~Z7 16 点

跟其他软元件一样，数据寄存器也有供一般使用和断电保持使用两种。

在数据寄存器中，还有供变址（修改）用的 V、Z 寄存器。V、Z 寄存器与其他软元件一起使用如下所示：

令 V0＝5，Z0＝5，则 D100V0＝D105，C20Z0＝C25。

数据寄存器可用于定时器与计数器设定值的间接指定和应用指令中。数据寄存器的数值读出与写入一般采用应用指令，而且可以从数据存储单元（显示器）与编程装置直接读出与写入。数据寄存器分为通用数据寄存器、断电保持数据寄存器、特殊数据寄存器和文件寄存器等。

（1）通用数据寄存器

通用数据寄存器 D0～D199，共 200 点。将数据写入通用数据寄存器后，其值将保持不变，直到下一次被改写。PLC 由运行（RUN）状态进入到停止（STOP）状态时，所有的通用数据寄存器的值都变为 0。如果特殊辅助继电器 M8033 接通，PLC 由运行（RUN）状态进入到停止（STOP）状态时，通用数据寄存器的值将保持不变。当 M8033 为"ON"状态时，D0～D199 有断电保持功能；当 M8033 为"OFF"状态时，则它们无断电保持，这种情况 PLC 由 RUN→STOP 或停电时，数据全部清零。

（2）断电保持数据寄存器

断电保持数据寄存器 D200～D7999，共 7800 点。通道分配为 D200～D511，共 312 点；或为 D200～D999，共 800 点（由机器的具体型号定）。有断电保持功能，可以利用外部设备的参数设定改变通用数据寄存器与有断电保持功能数据寄存器的分配；断电保持数据寄存器在 PLC 由运行（RUN）状态进入到停止（STOP）状态时，其值保持不变。利用参数设定，可以改变断电保持数据寄存器的范围。基本上同通用数据寄存器，除非改写，否则原有数据不会丢失，不论电源接通与否，PLC 运行与否，其内容也不变化。然而在两台 PLC 做点对点的通信时，D490～D509 被用作通信操作。D512～D7999 的断电保持功能不能用软件改变，但可用指令清除它们的内容。根据参数设定可以将 D1000 以上用作文件寄存器。

（3）特殊数据寄存器

特殊数据寄存器 D8000～D8255，共 256 点，其作用是用来监控 PLC 的运行状态。未加定义的特殊数据寄存器，用户不能使用，具体可参考 PLC 使用手册。特殊数据寄存器是指写入特定目的的数据，或事先写入特定的内容。其内容在电源接通时，写入初始化值（一般先清零，然后由系统 ROM 来写入），用来控制和监视 PLC 内部的各种工作方式和元件，如备用锂电池的电压、扫描时间、正在动作的状态继电器的编号等。PLC 上电时，这些数据寄存器被写入默认的值。

（4）文件寄存器

文件寄存器 D1000～D7999，共 7000 点。文件寄存器是在用户程序存储器（RAM、EEPROM、EPROM）内的一个存储区，文件寄存器以 500 点为单位。文件寄存器实际上被设置为 PLC 的参数区，它可被外部设备存取。文件寄存器与锁存寄存器重叠，数据不会丢失。FX$_{2N}$ 系列 PLC 的文件寄存器可以通过块传送指令来改写其内容。在 PLC 运行时，可用 BMOV 指令读到通用数据寄存器中，但是不能用指令将数据写入文件寄存器。用 BMOV 将数据写入 RAM 后，再从 RAM 中读出。

RAM 文件寄存器的通道分配为 D6000～D7999，共 2000 点。

例如驱动特殊辅助继电器 M8074。由于扫描被禁止，数据寄存器可作为文件寄存器处理，用 BMOV 指令传送数据（写入或读出），如图 2-14 所示。

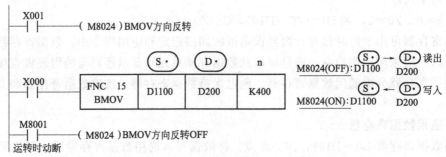

图 2-14 用 BMOV 指令传送数据

2.2.8 变址寄存器 V/Z

FX$_{2N}$ 系列 PLC 有 V0～V7 和 Z0～Z7 共 16 个变址寄存器，它们都是 16 位的寄存器。变址寄存器实际上是一种具有特殊用途的数据寄存器，其作用相当于微型计算机中的变址寄存器，用于改变元件的编号（变址），例如 V0=5，则执行 D20V0 时，被执行的编号为 D25（D20+5）。变址寄存器可以像其他数据寄存器一样进行读写，需要进行 32 位操作时，可将 V、Z 串联使用（V 为高位，Z 为低位）。

FX$_{2N}$ 系列 PLC 的变址寄存器有 16 个点，即 V0～V7 和 Z0～Z7。当 V0=8、Z1=20 时，执行指令 MOV D5V0 D10Z1，则数据寄存器的元件号 D5V0 实际上相当于 D13(5+8=13)，D10Z1 则相当于 D30(10+20=30)。

变址寄存器都是 16 位数据寄存器。32 位指令中 V、Z 自动组对使用，V 作为高 16 位，Z 作为低 16 位，使用时只需编写 Z。

V、Z 两种变址寄存器与数据寄存器有同样的结构。变址寄存器的结构如图 2-15 所示。

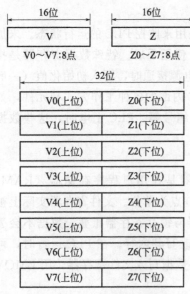

图 2-15 变址寄存器的结构

2.2.9 常数 K/H

常数一般用于定时器、计数器的设定值或当前值，以及功能指令中的操作数。PLC 中常用的数是十进制数和十六进制数，常数也作为器件对待，在存储器中占有一定的空间。为了区分，十进制数前冠以 K，十六进制数前冠以 H，主要用来指定定时器或计数器的设定值及应用功能指令操作数中的数值。例如 20 这个数，在 PLC 中用十进制表示为 K20，用十六进制表示则为 H14。

2.2.10 指针 P/I

指针用于分支与中断。分支用的指针（P）用于指定 FNC 00(CJ) 条件跳转或 FNC 01(CALL) 子程序的跳转目标。中断用的指针（I）用于指定输入中断、定时中断和计数器中断的中断程序。FX 系列 PLC 指针编号见表 2-12。

表 2-12　FX 系列 PLC 指针编号

类型	分支用		插入输入用	插入计数用	计数器中断用
	跳转用	结束跳转用			
FX₁ₛ 系列	P0~P62 63 点	P63 1 点	I00□(X000) I10□(X001) I20□(X002) 6 I30□(X003) 点 I40□(X004) I50□(X005)	—	—
FX₁ₙ 系列	此状态编号请参照 PLC 的使用手册				
FX₂ₙ FX₂ₙc 系列	P0~P62 P64~P127 127 点	P63 1 点	I00□(X000) I10□(X001) I20□(X002) 6 I30□(X003) 点 I40□(X004) I50□(X005)	I6□□ 3 I7□□ I8□□ 点	I010　I040 6 I020　I050 点 I030　I060

第 **3** 章

FX₂N 系列 PLC 的编程软件

PLC 的应用面广、功能强大、使用方便，已经成为当代工业自动化的主要装置之一，在工业生产的很多领域得到了广泛的应用，在其他领域（例如民用和家庭自动化）的应用也得到了迅速的发展。PLC 的用户程序，是设计人员根据控制系统的工艺控制要求，通过 PLC 编程语言的编制规范，按照实际需要使用的功能来设计的。软件系统就如人的大脑，可编程控制器的软件系统是 PLC 所使用的各种程序集合。本章主要讲述 FX₂N 系列 PLC 的编程语言、编程软件等内容。

3.1 PLC 的编程语言

3.1.1 PLC 编程语言的国际标准

PLC 是专为工业控制而开发的装置，主要使用者是企业电气技术人员。为了适应他们的传统习惯和掌握能力，通常 PLC 不采用计算机编程语言，而采用面向控制过程、面向问题的"自然语言"编程。1993 年 12 月国际电工委员会（IEC）公布了 IEC 61131-3 可编程逻辑控制器的编程语言标准，规范了可编程控制器的编程语言及其基本元素。自 IEC 61131-3 正式公布后，它获得了广泛的接受和支持：

① 国际上各大 PLC 厂商都宣布其产品符合该标准的规范，在推出其编程软件新产品时，遵循该标准的各种规定。

② 许多稍后推出的 DCS 产品，或者 DCS 的更新换代产品，也遵照 IEC 61131-3 的规范，提供 DCS 的编程语言。

③ 以 PC 为基础的控制作为一种新兴控制技术正在迅速发展，大多数 PC 控制的软件开发商都按照 IEC 61131-3 的编程语言标准规范其软件产品的特性。

④ 正因为有了 IEC 61131-3，才真正出现了一种开放式的可编程控制器的编程软件包，它不具体地依赖于特定的 PLC 硬件产品，这就为 PLC 的程序在不同机型之间的移植提供了可能。

IEC 61131-3 编程语言标准详细阐述了 5 种编程语言，如图 3-1 所示。具体情况如下：

① 梯形图（Ladder Diagram，LD）；

② 功能块图（Function Block Diagram，FBD）；

③ 指令表（Instruction List，IL）；

④ 结构文本（Structured Text，ST）；

⑤ 顺序功能图（Sequential Function Chart，SFC）。

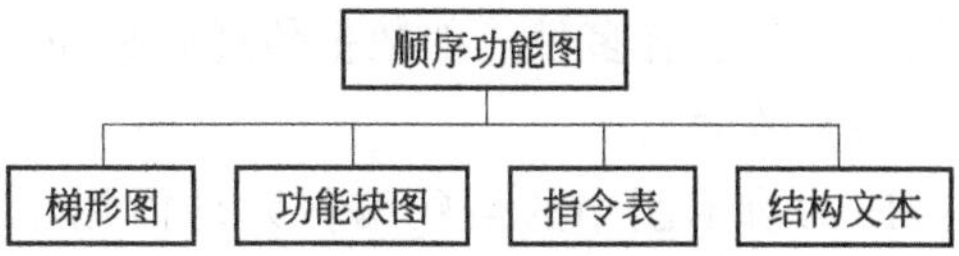

图 3-1　PLC 的编程语言

其中，梯形图（LD）和功能块图（FBD）为图形语言；指令表（IL）和结构文本（ST）为文字语言；顺序功能图（SFC）是一种结构块控制流程图。

3.1.2　梯形图及其编程规则

梯形图是 PLC 编程中使用最多的图形编程语言，其基本结构形式如图 3-2 所示。它是在继电器控制电路的基础上演绎出来的，因此分析梯形图的方法和分析继电器控制电路的方法非常相似。

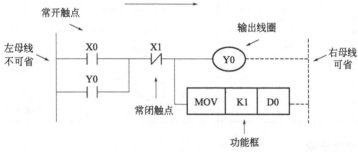

图 3-2　梯形图基本结构形式

（1）梯形图编程的基本概念

梯形图通常由触点、线圈、功能框三个基本编程要素构成。为了进一步了解梯形图，需要弄清以下几个基本概念。

① 能流　在梯形图中，为了分析各个元器件输入输出关系而引入的一种假象的电流，称之为能流（Power Flow）。通常认为能流是按从左到右的方向流动，能流不能倒流，这一方向与执行用户顺序时的逻辑运算关系是一致的，如图 3-2 所示。在图 3-2 中，在 X0 闭合的前提下，能流有 4 条路径，现以其中的 2 条为例给予说明：一条为触点 X0、X1 和线圈 Y0 构成的电路；另一条为触点 Y0、X1 和线圈 Y0 构成的电路。

利用能流这一概念，可以帮助我们更好地理解和分析梯形图。能流只能从左向右流动，层次改变只能从上向下。

② 母线　梯形图中两侧垂直的公共线称之为母线（Bus Bar）。母线可分为左母线和右母线。通常左母线不可省，右母线可省，能流可以看成由左母线流向右母线，如图 3-2 所示。

③ 触点　触点表示逻辑输入条件。触点闭合表示有"能流"流过，触点断开表示无"能流"流过。常用的触点有常开触点和常闭触点 2 种，如图 3-2 所示。

④ 线圈　线圈表示逻辑输出结果。若有"能流"流过线圈，线圈吸合，否则断开。

⑤ 功能框　代表某种特定的功能。"能流"通过功能框时，则执行功能框的功能。功能

框代表的功能有多种，如数据传递、移位、数据运算等，如图 3-2 所示。

（2）软触点

PLC 梯形图中的某些编程元件沿用了继电器这一名称，如输入继电器、输出继电器、内部辅助继电器等，但是它们不是真实的物理继电器，而是一些存储单元，每个软继电器的触点与 PLC 存储器中映像寄存器的一个存储单元相对应，所以这些触点称为软触点。这些软触点的"1"或"0"状态代表着相应继电器触点或线圈的接通或断开。而且对于 PLC 内部的软触点，该存储单元如果为"1"状态，则表示梯形图中对应软继电器的线圈通电，其常开触点（┤├）接通，常闭触点（┤/├）断开。在继电器控制系统的接线中，触点的数目是有限的，而 PLC 内部的软触点的数目和使用次数是没有限制的，用户可以根据控制现场的具体要求在梯形图程序中多次使用同一软触点。触点与线圈在梯形图程序与动态检测中所代表的意义如表 3-1 所示。

表 3-1 梯形图程序中触点与线圈所代表的意义

符号名称	继电器电路符号	梯形图符号	备注
常开触点	— ⟋	┤├	无
常闭触点	— ⟍	┤/├	无
输出线圈	—▭—	◯	书面上的线圈
功能框	无	—( )	编程软件上的线圈
		┤▭▭▭├	书面上的功能框
		—[ ]	编程软件上的功能框

（3）梯形图设计规则

① 由于梯形图中的线圈和触点均为"软继电器"，因此同一标号的触点可以反复使用，次数不限，这也是 PLC 区别于传统控制的一大优点。

② 每个梯形图由多层逻辑行（梯级）组成，每层逻辑行起始于左母线，经过触点的各种连接，最后结束于线圈，不能将触点绘制在线圈的右侧，只能在触点的右侧接线圈。每一逻辑行实际代表一个逻辑方程。

③ 梯形图中的"输入触点"仅受外部信号控制，而不能由内部继电器的线圈将其接通或断开，即线圈不能直接与左母线相连接。所以在梯形图中只能出现"输入触点"，而不可能出现"输入继电器的线圈"。

④ 在多个串联回路相并联时，应将触点最多的那个串联回路放在梯形图的最上面。在多个并联回路相串联时，应将触点最多的并联回路放在梯形图的最左面。这种安排所编制的程序简洁明了，指令较少。

⑤ 触点应绘制在水平线上，不能绘制在垂直分支上。被绘制在垂直线上的触点，难以正确识别它与其他触点间的关系，也难以判断通过触点对输出线圈的控制方向。因此梯形图的书写顺序是自左至右、自上至下，CPU 也按此顺序执行程序。

⑥ 梯形图中的触点可以任意串联、并联，但输出线圈只能并联，不能串联。

3.1.3 指令表

指令表（语句表）是一种类似于微机汇编语言的文本语言，指令表表达式与梯形图有一一对应的关系。每一条指令表指令都包含操作码和操作数两部分,其中操作码表示操作功能(例如 LD、OR、ANI、OUT 等),操作数表示指定的存储器的地址,操作数一般由标识符和地址码组成(例如 X001、X002、M0、Y000 等),如图 3-3 所示。

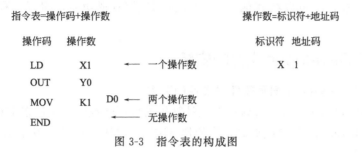

图 3-3　指令表的构成图

3.1.4　顺序功能图

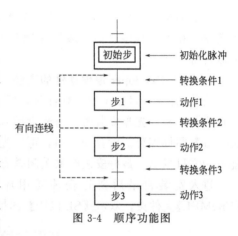

图 3-4　顺序功能图

　　顺序功能图(状态转移图)是一种图形语言,主要用来描述开关量顺序控制系统,根据它可以很容易绘制出顺序控制梯形图程序,如图 3-4 所示。它是一种较新的编程方法,主要由步、有向连线、转换条件和动作等要素组成。在顺序程序的编写时,往往根据输出量的状态将一个完整的控制过程划分为若干个阶段,每个阶段就称为步,步与步之间有转换条件,且步与步之间有不同的动作。当上一步被执行时,满足转换条件立即跳到下一步,同时上一步停止。在编写顺序控制程序时,往往先画出顺序功能图,然后再根据顺序功能图写出梯形图,经过这一过程后使程序的编写大大简化。

3.2　GX Developer 编程软件的应用

3.2.1　GX Developer 软件简介

　　三菱 FX 系列 PLC 使用的编程软件是 GX Developer 编程软件。GX Developer 软件于 2005 年发布,其功能比较丰富,支持梯形图、指令表、SFC、ST、FB 等编程语言,集成了项目管理、程序键入、编译链接、模拟仿真和程序调试等功能。GX Developer 编程软件能够完成 Q 系列、QₙA 系列、A 系列、FX 系列的 PLC 的梯形图、指令表和 SFC 的编辑。

　　在 GX Developer 编程软件中,读者可以通过线路符号、列表语言及 SFC 符号来创建 PLC 程序,建立注释数据并设置寄存器的数据,还能轻松自由地创建 PLC 程序以及将其存储为文件,能够用打印机打印出程序,并且,编制的这些程序是可以在串行系统中与 PLC 进行通信的。

　　GX Developer 编程软件还可以进行文件传送、对操作进行监控和进行各种测试,还具有可以脱离 PLC 进行仿真调试的功能。其中，仿真软件 GX Simulator 作为一个插件，可被集成到 GX Developer 中，能将编写好的程序在电脑上虚拟运行，方便程序的查错修改。通过 GX Developer 编程软件来设定参数时，只要将 GX Developer 编程软件和一个 CPU 连接上，无须更换电缆，就可以在其他 CPU 上执行编程/监视功能，缩短了程序调试的时间，提高编程效率。

3.2.2 GX Developer 软件的安装

(1) 安装 GX Developer 编程软件对硬件的要求

安装 GX Developer 编程软件时，个人计算机的可用硬盘空间应该在 150MB 以上，监视器的分辨率在 800×600 像素或更高，当使用 MELSECNET/G 诊断功能时，则需要分辨率为 1024×768 像素或更高。

安装 GX Developer 编程软件对系统软件的要求比较低，Windows XP 操作系统就可满足要求。在安装程序之前，最好先把其他应用程序关闭，比如杀毒软件、防火墙、IE、办公软件等。

(2) GX Developer 编程软件的安装

安装 GX Developer 编程软件时，可以使用光盘安装，也可以将软件复制到计算机硬盘上再进行安装。光盘安装时，将光盘插入到 CD-ROM 驱动器中，双击 CD-ROM 内的【setup.exe】图标即可。硬盘安装时，可以先将下载的安装软件解压，并且保持原文件夹名，不能有中文目录名。最好安装时候关闭杀毒软件，完成后再打开。

进入安装目录后要先安装通用环境，进入【GX Developer】/【SW8D5C-GPPW-C】/【EnvMEL】文件夹，双击【SETUP】图标进行安装，如图 3-5 所示。

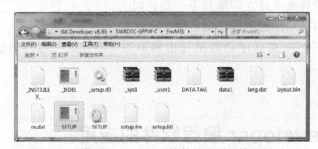

图 3-5 安装 GX Developer 软件的通用环境的图示 1

三菱大部分软件都要先安装环境，否则不能继续安装。如果没有安装环境，系统会主动提示用户需要安装环境，如图 3-6 所示。

在安装通用环境的过程中，单击【下一步】按钮进行安装，如图 3-7 所示。

安装完成 GX Developer 软件的通用环境后单击【结束】按钮，如图 3-8 所示。

安装完通用环境后，双击【GX Developer】/【SW8D5C-GPPW-C】下的【SETUP】图标来正式安装三菱 PLC 编程软件 GX Developer，在安装主程序时会自动调用其他的几个文件夹。安装如图 3-9 所示。

如果在安装的过程中出现了 DLL 覆盖的确认信息，请选择【是】进行 DLL 的覆盖。如果未覆盖 DLL，有可能导致安装的 GX Developer 编程软件无法正常运行。

安装 GX Developer 时，系统会自动进行安装，如图 3-10 所示。

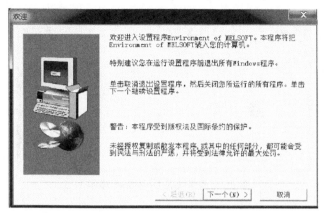

图 3-6　安装 GX Developer 软件的通用环境的图示 2

图 3-7　安装 GX Developer 软件的通用环境的图示 3

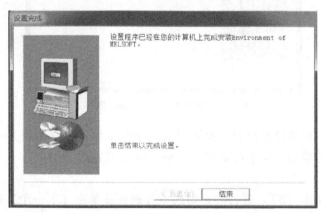

图 3-8　安装 GX Developer 软件的通用环境的图示 4

　　如果安装过程中，要安装 GX Developer 的计算机上还运行其他应用程序时，安装系统会自动提示用户关闭这些程序，如图 3-11 所示。

　　关闭运行的其他应用程序后，安装向导会提示用户进行 GX Developer 的安装，如图 3-12 所示，输入各种注册信，单击【下一步】按钮即可。

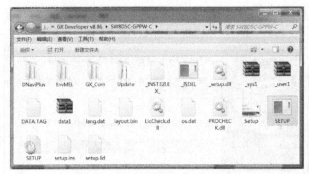

图 3-9　安装 GX Developer 操作 1

图 3-10　安装 GX Developer 操作 2

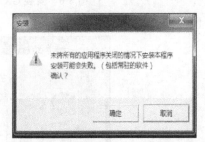

图 3-11　安装 GX Developer 操作 3

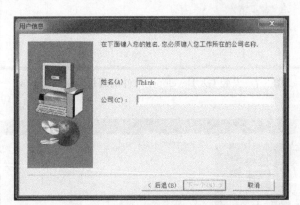

图 3-12　安装 GX Developer 操作 4

　　输入序列号。不同软件的序列号是不同的，如图 3-13 所示。软件序列号可以在三菱官网上下载软件后进行申请，申请时要填写表格，写明 E-mail 地址，序列号会发送到用户的邮箱中。

　　当使用结构化文本（ST）语言时，勾选该复选框并单击【下一个】按钮。当不使用结构化文本（ST）语言时，直接单击【下一个】按钮，如图 3-14 所示。

　　选择安装路径后，单击【下一步】按钮，在【选择部件】的监视专用页面里，当使用全部功能时，单击【下一个】按钮，当安装监视专用 GX Developer 时，勾选该复选框并单击【下一个】按钮。安装监视专用 GX Developer 产品是为了防止现场编辑、不慎更改等情况，勾选后运行时使可编程控制器写入和可编程控制器数据删除操作等功能无效。这里不能打

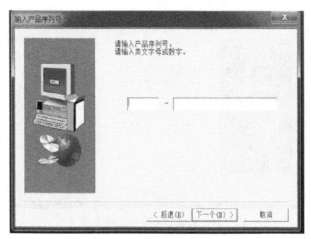

图 3-13　安装 GX Developer 操作 5

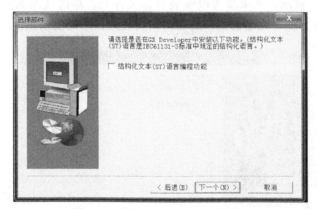

图 3-14　安装 GX Developer 操作 6

钩，否则就只能监视不能进行程序的编写和写入 PLC 了，如图 3-15 所示。

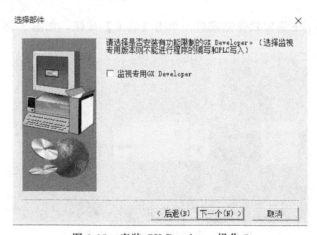

图 3-15　安装 GX Developer 操作 7

　　读者可以根据需要单击相应的复选框，Melsec Medoc 是 MS-DOS 用的英文编程软件，单击【下一个】按钮，如图 3-16 所示。

图 3-16 安装 GX Developer 操作 8

在【选择目标位置】页面，如果显示的安装目标文件夹是正确的文件夹，单击【下一个】按钮，如图 3-17 所示。如果要更改安装目标文件夹，单击【浏览】按钮并且指定一个新的驱动器和文件夹。值得注意的是，安装时的安装路径最好使用默认的，不要更改。

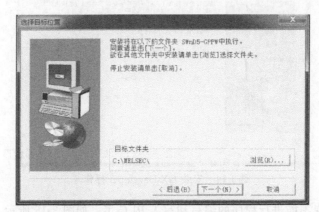

图 3-17 安装 GX Developer 操作 9

安装 GX Developer 编程软件完成后，单击【确定】按钮，如图 3-18 所示。

图 3-18 安装 GX Developer 操作 10

(3) 软件的卸载

GX Developer 编程软件的卸载可以通过 Windows 的控制面板的【添加/删除程序】来

完成。

当使用 Windows XP 时，执行【开始】/【设置】/【控制面板】打开控制面板，选择并双击
【添加/删除程序】。

当使用 Windows Vista 时，执行【开始】/【设置】/【控制面板】打开控制面板，选择并双击
【卸载程序】。

选择希望进行删除/修改的【GX Developer】后，单击【更改/删除】。

3.2.3　梯形图的编辑

(1) GX Developer 的编程环境

执行【开始】/【程序】/【MELSOFT 应用程序】/【GX Developer】，或者双击桌面上的 GX
Developer 图标""，进入 GX Developer 的初始操作界面，如图 3-19 所示。使用初始的
操作界面可以进行为项目配置硬件、编程、试运行等操作。

图 3-19　GX Developer 编程软件的操作界面

GX Developer 操作界面主要包括标题栏、主菜单、标准工具条、程序工具条、梯形图
输入快捷键工具条等。

① 标题栏：显示工程名称、编辑模式、程序步数、PLC 类型以及当前操作状态等。

② 主菜单：包含工程、编辑、查找/替换、交换、显示、在线等 10 个菜单。单击需要
的菜单，会显示相应的下拉子菜单。

③ 标准工具条：由工程菜单、编辑菜单、查找/替换菜单、在线菜单、工具菜单中的常
用功能组成，如图 3-20 所示。例如新建工程、工程保存、复制、软元件查找、PLC 写入等。

④ 数据切换工具条：可在程序、注释、参数、软元件内存这四项中切换。

⑤ 梯形图输入快捷键工具条：包含梯形图编辑时所需的常开触点、常闭触点、线圈、
应用指令等内容，如图 3-21 所示。

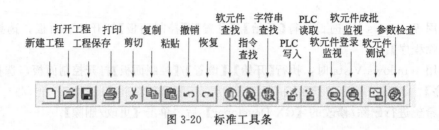

图 3-20 标准工具条

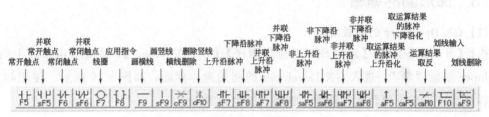

图 3-21 梯形图输入快捷键工具条

⑥ 工程参数列表：显示程序、软元件注释、参数、软元件内存等，可实现这些数据的设置。

⑦ 程序工具条：可实现梯形图模式、指令表模式转换，可实现写入模式、读出模式、监控模式和监控写入模式的转换等，如图 3-22 所示。

图 3-22 程序工具条

⑧ 操作编辑区：完成程序的编辑、修改、监控的区域。

⑨ 状态栏：显示的是 GX Developer 的状态信息。

(2) 梯形图的编辑

① 创建一个新工程　操作步骤如下：

a. 执行【工程】/【创建新工程】或单击"□"按钮，创建一个新工程。

b. 在弹出的【创建新工程】对话框中，设置相关选项，如图 3-23 所示。其中，【PLC 系列】选择 PLC 的 CPU 类型，CPU 类型有 QCPU 系列（Q 模式）、QCPU 系列（A 模式）、QnA 系列、FXCPU（FX 系列）等；【PLC 类型】根据选择 PLC 系列，选择 PLC 型号；【程序类型】选择编写程序使用梯形图或 SFC（顺序功能图）；【生成和程序名同名的软元件内存数据】选中时，新建工程时生成和程序同名的软元件内存数据；【设置工程名】用于选择工程名是编程前设置，还是编程完成后设置。

c. 单击【确定】按钮，创建新工程编辑窗口，如图 3-24 所示，可以开始编程。

② 保存工程　保存新工程操作步骤如下：单击"□"按钮或执行【工程】/【保存工程】，弹出【另存工程为】对话框，如图 3-25 所示，选择【驱动器/路径】并输入【工程名】，单击【保存】按钮。

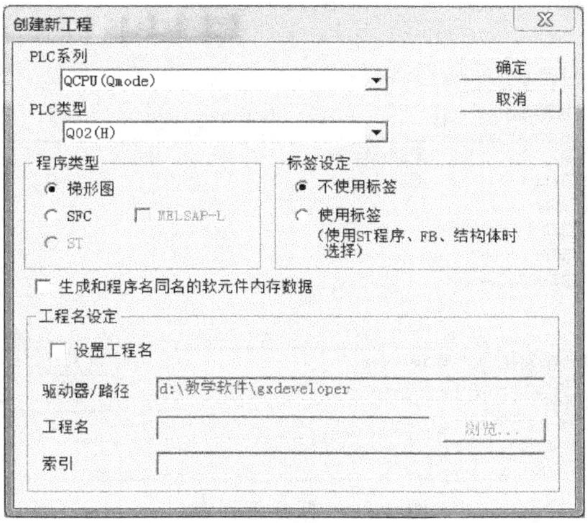

图 3-23　创建新工程对话框

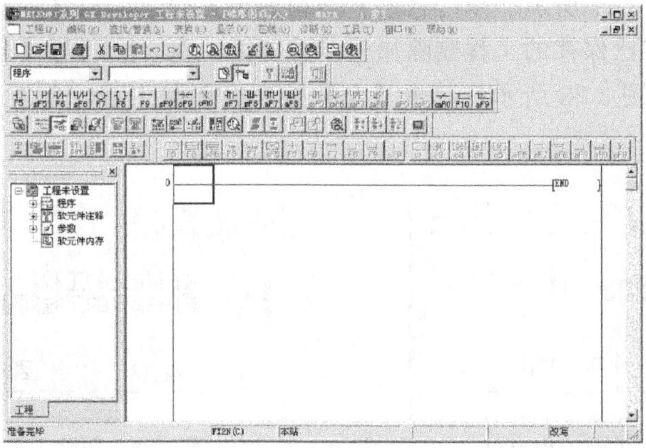

图 3-24　编辑窗口

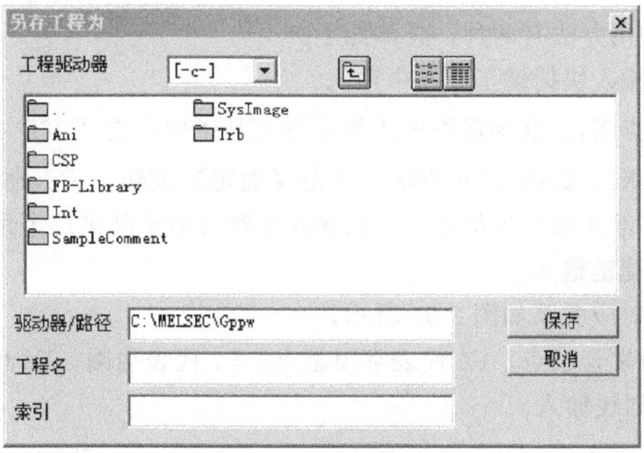

图 3-25　另存为对话框

③ 打开工程　打开读取已保存的工程文件操作步骤如下：单击"📂"按钮或执行【工程】/【打开工程】，弹出【打开工程】对话框，如图 3-26 所示，选择【驱动器/路径】和【工

程名】，单击【打开】按钮，被选工程便可被打开。

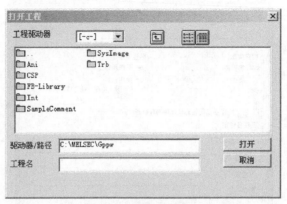

图 3-26　打开工程窗口

④ 关闭工程　关闭已打开的工程操作步骤如下：执行【工程】/【关闭工程】，弹出【关闭工程】对话框，如图 3-27 所示。单击【是】按钮退出工程，单击【否】按钮返回编辑窗口。

⑤ 删除工程　将已保存的工程删除操作步骤如下：执行【工程】/【删除工程】，弹出【删除工程】对话框，如图 3-28 所示。单击【是】按钮会删除工程，单击【取消】按钮不执行删除操作。

图 3-27　关闭工程窗口

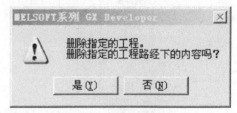

图 3-28　删除工程窗口

(3) 程序编辑

① 程序输入　常用方法有两种，具体如下。

a. 直接从梯形图输入快捷键工具条中输入。

例：输入常开触点 X1。在梯形图输入快捷键工具条中单击"⊣⊢"按钮，弹出【梯形图输入】对话框，输入 X1，如图 3-29 所示。单击【确定】按钮，常开触点 X1 出现在相应位置，如图 3-30 所示，常开触点为灰色。注意输入字符时要全部采用半角字符输入。

b. 用键盘上的快捷键输入。

快捷键与软元件对应关系如图 3-31 所示。

• 单键：F5 代表常开触点，F6 代表常闭触点，F7 代表线圈，F8 代表应用指令，F9 代表水平线，F10 代表划线输入。

• 组合键：

Shift＋单键：sF5 代表常开触点并联，sF6 代表常闭触点并联。

Ctrl＋单键：cF9 代表横线删除。

Alt＋单键：aF7 代表上升沿脉冲并联。

Ctrl＋Alt＋单键：caF10 代表运算结果取反。

图 3-29　梯形图输入对话框

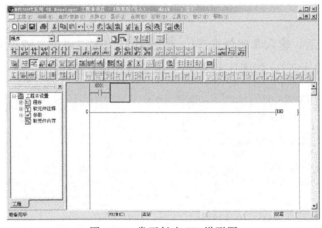

图 3-30　常开触点 X1 梯形图

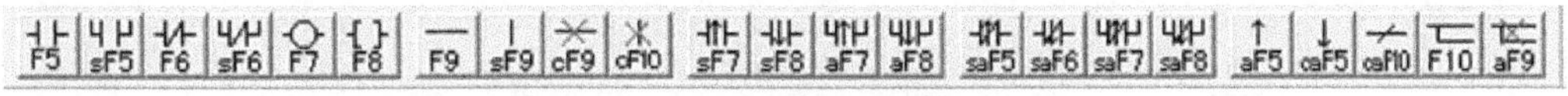

图 3-31　快捷键与软元件的对应关系

有些对应关系没有给出，读者可根据上述所讲自行推理。

例：输入常开触点 X1。单击键盘上 F5 键，弹出【梯形图输入】对话框，输入 X1，单击【确定】按钮，常开触点 X1 出现在相应位置，与图 3-29 和图 3-30 所示一致。

c. 连线输入与删除。

在梯形图输入快捷键工具条中，"⎯⎯（F9）"是输入水平线功能键，"（sF9）"是输入垂直线功能键，"（cF9）"是删除水平线功能键，"（cF10）"是删除垂直线功能键。

例：输入图 3-32 所示梯形图程序，基本操作步骤如下：

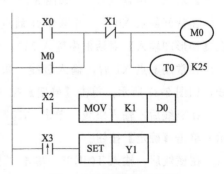

图 3-32　梯形图输入举例

输入常开触点 X0。单击"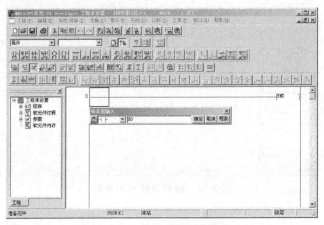"按钮或单击键盘上 F5 键，在【梯形图输入】对话框中输入 X0，如图 3-33 所示，单击【确定】按钮。

图 3-33　梯形图输入操作 1

在常开触点 X0 后，输入常闭触点 X1。单击"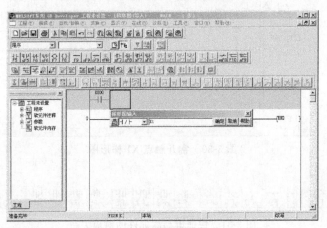"按钮或单击键盘上 F6 键，在【梯形图输入】对话框中输入 X1，如图 3-34 所示，单击【确定】按钮。

图 3-34　梯形图输入操作 2

在常闭触点 X1 后，输入线圈 M0。单击""按钮或单击键盘上 F7 键，在【梯形图输入】对话框中输入 M0，如图 3-35 所示，单击【确定】按钮。

在常开触点 X0 下，并联常开触点 M0。单击""按钮或单击键盘上 Shift＋F5 键，在【梯形图输入】对话框中输入 M0，如图 3-36 所示，单击【确定】按钮。

在常闭触点 X1 后，输入竖线。单击""按钮或单击键盘上 Shift＋F9 键，输入竖线，如图 3-37 所示，单击【确定】按钮。

在竖线后，输入横线。单击""按钮或单击键盘上 F9 键，输入横线，如图 3-38 所示，单击【确定】按钮。

在横线后，输入 T0 K25。单击""按钮或单击键盘上 F7 键，在【梯形图输入】对话框中输入"T0 K25"，如图 3-39 所示，单击【确定】按钮。

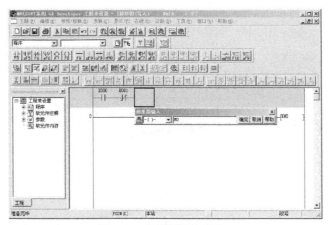

图 3-35　梯形图输入操作 3

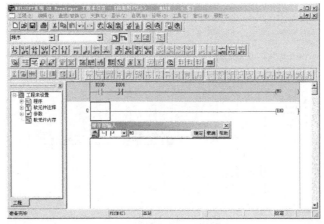

图 3-36　梯形图输入操作 4

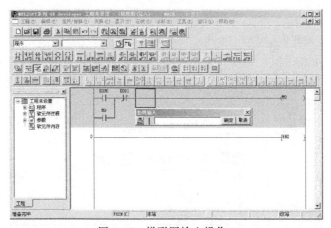

图 3-37　梯形图输入操作 5

　　另起一行，输入常开触点 X2。单击"![F5]"按钮或单击键盘上 F5 键，在【梯形图输入】对话框中输入 X2，如图 3-40 所示，单击【确定】按钮。

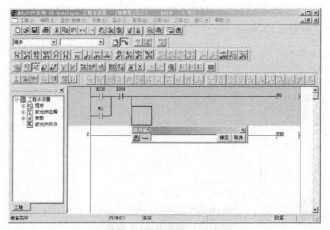

图 3-38　梯形图输入操作 6

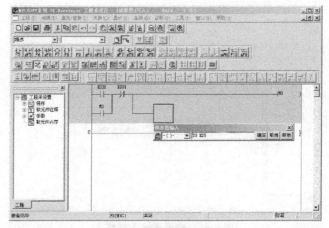

图 3-39　梯形图输入操作 7

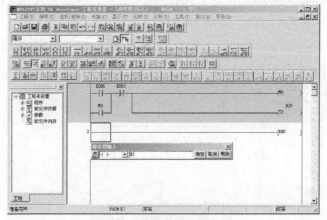

图 3-40　梯形图输入操作 8

　　在常开触点 X2 后，输入指令 MOV。单击 "⬚" 按钮或单击键盘上 F8 键，在【梯形图输入】对话框中输入 "MOV　K1　D0"，如图 3-41 所示，单击【确定】按钮。

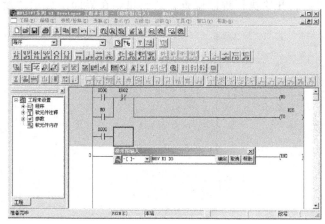

图 3-41　梯形图输入操作 9

另起一行，输入上升沿脉冲 X3。单击""按钮或单击键盘上 Shift＋F7 键，在【梯形图输入】对话框中输入 X3，如图 3-42 所示，单击【确定】按钮。

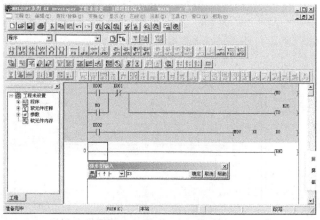

图 3-42　梯形图输入操作 10

在输入上升沿脉冲 X3 后，输入指令 SET。单击""按钮或单击键盘上 F8 键，在【梯形图输入】对话框中输入"SET Y1"，如图 3-43 所示，单击【确定】按钮。

最后，GX Developer 软件中的梯形图结果如图 3-44 所示。

② 程序变换　程序输入完成后，程序变换是必不可少的，否则程序既不能保存，也不能下载。当程序没有经过变换时，操作编辑器为灰色，经过变换后，操作编辑器为白色，如图 3-45 所示。

程序变换常用方法有三种，具体如下：

• 单击键盘上 F4 键；

• 执行主菜单中【变换】/【变换】；

• 单击程序工具条中的""按钮。

③ 程序检查　在程序下载前，最好进行程序检查，以防止程序出错。

程序检查方法：执行【工具】/【程序检查】之后，弹出【程序检查】对话框，如图 3-46 所示。单击【执行】按钮，开始执行程序检查，若无错误在界面中显示"没有错误"字样。

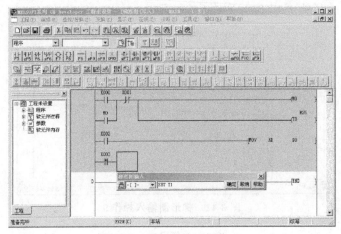

图 3-43　梯形图输入操作 11

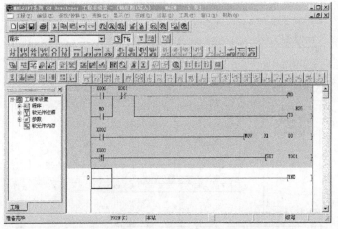

图 3-44　GX Developer 软件中的梯形图程序

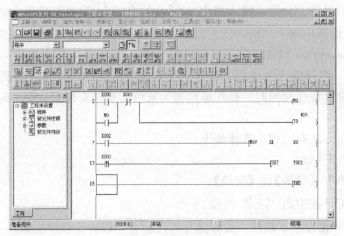

图 3-45　程序变换

3.2.4　查找与注释

(1) 软元件查找与替换

① 软元件查找　若一个程序比较长，查找一个软元件比较困难，使用 GX Developer 软件的软元件查找功能比较方便。

软元件查找方法：执行【查找/替代】/【软元件查找】之后，弹出【软元件查找】对话框，如图 3-47 所示，在方框中输入要查找的软元件，单击【查找下一个】按钮，可以看到，光标移动到要查找的软元件上。

② 软元件替换　使用 GX Developer 软件的替换软元件功能比较方便，且不易出错。

软元件替换方法：执行【查找/替代】/【软元件替

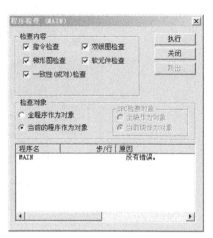

图 3-46　程序检查

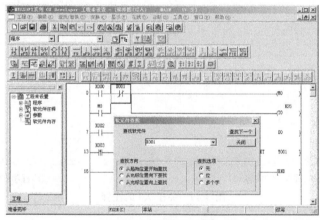

图 3-47　软元件查找

换】之后，弹出【软元件替换】对话框，如图 3-48 所示，在【旧软元件】方框中输入要被替换的软元件，在【新软元件】方框中输入新软元件，然后单击【替换】。如果要把所有的旧软元件换成新软元件，则单击【全部替换】。

(2) 软元件注释

一个程序，特别是较长的程序，如果想很容易被别人看懂，做好程序描述是必要的。程序描述包括三个方面，分别是注释、声明和注解。

① 注释　注释通常是对软元件的功能进行描述，描述时最多能输入 32 个字符。

方法一：执行【编辑】/【文档生成】/【注释编辑】后，双击要注释的软元件，弹出【注释输入】对话框，输入要注释的内容，单击【确定】按钮。例如注释 X0，如图 3-49 所示。

方法二：双击左侧【程序参数列表】中的【软元件注释】，再双击"COMME11T"，弹出注释编辑窗口，在列表【注释】选项注释需要注释的软元件，单击【显示】按钮，如图 3-50 所示；双击【程序参数列表】中的程序，再双击"MAIN"，显示出梯形图编辑窗口，执行【显示】/【注释显示】，这时在梯形图编辑窗口中可以显示出注释的内容。

② 声明　声明通常是对功能块进行描述，描述时最多能输入 64 个字符。

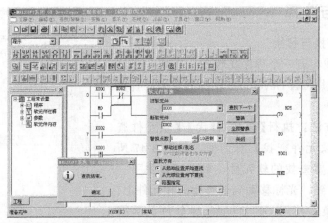

图 3-48　软元件替换

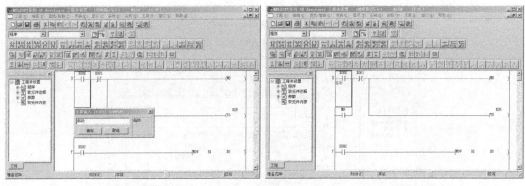

(a) 输入要注释的内容　　　　　　　　　　(b) 程序注释

图 3-49　关于 X0 的注释

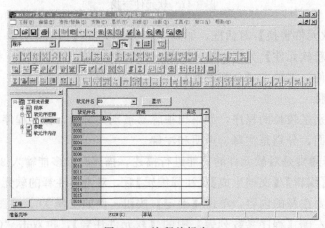

图 3-50　注释编辑窗口

方法：单击程序工具条中声明编辑"🖼"按钮，再双击所要编辑功能块的行首，会出现【行间声明输入】窗口，输入声明的内容，单击【确定】按钮，会出现程序声明界面，再执行【变换】即可。例如声明 X0，如图 3-51 所示。

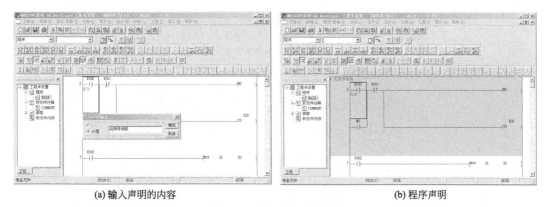

(a) 输入声明的内容　　　　　　　　　　　　　(b) 程序声明

图 3-51　关于 X0 的声明

③ 注解　注解通常是对输出、应用、线圈等功能进行描述,描述时最多能输入 32 个字符。

方法:单击程序工具条中程序注解"□"按钮,再双击所要编辑的应用指令,会出现【输入注解】窗口,输入注解的内容,单击【确定】按钮,会出现程序注解界面,再执行【变换】即可,如图 3-52 所示。

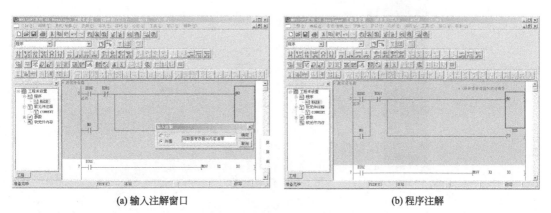

(a) 输入注解窗口　　　　　　　　　　　　　(b) 程序注解

图 3-52　注解窗口与界面

3.2.5　在线监控与诊断

(1) 程序传送

下载:执行【在线】/【PLC 写入】,弹出【PLC 写入】对话框,如图 3-53 所示。勾选图中左侧三项,单击【传输设置】按钮,弹出【传输设置】界面,如图 3-54 所示。有多种下载方案,这里选择【串行】下载,会弹出【串口详细设置】窗口,可设置详细参数,选择完毕后,单击【确定】按钮,返回图 3-53。单击【执行】按钮,弹出【是否执行 PLC 写入】对话框,如图 3-55 所示,单击【是】按钮,弹出是否执行远程运行对话框,如图 3-56 所示。单击【是】按钮,PLC 停止运行,程序、参数和注释开始向 PLC 中下载,下载完毕后,单击【是】按钮。

(2) 监视

监视是通过计算机界面实时监控 PLC 程序的执行情况。

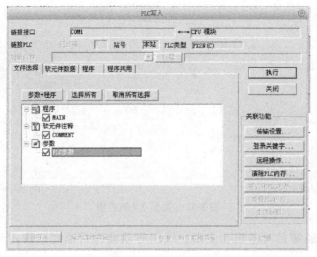

图 3-53　PLC 写入

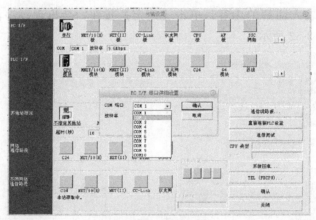

图 3-54　传输设置

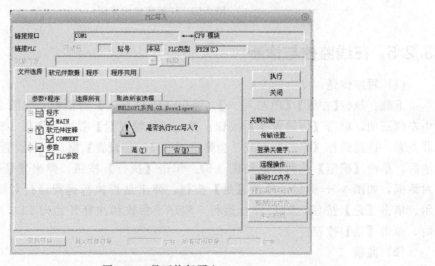

图 3-55　是否执行写入

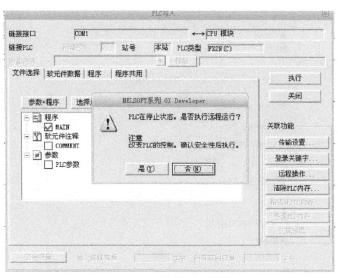

图 3-56　是否执行远程运行

方法：执行【在线】/【监视】/【监视模式】，在编程软件中会弹出【监视状态】窗口，监控开始，如图 3-57 所示。在图中，所有的闭合触点和线圈均显示为蓝色方块；监控状态下，可以实时显示字中存储数值的变化。执行【在线】/【监视】/【监视停止】，监控停止。

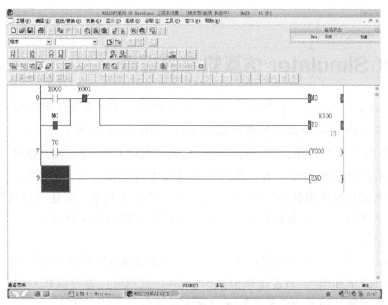

图 3-57　监视界面

（3）软元件测试

软元件测试可以强制执行位元件的 ON/OFF，也可改变字软元件的当前值。

方法：执行【在线】/【调试】/【软元件测试】，在编程软件中会弹出【软元件测试】对话框，如图 3-58 所示。在位软元件方框中输入 "x0"，单击【强制 ON】；在字软元件方框中输入 T0，【设置值】方框中输入 "5"，单击【设置】。通过监控可以看到，X0 闭合，T0 当期值为 5。

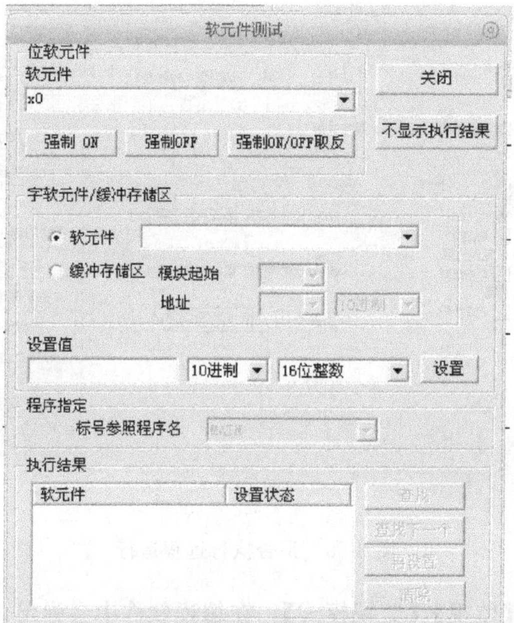

图 3-58 软元件测试界面

3.3 GX Simulator 仿真软件的应用

GX Simulator 是三菱公司设计的一款可选仿真软件,该仿真软件可以模拟 PLC 运行和测试程序。若 GX Developer 编程软件中已安装 GX Simulator 仿真软件,工具栏中梯形图逻辑测试启动/结束"□"按钮亮,否则显示为灰色。利用 GX Simulator 能使 GX Developer 软件上编写的顺序控制程序在个人计算机上就可以进行仿真运行,无须写入 PLC 本体中。而且,如果将智能化模块用软件包 GX Configurator 也加入其中,则还可以进行智能化功能模块(A/D 转换模块、D/A 转换模块、通信转换模块)的初始参数设定、自动刷新参数设定等状态的仿真。

GX Simulator 提供了简单的用户界面,用于监视和修改在程序中使用的各种参数(如开关量输入和开关量输出)。当程序由 GX Simulator 处理时,也可以在 GX Developer 软件中使用各种软件功能,如使用变量表监视、修改变量和断点测试功能。

3.3.1 GX Simulator 的基本操作

(1) 安装仿真软件

确认 GX Developer 软件安装完成后,再安装 GX Simulator 仿真软件。

进入【GX Simulator 6cn】目录下运行【SETUP】安装文件,如图 3-59 所示。具体安装步骤可参考 GX Developer 安装过程,其中安装序列号和安装路径与 GX Developer 软件一致,单击【下一步】按钮,完成 GX Simulator 软件的安装,如图 3-60 所示。

图 3-59　安装 GX Simulator 操作 1

仿真软件安装完成后，执行 GX Developer 编程软件主菜单【工具】/【梯形图逻辑测试起动】，打开梯形图逻辑测试操作界面，如图 3-61 所示。梯形图逻辑测试操作界面主要由菜单栏、运行指示灯、运行状态、I/O 系统设定等组成。

（2）GX Simulator 仿真软件启动与停止

① 打开 GX Developer 软件，新建或打开一个程序。

② 单击梯形图逻辑测试启动/结束 "▣" 按钮，启动梯形图逻辑测试操作。

③ 再次单击梯形图逻辑测试启动/结束 "▣" 按钮，梯形图逻辑测试结束，GX Simulator 仿真软件退出运行。

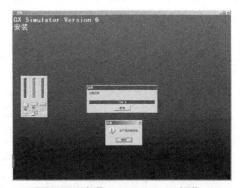

图 3-60　安装 GX Simulator 操作 2

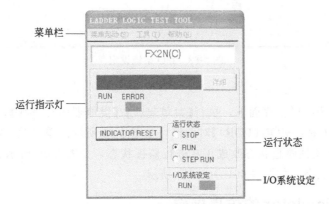

图 3-61　梯形图逻辑测试操作界面

3.3.2　I/O 系统设定

离线仿真调试功能主要包括软元件的监视、测试和模拟外部机器运行的 I/O 系统设定。仿真调试中，最简单的方法就是在监控模式下利用软元件测试来监控程序的运行。例如图 3-62，利用位软元件（X1）的强制 ON/OFF 来模拟外部信号的输入，以判断程序的运行是否符合系统的控制要求。此外，常常利用 I/O 系统设定及时序图来进行仿真调试。

图 3-62　I/O 系统设定实例

(1) I/O 系统设定

通过 I/O 系统设定可以产生输入、输出仿真信号，从而不必制作调试用程序，就可自动模拟外部机械的运行。方法如下。

在梯形图逻辑测试操作界面下，执行【菜单起动】/【I/O 系统设定】，弹出【I/O 系统设定 (I/O SYSTEM SETTINGS)】对话框，如图 3-63 所示。先设定条件，左右表示与关系 (AND)，上下表示或关系 (OR)。本例中模拟 X1 按钮，当 X1 为 ON 时，100ms 后，X1 为 OFF。保存 I/O 系统设定并执行。

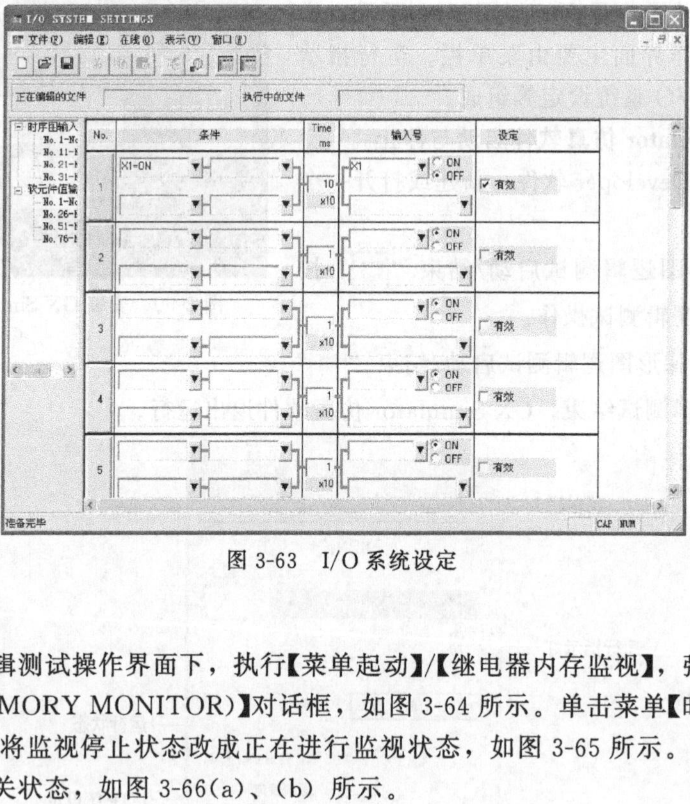

图 3-63　I/O 系统设定

(2) 时序图

在梯形图逻辑测试操作界面下，执行【菜单起动】/【继电器内存监视】，弹出【设备内存监视 (DEVICE MEMORY MONITOR)】对话框，如图 3-64 所示。单击菜单【时序图】/【起动】，如图 3-64 所示。将监视停止状态改成正在进行监视状态，如图 3-65 所示。此时就可以看到各个软元件的开关状态，如图 3-66(a)、(b) 所示。

3.3.3　GX Simulator 的仿真操作

建立一个完整工程项目，以 PLC 控制三台设备循环工作为例，运用 GX Developer 和 GX Simulator 进行程序的仿真调试。系统控制要求为：三台设备循环工作，间隔时间均为 2s，X1 为启动信号，X0 为停止信号，Y0、Y1、Y2 分别控制三台设备的启停。基本步骤如下。

(1) 创建一个新工程

① 双击桌面上的"🖥"（Gppw.exe）图标，打开 GX Developer 编程软件。

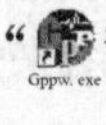

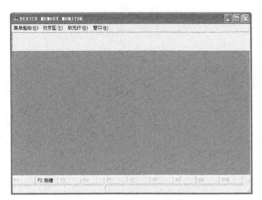

图 3-64　设备内存监视对话框

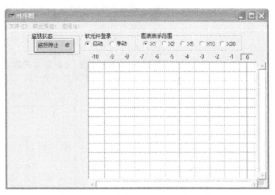

图 3-65　时序图监视停止状态

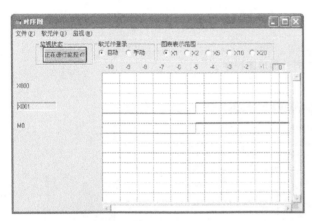

(a) 时序图监视状态

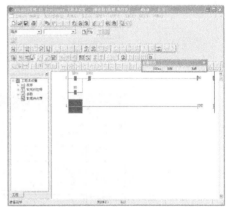

(b) 梯形图逻辑测试

图 3-66　仿真监视状态

② 单击新建工程 "" 按钮，创建一个新工程，选择 PLC 系列（FXCPU）、PLC 类型 [FX₂ₙ(C)]、程序类型（梯形图逻辑）。在写入模式下编写梯形图程序，按 F4 键进行程序变换，变换后程序区为白色，如图 3-67 所示。单击保存工程 "" 按钮，设置工程路径和工程名，保存工程。

为了增加程序的可读性可对程序进行注释。

(2) 仿真、调试和监视

执行 GX Developer 操作界面下的【工具】/【梯形图逻辑测试起动】，或者单击梯形图逻辑测试启动/结束 "" 按钮，启动梯形图逻辑测试操作。

① I/O 系统设定　在梯形图逻辑测试操作界面下，执行【菜单起动】/【I/O 系统设定】，弹出【I/O 系统设定】对话框。本例中模拟两个按钮，当 X0(X1) 为 ON 时，500ms 后，X0(X1) 为 OFF，如图 3-68 所示。保存 I/O 系统设定并执行。

② 时序图　在梯形图逻辑测试操作界面下，执行【菜单起动】/【继电器内存监视】，弹出【设备内存监视(DEVICE MEMORY MONITOR)】对话框，单击菜单【时序图】/【起动】，将监视停止状态改成正在进行监视状态。

鼠标左键双击时序图中 X001，时序图中 X001 变成黄色后马上消失，即 X001 由 OFF 到

60 三菱 PLC 编程基础及应用

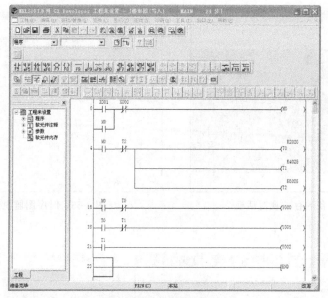

图 3-67 梯形图程序

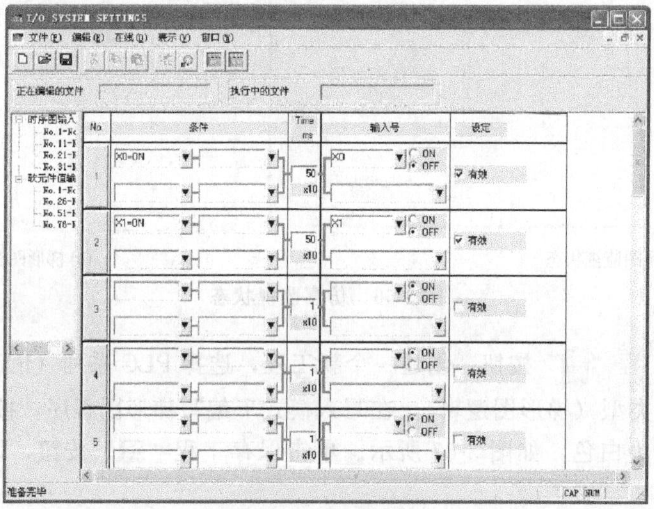

图 3-68 I/O 系统设定

ON，Y000 设备启动，如图 3-69(a)、(b) 所示；200ms 后，Y000 设备停止，Y001 设备启动，如图 3-70(a)、(b) 所示；再经过 200ms，Y001 设备停止，Y002 设备启动，如图 3-71(a)、(b) 所示；如此反复运行直到停止。如果没有进行图 3-68 所示 I/O 系统设定，则需再次双击时序图中的 X001，这样可以模拟操作启动按钮。同理，需要停止时，只需双击 X000（模拟操作停止按钮）。通过查看时序图的状态，就可验证程序的运行是否符合系统的控制要求，并根据需要决定修改与否。修改程序再次进行调试，直到得到正确的结果。

需要指出，本例可不用软件仿真和调试，可将程序直接下载到 PLC 上联机调试，具体下载过程读者可参照 3.2 节，这里不再赘述。

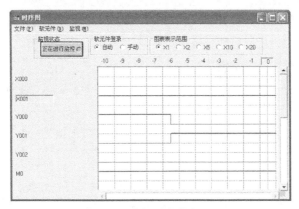

(a) 时序图监视状态

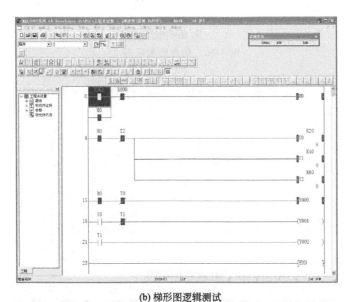

(b) 梯形图逻辑测试

图 3-69　仿真监视状态 1

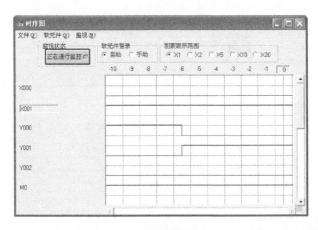

(a) 时序图监视状态

图 3-70

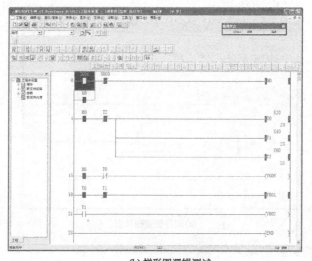

(b) 梯形图逻辑测试

图 3-70　仿真监视状态 2

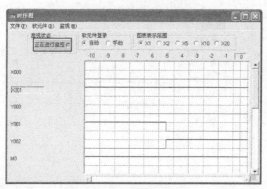

(a) 时序图监视状态.

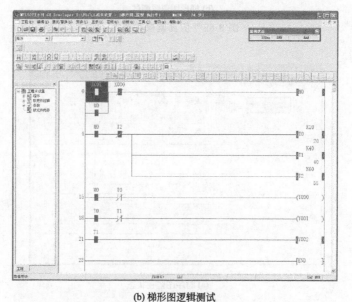

(b) 梯形图逻辑测试

图 3-71　仿真监视状态 3

3.4　GX Works2 简介

GX Works2 是 2011 年后推出的 PLC 编程软件。该软件有简单工程和结构工程两种编程方式，支持梯形图、指令表、SFC、ST、结构化梯形图等编程语言，集成了程序仿真软件 GX Simulator2，具备程序编辑、参数设定、网络设定、监控、仿真调试、在线更改、智能功能模块设置等功能，适用于三菱 Q 系列、FX 系列 PLC，可实现 PLC 与 HMI、运动控制器的数据共享。

（1）安装 GX Work2 编程软件对硬软件的要求

运行 GX Works2 编程软件的计算机的 CPU 处理器，建议其 Intel Core™ 2 Duo Processor 在 2GHz 以上，内存在 1GB 以上，硬盘的自由空间在 1GB 以上，虚拟内存的可用空间在 512MB 以上，支持磁盘驱动器、CD-ROM 驱动器，显示器分辨率为 1024×768 像素以上。三菱 GX Works2 可以在 Windows 系统中进行安装。

（2）GX Works2 编程软件的安装

安装三菱 GX Works2 编程软件时，可以使用光盘安装，也可以将软件复制到计算机硬盘上再进行安装。光盘安装时，将光盘插入到 CD-ROM 驱动器中，双击 CD-ROM 内的【setup】即可。硬盘安装时首先进入 GX Works2 文件夹，单击【setup】便可开始安装了，如图 3-72 所示。

图 3-72　安装 GX Works2 操作 1

安装三菱 GX Works2 编程软件时，系统会自动进行安装。如果安装过程中，要安装 GX Works2 的计算机上还运行着其他应用程序时，安装系统会自动提示关闭这些程序，如图 3-73 所示。

关闭运行的其他应用程序后，安装向导会提示进行 GX Works2 的安装，单击【下一步】即可，如图 3-74 所示。

输入用户信息，本例的 ID 是 117-610768844，如图 3-75 所示。

选择安装路径后，单击【下一步】即可，如图 3-76 所示。

确认设置内容，开始复制文件，单击【下一步】，如图 3-77 所示。

开始安装，如图 3-78 所示。

安装过程中，安装向导会提示是否显示该工具的安装手册，如图 3-79 所示。

安装完成 GX Works2 编程软件后，需要重新启动计算机，单击【结束】完成安装，如图 3-80 所示。

图 3-73 安装 GX Works2 操作 2

图 3-74 安装 GX Works2 操作 3

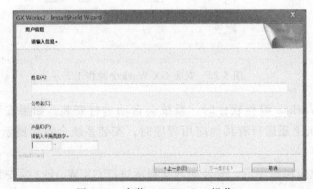

图 3-75 安装 GX Works2 操作 4

(3) 软件的卸载

GX Works2 的卸载可以通过 Windows 的控制面板的【添加/删除程序】来完成,方法同 GX Developer 编程软件的卸载,这里不再赘述。

(4) 启动 GX Works2 编程软件的方法

执行【开始】/【程序】/【MELOSFT 应用程序】/【GX Works2】/【GX Works2】,或者双击桌面上的 GX Works2 图标"",就可以进入 GX Works2 的编程环境了,如图 3-81 所示。进入 GX Works2 的初始操作界面,如图 3-82 所示。

图 3-76　安装 GX Works2 操作 5

图 3-77　安装 GX Works2 操作 6

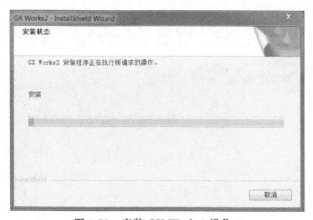

图 3-78　安装 GX Works2 操作 7

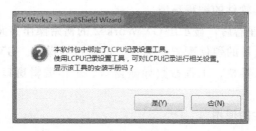

图 3-79　安装 GX Works2 操作 8

图 3-80 安装 GX Works2 操作 9

图 3-81 GX Works2 软件启动图示

图 3-82 GX Works2 软件初始操作界面

(5) GX Works2 编程软件的编程环境

启动 GX Works2 管理器后,显示出 GX Works2 的初始操作界面,编程人员可以通过这个初始的操作界面进行项目的硬件配置、编程、试运行等操作。GX Works2 操作界面主要包括标题栏、菜单栏、工具栏、工程参数导航窗口、工作编辑窗口和状态栏等,如图 3-83 所示。

(6) GX Works2 软件的使用

① 创建一个新工程 执行【工程】/【新建工程】或单击 " 🗋 " 按钮,弹出【新建工程】对

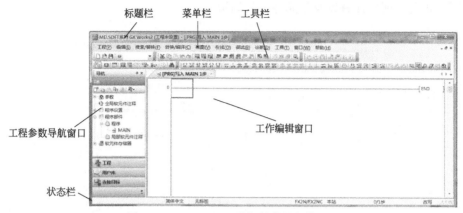

图 3-83　GX Works2 编辑软件的操作界面

话框，如图 3-84 所示，选择【工程类型】、【PLC 系列】、【PLC 类型】与【程序语言】，设置相关选项。

　　单击【确定】按钮，显示出新工程画面，呈现可写入程序状态，如图 3-85 所示。

　　② 在工程中添加新数据　根据可编程控制器类型以及工程类型，添加的数据有所不同。执行【工程】/【数据操作】/【新建数据】，弹出【新建数据】对话框，如图 3-86 所示，可选择【数据类型】、【数据名】和【程序语言】等。

　　③ 保存工程　执行【工程】/【保存工程】或单击"■"按钮，弹出【工程另存为】对话框，如图 3-87 所示，选择驱动器/路径并输入工程名，单击【保存】按钮。

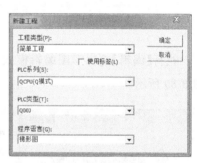

图 3-84　新建工程对话框

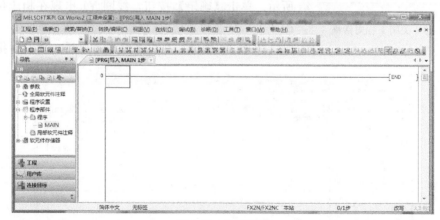

图 3-85　新建工程

　　④ 关闭工程　执行【工程】/【关闭工程】，弹出【关闭工程】对话框，如图 3-88 所示。单击【是】按钮退出工程，单击【否】按钮返回编辑窗口。

　　(7) 梯形图的编辑和程序的编写

　　① 梯形图编辑　运用编程指令或者工具栏中的梯形图符号进行程序的编写。同时，也

可点击 ，进行声明、注解以及软元件名的编辑。

图 3-86 新建数据对话框

图 3-87 另存工程为对话框

执行【编辑】/【梯形图编辑模式】/【写入模式】，或单击"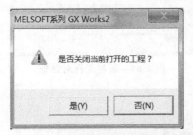"按钮，进入写入模式，如图 3-89 所示。

图 3-88 关闭工程对话框

例：输入常开触点 X1 和线圈 Y1。单击"⊣⊢"按钮或单击键盘上 F5 键，弹出【梯形图输入】对话框，输入 X1，如图 3-90（a）所示。单击【确定】按钮，常开触点 X1 出现在相应位置。单击"◇"按钮或单击键盘上 F7 键，弹出【梯形图输入】对话框，输入 Y1，如图 3-90（b）所示。单击【确定】按钮，线圈 Y1 出现在相应位置，如图 3-90（c）所示。

② 转换/编译 在程序编写完成后，要及时把程序转

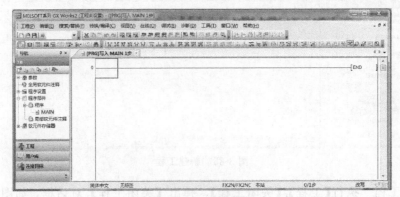

图 3-89 写入模式

换为顺控程序，这样才能正确地写入到 PLC 中。直接单击"⟱"按钮，或者执行【转换/编译】，选择所需的转换方式，如图 3-91 所示。

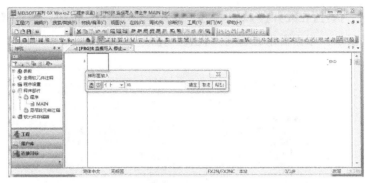

(a) 输入常开触点X1

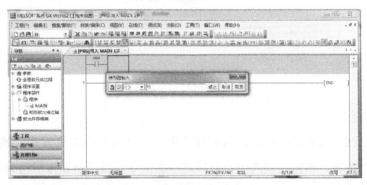

(b) 输入线圈Y1

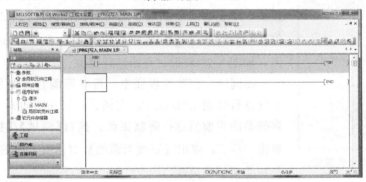

(c) 梯形图程序

图 3-90　GX Works2 软件中的梯形图程序

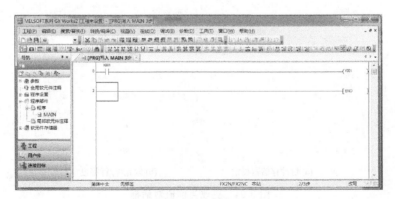

图 3-91　转换/编译

③ 程序写入 执行【在线】/【PLC写入】，或者单击"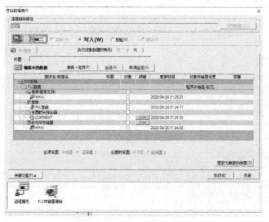"按钮，弹出【PLC写入】对话框，如图 3-92 所示。根据需求进行写入设置，完成写入。

图 3-92 PLC 写入对话框

④ 程序的模拟

a. 监视 执行【在线】/【监视】，进入监视菜单，选择需要的监视方式，或单击""按钮。在监视模式中，可以对一些信号直接强制模拟所达到的效果。

图 3-93 模拟操作界面

b. 模拟 模拟功能用于对实际的可编程控制器 CPU 进行模拟，对创建的顺控程序进行调试。执行【调试】/【模拟开始/停止】或单击""按钮，弹出 GX Simulator2 模拟操作界面，如图 3-93 所示，开始进行模拟。

c. 调试 在监视画面中，可对可编程控制器 CPU 的位软元件进行强制 ON/OFF。在调试画面中，也对字软元件/缓冲存储器的当前值进行强制更改。执行【调试】/【更改当前值】或单击""，弹出【更改当前值】对话框，如图 3-94 所示，进行相关数值的更改。

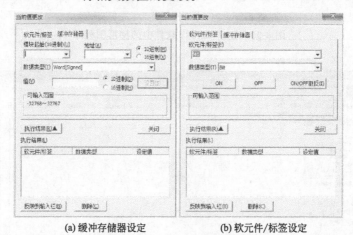

(a) 缓冲存储器设定   (b) 软元件/标签设定

图 3-94 更改当前值对话框

第**4**章

FX₂N 系列 PLC 的基本指令及应用

对于可编程控制器的指令系统，不同厂家的产品没有统一的标准，有的即使是同一厂家的不同系列产品，其指令系统也有一定的差别。与绝大多数可编程控制器一样，FX_{2N} 系列 PLC 的指令也分为基本指令和功能指令两大类。基本指令是用来表达元件触点与母线之间、触点与触点之间等的连接指令，包含基本逻辑指令、定时器、计数器等。

4.1 基本逻辑指令

基本逻辑指令是直接对输入、输出进行操作的指令。FX_{2N} 系列 PLC 的基本逻辑指令主要包括基本位操作指令、块操作指令、堆栈与主控指令、置位与复位指令、脉冲触点指令、脉冲微分输出指令等。

PLC 规定：如果触点是常开触点，则常开触点"动作"认为是"1"，常开触点"不动作"认为是"0"。

如果触点是常闭触点，则常闭触点"动作"认为是"0"，常闭触点"不动作"认为是"1"。

4.1.1 基本位操作指令

(1) LD、LDI、OUT 指令

LD 是常开触点与起始左母线连接的指令。LDI 是常闭触点与起始左母线连接的指令。OUT 是线圈驱动指令。

LD、LDI、OUT 指令的使用说明如图 4-1 所示。

指令说明：

① LD 与 LDI 指令的对象器件是 X、Y、M、T、C、S，它们可以与 ANB 及 ORB 指令配合，用于分支电路的起点。

② OUT 指令的对象器件是 Y、M、T、C、S，但是不能用于输入继电器。OUT 指令

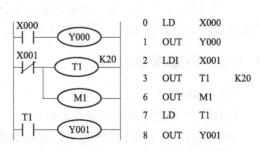

图 4-1   LD、LDI、OUT 指令使用说明

可以连续使用若干次，相当于线圈的并联。

③ OUT 指令用于计数器、定时器和功能指令线圈时必须设定合适的常数。

（2）AND 与 ANI 指令

AND 是单个常开触点与前面的触点（或电路块）串联连接的指令。ANI 是单个常闭触点与前面的触点（或电路块）串联连接的指令。

AND、ANI 指令的使用方法如图 4-2 所示。

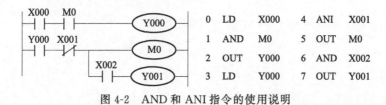

图 4-2　AND 和 ANI 指令的使用说明

指令说明：

① 单个触点与左边的电路串联时，使用 AND 和 ANI 指令的次数没有限制。

② 在图 4-2 中，"OUT M0" 指令之后，通过 X002 的触点去驱动 Y001，称为连续输出。只要电路设计正确，连续输出可以多次使用。

③ 图 4-2 中的 M0 和 Y001 线圈所在的并联支路若改为图 4-3 电路，就必须使用后面要讲到的 MPS 和 MPP 指令，从而使得指令条数较多，所以这种编程方法不宜使用。

④ AND 和 ANI 指令的对象器件是 X、Y、M、T、C、S。

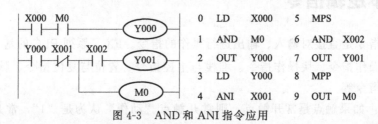

图 4-3　AND 和 ANI 指令应用

（3）OR 与 ORI 指令

OR 是单个常开触点（或电路块）并联连接的指令。ORI 是单个常闭触点（或电路块）并联连接的指令。

OR、ORI 指令的使用方法如图 4-4 所示。

指令说明：

① OR 和 ORI 指令的对象器件是 X、Y、M、T、C、S。

② 与 LD、LDI 指令触点并联的触点要使用 OR 和 ORI 指令，并联触点个数没有限制，但限于编程器的幅面限制，尽量做到 24 行以下。

4.1.2　块操作指令

（1）ORB 指令

ORB 是串联电路块的并联连接指令。

两个或两个以上的触点串联连接而成的电路称为"串联电路块"，串联电路块并联连接时用 ORB 指令。

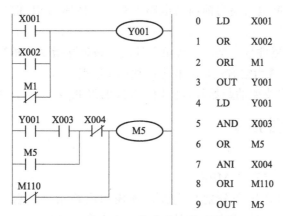

图 4-4　OR 与 ORI 指令的使用说明

ORB 指令的使用方法如图 4-5 所示。

指令说明：

① ORB 指令用于将串联电路块并联连接。在使用 ORB 指令之前，应先完成串联电路块的内部连接。

② ORB 指令不带器件号，是没有对象器件的一条独立指令，它相当于触点间的一段垂直连线。

③ 每个串联电路块的起点都要用 LD 或 LDI 指令，电路块的后面用 ORB 指令。

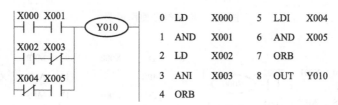

图 4-5　ORB 指令使用说明

（2）ANB 指令

ANB 是并联电路块的串联连接指令。

两个或两个以上的触点并联的电路称为"并联电路块"，将并联电路块串联连接时用 ANB 指令。

ANB 指令的使用方法如图 4-6 所示。

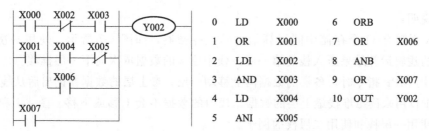

图 4-6　ANB 指令使用说明

指令说明：

① ANB 指令将并联电路块与前面的电路串联。在使用 ANB 指令之前，应先完成并联电路块的内部连接。

② ANB 指令不带器件号，是没有对象器件的一条独立指令，相当于两个电路块之间的串联连线，该点也可以视为它右边的并联电路块的 LD 点。

③ 并联电路块中各支路的起始触点使用 LD 或 LDI 指令。

4.1.3 堆栈与主控指令

(1) 堆栈指令

堆栈指令有 MPS、MRD、MPP。

MPS、MRD 和 MPP 指令分别是进栈、读栈和出栈指令，它们用于多重输出电路。MPS、MRD、MPP 指令的使用方法如图 4-7 和图 4-8 所示。

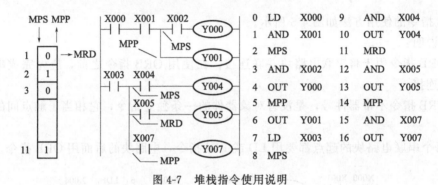

0	LD	X000	9	AND	X004
1	AND	X001	10	OUT	Y004
2	MPS		11	MRD	
3	AND	X002	12	AND	X005
4	OUT	Y000	13	OUT	Y005
5	MPP		14	MPP	
6	OUT	Y001	15	AND	X007
7	LD	X003	16	OUT	Y007
8	MPS				

图 4-7　堆栈指令使用说明

0	LD	X000	9	MPP	
1	MPS		10	AND	X004
2	AND	X001	11	MPS	
3	MPS		12	AND	X005
4	AND	X002	13	OUT	Y005
5	OUT	Y000	14	MPP	
6	MPP		15	AND	X006
7	AND	X003	16	OUT	Y006
8	OUT	Y001			

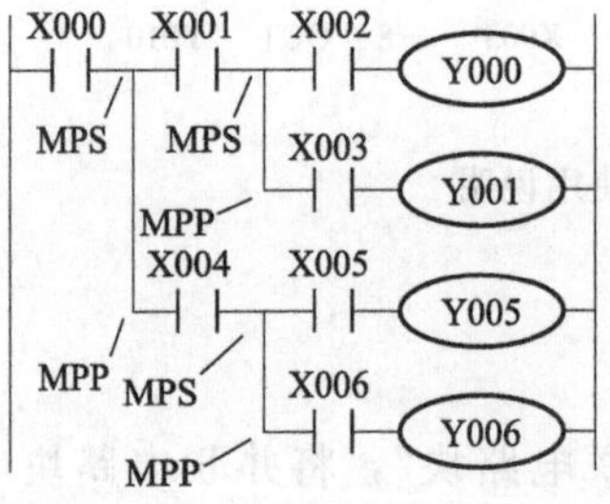

图 4-8　二层堆栈指令使用说明

指令说明：

① FX 系列有 11 个存储中间运算结果的栈存储器，如图 4-7 所示。使用一次 MPS 指令，当时的逻辑运算结果压入栈的第一层，栈中原来的数据依次向下一层推移。

② 使用 MPP 指令时，各层的数据向上移动一层，最上层的数据在读出后从栈内消失。

③ MRD 用来读出堆栈最上层的数据，栈内的数据不会上移或下移。图 4-7 和图 4-8 分别给出了使用一层栈和使用二层栈的例子。

④ MPS、MRD、MPP 指令都是不带器件号、没有对象器件的独立指令。

(2) 主控指令

这里包括 MC、MCR 两种指令。其中，MC 是主控指令，或公共触点串联连接指令；

MCR 是主控指令 MC 的复位指令。

MC、MCR 指令的使用方法如图 4-9 所示。

图 4-9 中，X000 的常开触点接通时，执行从 MC 到 MCR 的指令。MC 指令的输入触点断开时，积算定时器、计数器、用复位/置位指令驱动的软元件保持其当时的状态。非积算定时器和用 OUT 指令驱动的元件变为 OFF。

0	LD	X000	
1	MC	N0	M20
4	LD	X001	
5	OUT	Y001	
6	LD	X002	
7	OUT	Y002	
8	MCR	N0	
10	LD	X004	
11	OUT	Y003	

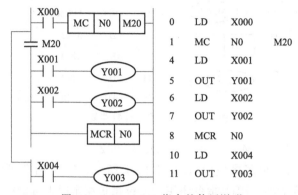

图 4-9　MC、MCR 指令的使用说明

指令说明：

① 在编程时，经常会遇到许多线圈同时受一个或一组触点控制的情况，如果在每个线圈的控制电路中都串入同样的触点，将占用很多存储单元，主控指令可以解决这一问题。它在梯形图中与一般的触点垂直。

② 使用主控指令的触点称为主控触点，主控触点是控制一组电路的总开关。

③ MC 指令对象器件为输出继电器 Y 和辅助继电器 M。

④ 与主控触点相连的触点必须用 LD 或 LDI 指令，即使用 MC 指令后，母线移到主控触点的后面去了，MCR 使母线（LD 点）回到原来的位置。

⑤ 在 MC 指令区内再使用 MC 指令称为嵌套。在没有嵌套结构时，通常用 N0 编程，N0 的使用次数没有限制。有嵌套结构时，嵌套级 N 的编号（0～7）顺序增大。

4.1.4　置位与复位指令

这里包括 SET、RST 两种指令。其中，SET 是置位指令，使操作保持置 1(ON) 的指令；RST 是复位指令，使操作保持置 0(OFF) 的指令。

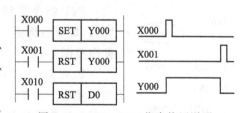

图 4-10　SET、RST 指令使用说明

SET 与 RST 指令的使用方法如图 4-10 和图 4-11 所示。

在图 4-10 中 X000 的常开触点接通，Y000 变为 ON 并保持该状态，即使 X000 的常开触点断开，它也仍然保持 ON 状态。当 X001 的常开触点闭合时，Y000 变为 OFF 并保持该状态，即使 X001 的常开触点断开，它也仍然保持 OFF 状态。如图 4-10 中的波形图。

图 4-11 中 X000 的常开触点接通时，积算定时器 T250 复位，X003 的常开触点接通时，计数器 C210 复位，当前值变为 0。

指令说明：

① SET 指令可用于 Y、M 和 S。

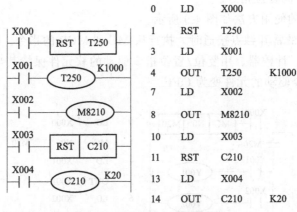

图 4-11 定时器、计数器复位

② RST 指令可用于 Y、M、S、T、C、D、V 和 Z。

③ 对同一编程元件，可多次使用 SET 和 RST 指令。RST 指令可将数据寄存器 D、变址寄存器 V、Z 的内容清零，RST 指令还用于复位累积型定时器 T246～T255 和计数器。

④ SET、RST 指令的功能与数字电路中 RS 触发器的功能相似。SET 与 RST 指令之间可以插入别的程序，如果它们之间没有别的程序，最后的指令有效。

⑤ 在任何情况下，RST 指令都优先执行。计数器处于复位状态时，不接收输入的计数脉冲。

⑥ 如果不希望计数器和累积型定时器具有断电保持功能，可以在用户程序开始运行时用初始化脉冲 M8002 将它们复位。

⑦ 为保证程序的可靠运行，SET 与 RST 指令的驱动通常采用短脉冲信号。

4.1.5　取反、空操作及程序结束指令

(1) 取反指令

INV 是取反指令。

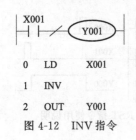

图 4-12　INV 指令

INV 指令是将执行该指令之前的运算结果取反。运算结果为"0"，取反后将变"1"；运算结果为"1"，取反后将变"0"。指令的使用见图 4-12。

如果 X001 常开触点断开，则 Y001 线圈接通；如果 X001 常开触点接通，则 Y001 线圈断开。

(2) 空操作及程序结束指令

① 空操作指令

NOP 是空操作指令。NOP 指令使该步序做空操作。编程过程中加入空操作指令，可以使修改或追加程序较为方便。

② 程序结束指令

END 是程序结束指令。END 指令表示程序结束。在程序结束处写入 END 指令，则 PLC 只执行第一步至 END 之间的程序，END 以后的程序不再执行，从而可以缩短扫描周期。若不写 END 指令，则 PLC 将从用户程序存储器的第一步执行到最后一步，使得扫描周期过长。

在调试和检查程序时，可以在各段程序之后插入 END 指令，分段调试每段程序，调试好以后再依次删去程序中间的 END 指令。

4.1.6 脉冲触点指令

这里包括 LDP、LDF、ANDP、ANDF、ORP、ORF 六个指令。

其中，LDP、ANDP 和 ORP 是用来作上升沿检测的触点指令，仅在指定元件的上升沿时使输出元件接通一个扫描周期；LDF、ANDF 和 ORF 是用来作下降沿检测的触点指令，仅在指定元件的下降沿时使输出元件接通一个扫描周期。

上述指令可以用于 X、Y、M、T、C 和 S。指令的使用如图 4-13 所示。

在 X001 的上升沿或 X002 的下降沿，Y001 接通一个扫描周期。

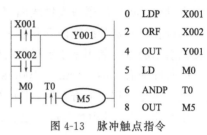

图 4-13 脉冲触点指令

4.1.7 脉冲微分输出指令

脉冲微分输出指令包括 PLS、PLF 两个指令。PLS 是上升沿微分输出指令。PLF 是下降沿微分输出指令。PLS 与 PLF 指令的使用方法如图 4-14 所示。

图 4-14 中的 M0 仅在 X000 的常开触点由断开变为接通（即 X000 的上升沿）时的一个扫描周期内为 ON，M1 仅在 X000 的常开触点由接通变为断开（即 X000 的下降沿）时的一个扫描周期内为 ON。

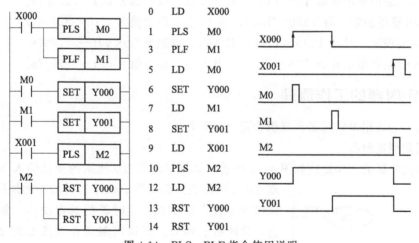

图 4-14 PLS、PLF 指令使用说明

指令说明：

① 当驱动 PLS 指令的触点由断到通时，其相应的辅助继电器或输出继电器将接通一个扫描周期的时间。

② 当驱动 PLF 指令的触点由通到断时，其相应的辅助继电器或输出继电器将接通一个扫描周期的时间。

③ PLS 和 PLF 指令只能用于输出继电器 Y 和辅助继电器 M。

4.2 定时器

4.2.1 定时器的地址号

在 PLC 内的定时器是根据时钟脉冲的累积形式工作的，当所计时间达到设定值时，输出触点动作。即定时器只提供线圈"通电"后延时动作的触点；如果需要定时器提供瞬动触点，可以在定时器的线圈两端并联一个辅助继电器的线圈，并将该辅助继电器的触点作为定时器的瞬动触点。利用基于定时器的时钟脉冲，可计测到 0.001～3276.7s。

时钟脉冲有 1ms、10ms、100ms 三种。定时器可以用用户程序储存器内的常数 K 作为设定值，也可以用数据寄存器（D）的内容作为设定值。

定时器（T）的地址号以十进制分配，如表 4-1 所示。

表 4-1 定时器的地址号

项目	100ms 通用型 0.1～3276.7s	10ms 通用型 0.01～327.67s	1ms 累积型 0.001～32.767s	100ms 累积型 0.1～3276.7s
定时器	T0～T199 200 点 子程序用 T192～T199	T200～T245 46 点	T246～T249 4 点 执行中断电池备用	T250～T255 6 点 电池备用

定时器的地址号范围如下：

① 100ms 通用型定时器 T0～T199，共 200 点，设定值为 0.1～3276.7s。

② 10ms 通用型定时器 T200～T245，共 46 点，设定值为 0.01～327.67s。

③ 1ms 累积型定时器 T246～T249，共 4 点，设定值为 0.001～32.767s。

④ 100ms 累积型定时器 T250～T255，共 6 点，设定值为 0.1～3276.7s。

4.2.2 定时器的工作原理

定时器分为通用型定时器和累积型定时器两种。

(1) 通用型定时器

通用型定时器的工作原理如图 4-15 所示，如果定时器 T0 线圈的驱动输入 X000 接通，则 T0 的当前值计数器将 100ms 时钟脉冲相加计算，如果该值等于设定值 K20，定时器的触点动作，常开触点闭合，常闭触点断开。即输出触点在线圈驱动 2s 后动作。驱动输入 X000 断开或停电，定时器复位，其常开触点断开，常闭触点闭合。

(2) 累积型定时器

累积型定时器的工作原理如图 4-16 所示，如果定时器线圈 T250 的驱动输入 X001 接通，则 T250 用的当前值计数器将 100ms 时钟脉冲相加计算。如果该值等于设定值 K300（30s），则定时器的触点动作。在计算过程中，即使输入 X001 断开或停电，再动作时，继续计算，其计

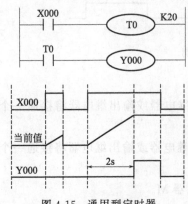

图 4-15 通用型定时器

算动作时间为 30s。如果复位输入 X002 接通，定时器复位，输出触点复位。

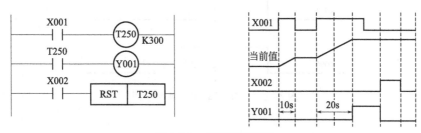

图 4-16　累积型定时器

设定值的指定方法如下。

① 指定常数（K）　如图 4-17 所示，T10 是以 100ms 为单位的定时器，将常数设定为 100，则定时器定时的时间为 100×100ms＝10s。

图 4-17　用常数作为定时器的设定值

② 间接指定（D）　如图 4-18 所示，把常数 100 写入到数据寄存器 D5 中，再把 D5 设为定时器的设定值。定时器设定的时间为 D5 中的数乘以 100ms，即为 10s。

图 4-18　用 D 作为定时器的设定值

定时器在子程序内使用的注意事项：

① 在子程序和中断程序中，请使用 T192～T199 定时器。这种定时器在使用线圈指令或执行 END 指令的时候进行计时。如果达到设定值，则在执行线圈指令或是执行 END 指令的时候输出触点动作。

② 由于一般通用的定时器仅仅在执行线圈指令的时候进行计时，所以在某种特定情况下才执行线圈指令的子程序和中断程序时，如果使用通用定时器，计时就不能执行，不能正常动作。

③ 在子程序和中断程序中，如果使用了 1ms 累积型定时器，当它达到设定值后，会在最初执行的线圈指令处输出触点动作。

4.2.3　定时器的应用

(1) OFF 延时定时器程序

OFF 延时定时器程序的工作时序图如图 4-19 所示。当 X001 为 ON 时，Y000 动作为 ON，当 X001 断开为 OFF 时，Y000 继续为 ON，计时 20s 后断开为 OFF。对应程序如图 4-20 所示。

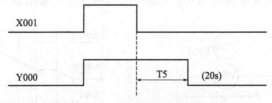

图 4-19　OFF 延时定时器时序图

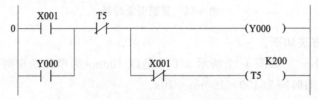

图 4-20　OFF 延时定时器程序

（2）闪烁程序

如图 4-21 所示的闪烁动作时序图，当 X001 为 ON 时，Y000 断开 2s、接通 1s，再断开 2s、接通 1s，依次循环闪烁。对应程序如图 4-22 所示。

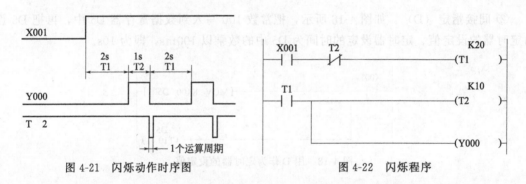

图 4-21　闪烁动作时序图　　　　　　　　图 4-22　闪烁程序

4.3　计数器

4.3.1　计数器的分类

FX$_{2N}$ 系列 PLC 提供了两类计数器：内部计数器和外部计数器（即高速计数器）。内部计数器是 PLC 在执行扫描操作时对内部软元件（如 X、Y、M、S、T、C）进行计数的计数器，要求输入信号的接通和断开时间应比 PLC 的扫描周期时间长；高速计数器是对外部信号进行计数的计数器，其响应速度快，因此对于频率较高的计数必须采用高速计数器。这两类计数器的功能都是设定预置数，当计数器输入端信号从 OFF 变为 ON 时，计数器减 1 或加 1；计数值减为"0"或者加到设定值时，计数器线圈 ON。FX$_{2N}$ 系列 PLC 计数器的种类和编号如表 4-2 所示。

表 4-2　FX₂N 系列 PLC 计数器的种类和编号

种类		编号	说明
内部计数器	16 位加计数器　通用型	C0～C99	计数设定值:1～32767
	16 位加计数器　断电保持型	C100～C199	
	32 位加/减计数器　通用型	C200～C219	计数设定值:−2147483648～+2147483647。加/减计数由 M8200～M8324 控制
	32 位加/减计数器　断电保持型	C220～C234	
高速计数器	1 相无启动/复位端子高速计数器	C235～C240	用于高速计数器的输入端只有 8 点(X000～X007),如果其中一个被占用,它就不能再用于其他高速计数器或者其他用途,因此只能有 8 个高速计数器同时工作
	1 相带启动/复位端子高速计数器	C241～C245	
	1 相 2 输入双向高速计数器	C246～C250	
	2 相 A-B(双计数输入)型高速计数器	C251～C255	

4.3.2　内部计数器

(1) 16 位加计数器

16 位加计数器可以对输入的脉冲信号进行累加计数,其计数终值的设定通常用十进制常数 K,也可以通过数据寄存器 D 间接设定。工作情况如图 4-23 所示。X001 驱动 C0 线圈,每接通一次,C0 的当前值加 1,当前值加到设定值 10 时,计数器触点动作,常开触点闭合,常闭触点断开,以后即使驱动输入 X001 再动作,计数器的当前值和触点状态不再变化,只有在计数器的复位驱动 X000 常开触点接通时,计数器 C0 才复位,这时其常开触点断开,常闭触点闭合,当前值被置为 0。

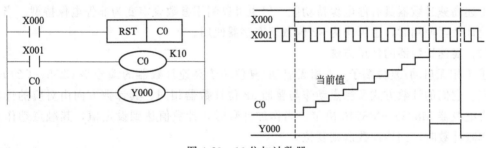

图 4-23　16 位加计数器

(2) 32 位加/减计数器

32 位加/减计数器 C200～C234 可以递增计数,也可以递减计数,计数方向由特殊辅助继电器 M8200～M8234 设定,对应的特殊辅助继电器线圈接通时为递减计数,否则为递增计数。工作情况如图 4-24 所示。图中 C200 的设定值为 9,递增计数时,若计数器的当前值由 8→9,则计数器 C200 的触点动作,常开触点闭合,常闭触点断开,当前值≥9 时,触点仍然保持动作后的状态;递减计数时,若计数器的当前值由 9→8,则计数器 C200 的触点动作,当前值≤8 时,触点仍然保持动作后的状态。C200 的复位输入 X013 的常开触点接通时,C200 复位。

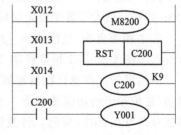

图 4-24　32 位加/减计数器

4.3.3 高速计数器

高速计数器共有 21 点，地址号以十进制分配，编号为 C235～C255。高速计数器采用中断的方法输入，外部计数信号输入端、启动信号输入端及复位信号输入端为 X000～X007。

高速计数器是以中断方式对机外高频信号计数的计数装置。高速计数器与内部计数器的主要区别在于以下几点：

① 对外部信号计数，工作在中断方式；

② 计数范围较大，计数频率较高；

③ 工作设置较灵活；

④ 具有专用的工作指令。

(1) 高速计数器简介

FX_{2N} 系列 PLC 中 C235～C255 为高速计数器。它们共同用一个 PLC 输入端上的 8 个高速计数器输入端口（X000～X007）。使用某个高速计数器可能要同时使用多个输入端口，而这些输入端口又不可能被多个高速计数器重复使用，实际工作中最多只能有 8 个高速计数器同时工作。这样设置的目的是为了使高速计数器有多种工作方式，方便在各种控制下的工程中选用。

高速计数器分为：

① 1 相无启动/复位端子高速计数器 C235～C240；

② 1 相带启动/复位端子高速计数器 C241～C245；

③ 1 相 2 输入双向高速计数器 C246～C250；

④ 2 相 A-B 型高速计数器 C251～C255。

上述高速计数器具有停电保持功能，但也可以利用参数设定变为非停电保持型。当不作为高速计数器使用时，也可作为 32 位数据寄存器使用。

(2) 高速计数器的使用方法

① 1 相无启动/复位端子　1 相无启动/复位端子高速计数器的编号是 C235～C240，共计 6 点。它们的计数方式及触点动作与普通 32 位计数器相同。其计数方向由对应的计数方向标志继电器 M8235～M8240 决定。当作加计数时，计数值达到设定值，其触点动作及保持。作减计数时，到达计数值则复位。

1 相无启动/复位端子高速计数器的梯形图和外部信号的连接如图 4-25 所示。由图可知，高速计数器为 C235，X000 为脉冲输入端，X010 为程序安排的计数方向选择信号，M8235 高电平时，为减计数，M8235 低电平时，为加计数（若程序中无 M8235 相关驱动程序时，机器默认为增计数）。X011 为复位信号，X011 置 1 时，C235 高速计数器复位。X012 是 C235 的启动信号，是由程序设定的启动信号。Y010 是高速计数器 C235 的控制对象。当 C235 的当前值大于等于设定值时，Y010 置 1，反之小于设定值时，Y010 则置 0。

② 1 相带启动/复位端子　1 相带启动/复位端子高速计数器的编号是 C241～C245，共计 5 点。图 4-26 是 1 相带启动/复位端子的高速计数器的梯形图和外部信号的连接。

由图可知，高速计数器增加了外部启动、复位控制端子 X007、X003。其他与 1 相不带启动/复位端子的功能基本是一样的。在使用中应注意的是，X007 端子上输入的外部控制启动信号只有在 X015 接通，计数器 C245 被选中时才有效。X003 及 X014 两个复位信号并行有效。

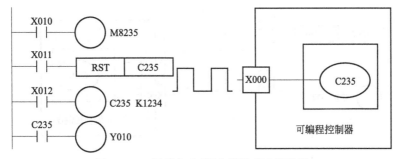

图 4-25　1 相无启动/复位端子高速计数器

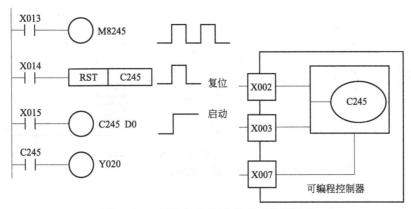

图 4-26　1 相带启动/复位端子高速计数器

　　③ 1 相 2 输入双向　1 相 2 输入双向高速计数器的编号是 C246～C250，共计 5 点。这些计数器有两个输入端，一个输入端专门用于加计数信号输入，另一个输入端专门用于减计数信号输入。图 4-27 是 1 相 2 输入双向高速计数器指令的梯形图和外部信号的连接情况。由图可知，该计数器有两个外部信号计数输入端，一个是输入加计数脉冲端子 X000，另一个是输入减计数脉冲端子 X001。在计数器的线圈接通后，X000 的上升沿使得计数器的当前值加 1；X001 的上升沿使得计数器的当前值减 1。C246 是通过程序控制启动/复位的，如图 4-27(a) 所示。C250 带有外启动/复位，如图 4-27(b) 所示。它们的工作情况和 1 相带启动/复位端子计数器的相应端子相同。

　　④ 2 相双计数输入　2 相双计数输入型高速计数器的编号是 C251～C255，共计 5 点。它们有两个计数输入端，有的计数器还有复位和启动输入端。其梯形图与外部信号的连接如图 4-28 所示。2 相双计数输入型高速计数器的两个脉冲信号输入端是同时工作的，外部信号计数的控制方向由 2 相脉冲信号间的相位决定。如图 4-28 中的 A、B 脉冲信号所示。

　　由图 4-28(a) 可知，当 A 相信号为高电平，B 相信号此期间产生上升沿脉冲为加计数；反之，B 相信号此期间产生下降沿脉冲为减计数。其他功能与 1 相 2 输入双向型相同。

　　由图 4-28(b) 可知，带有外计数方向控制端的高速计数器也配有编号相对应的特殊辅助继电器，只是在这里它们没有控制功能，而只有指示功能了。特殊辅助继电器的状态随着计数方向的变化而变化。

　　高速计数器设定值的设定方法和内部计数器相同，也有直接设定和间接设定两种。也可使用传送指令修改高速计数器的设定值及当前值。

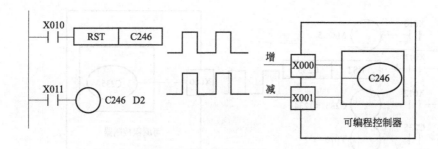

(a) 1相2输入

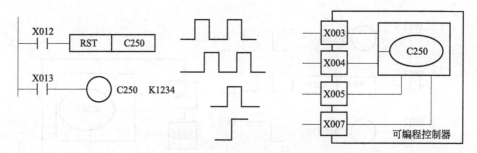

(b) 带有外启动/复位的1相2输入

图 4-27　1 相 2 输入双向高速计数器

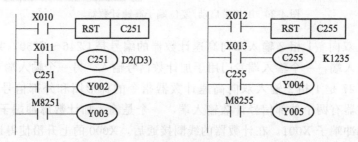

(a) 2相双输入加计数

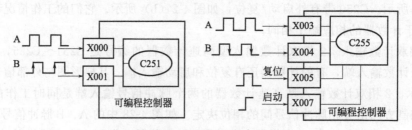

(b) 带外启动/复位的2相双输入减计数

图 4-28　2 相双计数输入型高速计数器

4.3.4　计数器的应用

图 4-29 所示的梯形图，Y0 控制一盏灯，请分析：当输入 X11 接通 10 次时，灯的明暗状况？若当输入 X11 接通 10 次后，再将 X11 接通，灯的明暗状况如何？

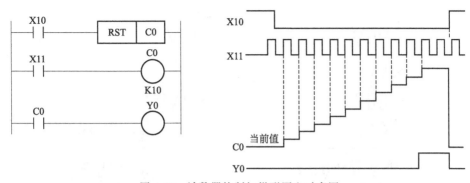

图 4-29　计数器控制灯梯形图和时序图

分析：当输入 X11 接通 10 次时，C0 的常开触点闭合，灯亮；若当输入 X11 接通 10 次后，灯先亮，再将 X11 接通，灯灭。

4.4　基本指令的应用

4.4.1　三相交流异步电动机的星形-三角形启动电路

三相交流异步电动机的星形-三角形启动电路是一个很常用的电路。对于这种比较简单的控制电路在进行 PLC 编程时，其梯形图程序可以直接由原来的继电器电路转化而来，具体步骤如下：

① 认真研究继电器控制电路及有关资料，深入理解控制要求；

② 对继电器控制电路中用到的输入设备和输出负载进行分析、归纳；

③ 将归纳出的输入、输出设备进行 PLC 控制的 I/O 编号设置，并画出 PLC 的 I/O 接线图，即输入、输出接线图。要特别注意对原继电器控制电路中作为输入设备的动断触点的处理；

④ 用 PLC 的软继电器符号和输入、输出编号取代原继电器控制电路中的电气符号及设备编号；

⑤ 整理梯形图（注意避免因 PLC 的周期扫描工作方式可能引起的错误）。

三相交流异步电动机采用直接启动时，虽然控制线路结构简单、使用维护方便，但启动电流很大（约为正常工作电流的 4~7 倍），如果电源容量不比电动机容量大许多倍，则启动电流可能会明显地影响同一电网中其他电气设备的正常运行。因此，对于笼型异步电动机可采用星形（Y）-三角形（△）降压启动方法。

对于正常运行时电动机额定电压等于电源线电压，定子绕组为三角形连接方式的三相交流异步电动机，可以采用星形-三角形降压启动。它是指启动时，将电动机定子绕组接成星形，待电动机的转速上升到一定值后，再换接成三角形连接。这样，电动机启动时每相绕组的工作电压为正常时绕组电压的 $1/\sqrt{3}$，启动电流为三角形直接启动时的 1/3。

自动控制星形-三角形降压启动线路如图 4-30 所示。

图中使用了三个接触器 KM、KM1、KM2 和一个通电延时型的时间继电器 KT。当接

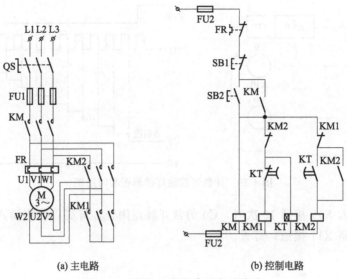

(a) 主电路　　　　　　　　(b) 控制电路

图 4-30　星形-三角形降压启动线路

触器 KM、KM1 主触点闭合时，电动机 M 星形连接；当接触器 KM、KM2 主触点闭合时，电动机 M 三角形连接。

线路动作原理为：

（1）三相异步电动机 Y-△启动电路 PLC 输入输出点分配

三相异步电动机 Y-△启动电路 PLC 输入输出点分配表见表 4-3。

表 4-3　三相异步电动机 Y-△启动电路 PLC 输入输出点分配表

输入信号			输出信号		
名称	代号	输入点编号	名称	代号	输出点编号
停止按钮	SB1	X0	电动机电源接通接触器	KM1	Y0
启动按钮	SB2	X1	定子绕组△接法接触器	KM2	Y1
热继电器	FR	X2	定子绕组 Y 接法接触器	KM3	Y2

（2）PLC 与控制电路的接线

PLC 与控制电路的接线图如图 4-31 所示。

（3）梯形图的设计

为了能够更多地了解各类指令的用法，本例中分别用串并联指令、栈操作指令和主控功能指令分别编写了三种梯形图，以供参考。

① 用串并联指令编写 Y-△启动梯形图　梯形图如图 4-32 所示，分析原理如下：系统当按下启动按钮 SB1 时，X0 的常开触点闭合，辅助继电器 M0 线圈接通，M0 的常开触点闭

合，Y0、Y1 线圈接通，即接触器 KM1、KM2 的线圈通电，电动机以 Y 形启动；同时定时器 T0 开始计时，当启动时间达到 T0 设定时间 t_1 时，T0 的常闭触点断开，Y1 断开，接触器 KM2 线圈断电；T0 的常开触点闭合，定时器 T1 开始计时，经过 T1 设定时间 t_2 延时后，Y2 线圈接通，即接触器 KM3 线圈通电，电动机转接成△形连接。启动完毕，电动机以△形连接运转。定时器 T1 的作用是使主电路中 KM2 断开 t_2 后 KM3 才闭合，避免电源短路。SB2 为停止按钮，KR 为热继电器，用于电动机过载保护。

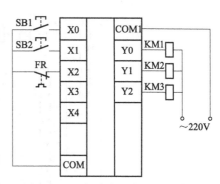

图 4-31　三相异步电动机 Y-△启动
电路 PLC 控制接线图

② 用栈操作指令编写 Y-△启动梯形图　梯形图如图 4-33 所示，动作原理自行分析。

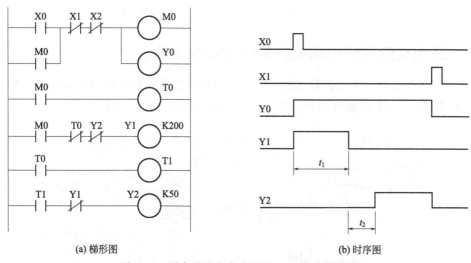

(a) 梯形图　　　　(b) 时序图

图 4-32　用串并联指令编写的 Y-△启动梯形图

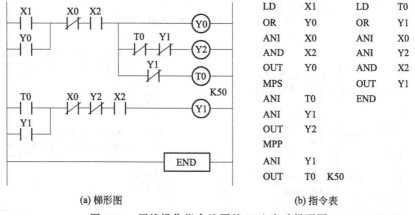

(a) 梯形图　　　　(b) 指令表

图 4-33　用栈操作指令编写的 Y-△启动梯形图

③ 用主控功能指令编写 Y-△启动梯形图　梯形图如图 4-34 所示，动作原理自行分析。

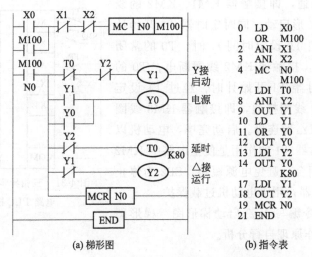

图 4-34　用主控功能指令编写的 Y-△启动梯形图

4.4.2　三相交流异步电动机正反转联锁控制电路

三相交流异步电动机正反转联锁控制的主电路和继电器控制电路如图 4-35(a) 所示，其中 KM1 和 KM2 分别是控制电动机正转运行和反转运行的交流接触器。

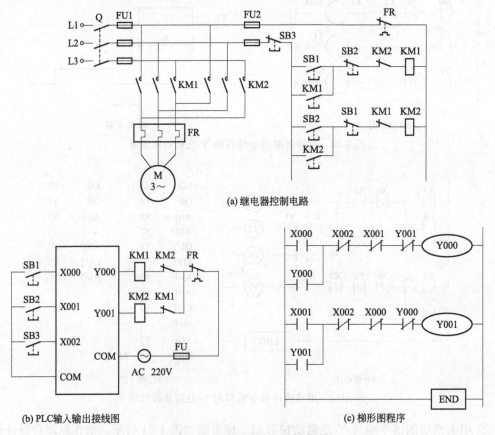

图 4-35　电动机连续正反转控制

通过 KM1 和 KM2 的主触点改变进入电动机的三相电源的相序，即可改变电动机的旋转方向。图中的 FR 是热继电器，在电动机过载时，它的常闭触点断开，使 KM1 或 KM2 的线圈断电，电动机停转。

本控制系统的输入元件有三个，分别为正转启动按钮 SB1、反转启动按钮 SB2、停止按钮 SB3。在梯形图中，用两个启-保-停电路来分别控制电动机的正转和反转。输出元件有两个，分别为正转接触器 KM1 线圈、反转接触器 KM2 线圈。热继电器 FR 的触点也可以作为输入元件，但由于 PLC 的输入输出点造价较高，为了减少 PLC 的输入点，这里没有将热继电器 FR 的常闭触点作为一个单独输入。

PLC 控制系统的 I/O 分配如表 4-4 所示。图 4-35（b）是 PLC 控制系统的 I/O 接线图，即输入输出接线电路。图 4-35（c）是 PLC 控制系统的梯形图程序。

通常情况下，要求 PLC 输入端均接入常开触点，其梯形图程序与原有的继电器控制电路形式完全一致。例如本例中的停止按钮 SB3，在继电器控制电路中为常闭触点，在 PLC 输入端接的却是常开触点。若 PLC 输入端的停止按钮 SB3 也接为常闭触点，则梯形图程序中与之对应的 X002 的触点就应改变为常开触点，从而使得梯形图程序的形式与常见的"启-保-停"电路的形式不一致。

在梯形图中，为了保证 Y000 和 Y001 线圈不会同时接通，在程序中设置了软件互锁，将它们的常闭触点分别与对方的线圈串联，因此 KM1 和 KM2 的线圈不会同时通电。

除此之外，为了进行电动机连续正反转运行的直接切换和保证 Y000 和 Y001 不会同时接通，在梯形图中还设置了"按钮联锁"，即将反转启动按钮控制的 X001 的常闭触点与控制正转的 Y000 的线圈串联，将正转启动按钮控制的 X000 的常闭触点与控制反转的 Y001 的线圈串联。设 Y000 接通，电动机正转，这时如果想改为反转运行，可以不按停止按钮 SB3，直接按反转启动按钮 SB2，X001 变为 ON，它的常闭触点断开，使 Y000 线圈"失电"，同时 X001 的常开触点接通，使 Y001 的线圈"得电"，电机由正转变为反转。

表 4-4　PLC 控制系统的 I/O 分配表

输入元件	输入点	输出元件	输出点
正转启动按钮 SB1	X000	正转接触器 KM1 线圈	Y000
反转启动按钮 SB2	X001	反转接触器 KM2 线圈	Y001
停止按钮 SB3	X002		

梯形图中的互锁和按钮联锁电路只能保证输出模块中与 Y000 和 Y001 对应的硬件继电器的常开触点不会同时接通，如果因主电路电流过大或接触器质量不好，某一接触器的主触点被断电时产生的电弧熔焊而被黏结，其线圈断电后主触点仍然是接通的，这时如果另一接触器的线圈通电，仍将造成三相电源短路事故。为了防止出现这种情况，应在可编程序控制器外部设置由 KM1 和 KM2 的辅助常闭触点组成的硬件互锁电路［图 4-35（b）］，假设 KM1 的主触点被电弧熔焊，这时它的与 KM2 线圈串联的辅助常闭触点处于断开状态，因此 KM2 的线圈不可能得电。

4.4.3　定时器控制电路

三菱 PLC FX 系列的定时器为通电延时定时器，其工作原理是：定时器线圈通电后，开始延时，待定时时间到，触点动作；在定时器的线圈断电时，定时器的触点瞬时复位。但是在实际应用中，我们常遇到如断电延时、限时控制、长延时等控制要求，这些都可以通过程序设计来实现。

(1) 通电延时控制

通电延时控制程序如图 4-36 所示。它所实现的控制功能是延时接通控制，X1 接通 5s 后，Y0 才有输出。工作原理分析如下：

当按下启动按钮 X1 时，辅助继电器 M0 的线圈接通，其常开触点闭合自锁，可以使定时器 T0 的线圈一直保持得电状态。

T0 的线圈接通 5s 后，T0 的当前值与设定值相等，T0 的常开触点闭合，输出继电器 Y0 的线圈接通。

当按下停止按钮 X2 时，辅助继电器 M0 的线圈断开，定时器 T0 被复位，其常开触点断开，使输出继电器 Y0 的线圈断开。

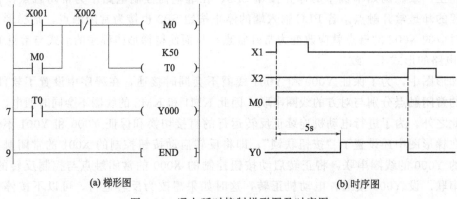

(a) 梯形图   (b) 时序图

图 4-36   通电延时控制梯形图及时序图

(2) 断电延时控制

断电延时控制程序如图 4-37 所示。它所实现的控制功能是延时断开控制。当输入信号接通时，立即有输出信号；而当输入信号断开时，输出信号要延时一段时间后再停止。

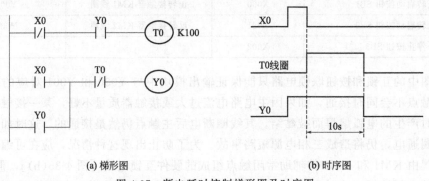

(a) 梯形图   (b) 时序图

图 4-37   断电延时控制梯形图及时序图

工作原理分析如下：

当按下启动按钮，常开触点 X0 接通，线圈 Y0 立即输出并自锁；当松开启动按钮后，定时器 T0 开始定时，延时 10s 后，线圈 Y0 断开，且 T0 复位。

如图 4-38 所示也可实现断电延时控制。其工作原理同上。

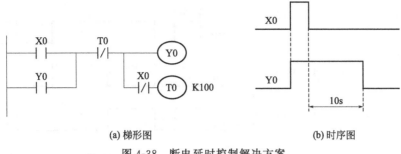

(a) 梯形图　　　　　　　　　　　(b) 时序图

图 4-38　断电延时控制解决方案

(3) 通电/断电延时控制

通电/断电延时控制程序如图 4-39 所示。它所实现的控制功能是延时接通/断开控制，当输入信号接通时，延时一段时间后输出信号才接通；而当输入信号断开时，要延时一段时间后输出信号才断开。

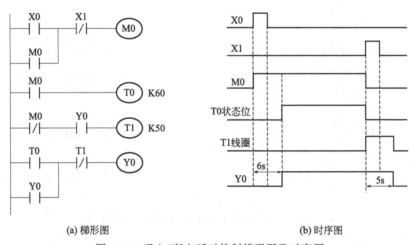

(a) 梯形图　　　　　　　　　　　(b) 时序图

图 4-39　通电/断电延时控制梯形图及时序图

工作原理分析如下：

当按下启动按钮，常开触点 X0 接通，线圈 M0 得电并自锁，其常开触点闭合，定时器 T0 开始定时，6s 后常开触点 T0 闭合，线圈 Y0 接通。

当按下停止按钮，X1 断开，线圈 M0 失电，定时器 T0 复位，与此同时，T1 开始定时，5s 后定时器常闭触点 T1 断开，致使线圈 Y0 断电，T1 也被复位。

(4) 限时控制

在实际工程中，常遇到将负载的工作时间限制在规定时间内的控制。如图 4-40 所示的程序，它所实现的控制功能是：控制负载的最长工作时间为 10s。

(5) 长时间延时控制

在 FX 系列 PLC 中，定时器的定时时间是有限的，最长为 3276.7s，还不到 1h。要想获得较长时间的定时，可用两个或两个以上的定时器串级实现，或将定时器与计数器配合使用，也可以通过计数器与时钟脉冲配合使用来实现。

① 定时器串级使用的长时间延时控制　定时器串级使用时，其总的定时时间为各个定时器设定时间之和。图 4-41 是用三个定时器完成 1.5h 的定时，定时时间到，Y0 得电。

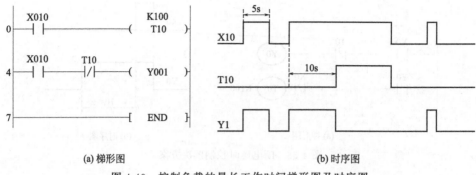

(a) 梯形图   (b) 时序图

图 4-40　控制负载的最长工作时间梯形图及时序图

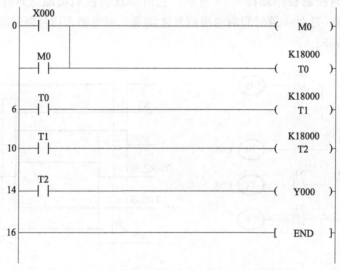

图 4-41　定时器串级使用的长时间延时控制程序

工作原理分析如下：

当按下启动按钮，X0 接通，线圈 M0 得电并自锁，其常开触点闭合自锁，定时器 T0 开始定时，1800s 后常开触点 T0 闭合，定时器 T1 开始定时，1800s 后常开触点 T1 闭合，定时器 T2 开始定时，1800s 后常开触点 T2 闭合，线圈 Y0 接通。从 X0 接通到 Y0 接通总共延时时间＝1800s＋1800s＋1800s＝5400s＝1.5h。若在线圈 M0 之前接一个常闭触点 X1 作为停止按钮，当按下停止按钮时，X1 断开，线圈 M0 失电，T0、T1 复位，Y0 无输出。

② 定时器和计数器组合使用的长时间延时控制　将定时器和计数器连接，来实现长延时，其本质是形成一个等效倍乘定时器。图 4-42 就是用一个定时器和计数器组合使用完成 1h 的定时。

工作原理分析如下：

当 X0 接通时，M0 得电并自锁，定时器 T0 依靠自身复位产生一个周期为 100s 的脉冲序列，作为计数器 C0 的计数脉冲。当计数器计满 36 个脉冲后，其常开触点闭合，使输出 Y0 接通。从 X0 接通到 Y0 接通，延时时间为 100s×36＝3600s，即 1h。

(6) 脉冲发生电路

脉冲发生电路是应用广泛的一种控制电路，它的构成形式很多，具体如下：

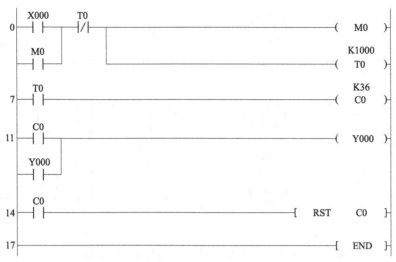

图 4-42　定时器和计数器组合使用的控制程序图

① 单个定时器构成的脉冲发生电路　周期可调脉冲发生电路如图 4-43 所示。

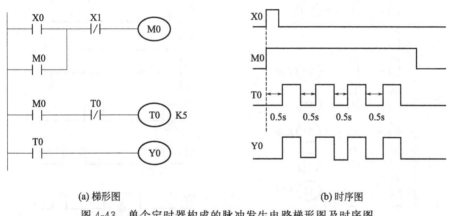

(a) 梯形图　　　　　　　　　　　　　(b) 时序图

图 4-43　单个定时器构成的脉冲发生电路梯形图及时序图

工作原理分析如下:

单个定时器构成的脉冲发生电路的脉冲周期可调,通过改变 T0 的设定值,从而改变延时时间,进而改变脉冲的发生周期。

当按下启动按钮时,X0 闭合,线圈 M0 接通并自锁,M0 的常开触点闭合,T0 计时 0.5s 后,定时时间到,T0 线圈得电,其常开触点闭合,Y0 接通。T0 常开触点接通的同时,其常闭触点断开,T0 线圈断电,从而 Y0 断电,接着 T0 又从 0 开始计时,如此周而复始会产生间隔为 0.5s 的脉冲,直至按下停止按钮才停止脉冲发生。

② 多个定时器构成的脉冲发生电路　多个定时器构成的脉冲发生电路如图 4-44 所示。

工作原理分析如下:

当按下启动按钮时,X0 闭合,线圈 M0 接通并自锁,M0 的常开触点闭合,T0 计时 2s 后,T0 定时时间到,其常开触点闭合,Y0 接通。T0 常开触点接通的同时,T1 定时,3s 后定时时间到,其常闭触点断开,T0 线圈断电,其常开触点断开,从而 Y0 和 T1 断电,T1 的常闭触点复位,T0 又从 0 开始计时,如此周而复始会产生一个个脉冲。

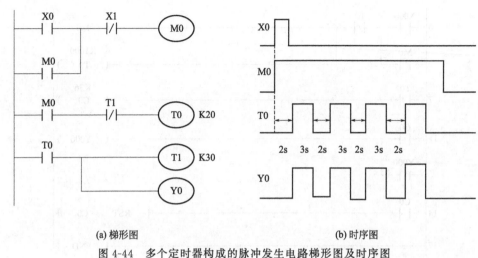

(a) 梯形图　　　　　　　　(b) 时序图

图 4-44　多个定时器构成的脉冲发生电路梯形图及时序图

③ 顺序脉冲发生电路　三个定时器构成的顺序脉冲发生电路如图 4-45 所示。

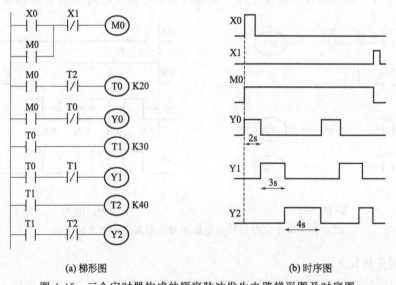

(a) 梯形图　　　　　　　　(b) 时序图

图 4-45　三个定时器构成的顺序脉冲发生电路梯形图及时序图

工作原理分析如下：

当按下启动按钮时，X0 闭合，线圈 M0 接通并自锁，M0 的常开触点闭合，T0 开始定时，同时 Y0 接通；T0 定时 2 后，其常闭触点断开，Y0 断电；T0 常开触点闭合，T1 开始定时，同时 Y1 接通；T1 定时 3s 后，其常闭触点断开，Y1 断电；T1 常开触点闭合，T2 开始定时，同时 Y2 接通；T2 定时 4s 后，其常闭触点断开，Y2 断电；若 M0 线圈一直接通，该电路会重新开始产生顺序脉冲，直到按下停止按钮，常闭触点 X1 断开，M0 失电，定时器复位，线圈 Y0、Y1 和 Y2 全部断开。

4.4.4　顺序控制电路

(1) 控制要求

典型的 PLC 顺序控制电路是：有红绿黄三盏小灯，当按下启动按钮，三盏小灯每隔 3s

轮流点亮，并循环；当按下停止按钮时，三盏小灯都熄灭。

（2）硬件电路设计

输入端直流电源由 PLC 内部提供，可直接将 PLC 电源端子接在开关上。交流电源由外部供给。

根据顺序控制电路的控制要求，系统需要红、绿、黄三盏小灯，还需要一个启动按钮和一个停止按钮。所以，硬件方面需要的器件，除 PLC 主机外，还需配备三盏小灯和两个按钮。

根据控制要求，对输入/输出进行 I/O 分配，如表 4-5 所示。

表 4-5　顺序控制电路的 I/O 分配表

输入量		输出量	
启动按钮 SB1	X0	红灯	Y0
停止按钮 SB2	X1	绿灯	Y1
		黄灯	Y2

I/O 接线图如图 4-46 所示。

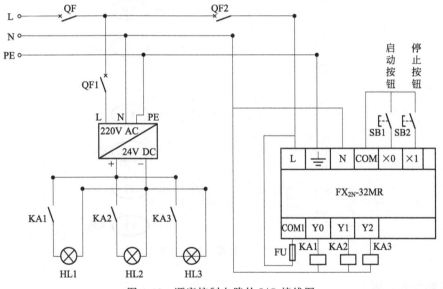

图 4-46　顺序控制电路的 I/O 接线图

（3）绘制顺序功能图

小灯顺序控制有以下两种方案。

① 小灯顺序控制方案一，如图 4-47 所示。

工作原理分析如下：

当按下启动按钮，X0 的常开触点闭合，辅助继电器 M0 线圈得电自锁，M0 的常开触点闭合，输出继电器线圈 Y0 得电，红灯亮；与此同时，定时器 T0、T1 和 T2 开始定时，当 T0 定时时间到，其常闭触点断开，常开触点闭合，Y0 断电、Y1 得电，对应的红灯灭、绿灯亮；当 T1 定时时间到，Y1 断电、Y2 得电，对应的绿灯灭、黄灯亮；当 T2 定时时间到，其常闭触点断开，Y2 失电且 T0、T1 和 T2 复位，接着定时器 T0、T1 和 T2 又开始新的一

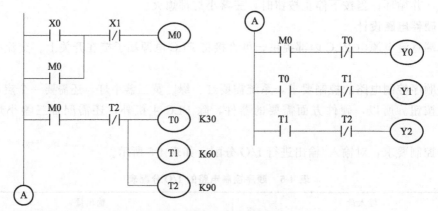

图 4-47 小灯顺序控制方案一

轮计时,红、绿、黄灯依次点亮往复循环;当按下停止按钮时,X1 常闭触点断开,M0 失电,其常开触点断开,定时器 T0、T1 和 T2 断电,三盏灯全熄灭。

② 小灯顺序控制方案二,如图 4-48 所示。

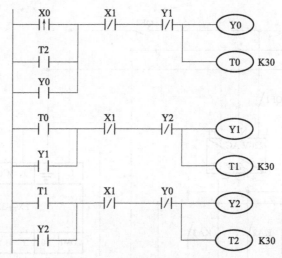

图 4-48 小灯顺序控制方案二

工作原理分析如下:

当按下启动按钮,X0 的常开触点闭合,线圈 Y0 得电并自锁,且定时器 T0 开始定时,3s 后定时时间到,其常开触点闭合,Y1 得电且 T1 定时,Y1 常闭触点断开,Y0 失电;3s 后 T1 定时时间到,Y2 得电并自锁且 T2 定时,Y2 常闭触点断开,Y1 失电;3s 后 T2 定时时间到,Y0 得电并自锁且 T0 定时,Y0 常闭触点断开,Y2 失电;T0 再次定时,重复前面的动作。

当按下停止按钮时,Y0、Y1 和 Y2 断电。

4.4.5 交通信号灯的 PLC 控制系统开发实例

(1) 控制要求

交通灯 PLC 控制要求如下:

① 车道（东西方向）是绿灯时，人行道（南北方向）是红灯。

② 行人按下横穿按钮 X0 或 X1 后，30s 内交通信号灯状态不变；车道是绿灯，人行道是红灯。30s 以后车道为黄灯，再过 10s 以后变成车道为红灯。

③ 车道变为红灯后，再过 5s 人行道变为绿灯。15s 以后，人行道绿灯闪烁，闪烁频率 1Hz，闪烁 5 次后人行道变为红灯。再过 5s 后车道变为绿灯，并返回平时状态。

各段时间分配如图 4-49 所示。

（2）被控对象分布

按单流程编程，如果把东西方向和南北方向信号灯的动作视为一个顺序动作过程，其中每一个时序同时有两个输出，一个输出控制东西方向的信号灯，另一个输出控制南北方向的信号灯，这样就可以按单流程进行编程。

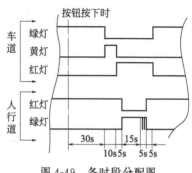

图 4-49　各时段分配图

按双流程编程，东西方向和南北方向信号灯的动作过程也可以看成是两个独立的顺序动作过程，它具有两条状态转移支路，其结构为并联分支与汇合。按启动按钮 SB1 或 SB2，信号系统开始运行，并反复循环。

（3）硬件电路设计

输入端直流电源由 PLC 内部提供，可直接将 PLC 电源端子接在开关上。交流电源由外部供给。

根据人行道交通信号灯的控制要求，系统需要车道（东西方向）红、绿、黄 3 个信号灯，人行道（南北方向）红、绿 2 个信号灯，南北方向各需一个按钮。所以，硬件方面需要的器件，除 PLC 主机外，还需配备 5 个信号灯箱和两个按钮。

根据控制要求，对输入/输出进行 I/O 分配，如表 4-6 所示。

表 4-6　交通灯控制系统的 I/O 分配表

PLC 元件名称	连接的外部设备	功能说明
X000	SB1	人行道北按钮
X001	SB2	人行道南按钮
Y000	HL0	车道红灯
Y001	HL1	车道黄灯
Y002	HL2	车道绿灯
Y003	HL3	人行道红灯
Y004	HL4	人行道绿灯

I/O 接线图如图 4-50 所示。

（4）绘制顺序功能图

在本任务中，采用步进梯形图指令并联分支、汇合编程的方法来实现人行道信号灯的功能。其顺序功能图如图 4-51 所示。

由图可知，把车道（东西方向）信号灯的控制作为左面的并联分支，人行道（南北方向）信号灯的控制作为并联分支的右面支路，并联分支的转移条件是人行道南北两个按钮"或"的关系，灯亮的时间长短利用 PLC 内部定时器控制，人行道绿灯闪是利用子循环加计数器来实现的。

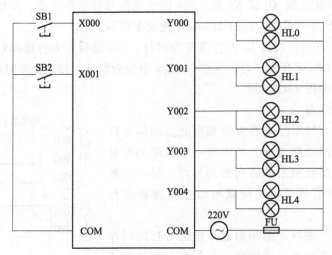

图 4-50　交通灯控制系统的 I/O 接线图

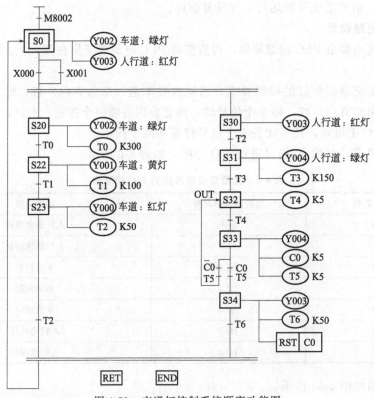

图 4-51　交通灯控制系统顺序功能图

顺序功能图在 S33 后有一个选择性分支，其转移条件分别是 C0、T5 串联和 $\overline{C0}$、T5 串联，在编程时应引起注意。

(5) 编辑程序

用梯形图编辑程序：在 X000 "或" X001 之后，连续用 "SET S20" "SET S30" 实现并行分支。连续用 "STL S23" "STL S34" 实现分支的汇合。用梯形图编程的参考语句如下：

```
LD      M8002
SET     S0
STL     S0
OUT     Y2
OUT     Y3
LD      X0
OR      X1
SET     S20
SET     S30
STL     S20
OUT     Y2
OUT     T0      K300
LD      T0
SET     S22
STL     S22
OUT     Y1
OUT     T1      K100
LD      T1
SET     S23
STL     S23
OUT     Y0
OUT     T2      K50
STL     S30
OUT     Y3
LD      T2
SET     S31
STL     S31
OUT     Y4
LD      T3
OUT     T3      K150
LD      T3
SET     S32
STL     S32
OUT     T4      K5
LD      T4
SET     S33
STL     S33
OUT     Y4
OUT     C0      K5
OUT     T5      K5
LD      C0
AND     T5
SET     S34
LDI     C0
```

```
AND       T5
OUT       S32
STL       S34
OUT       Y3
RST       C0
OUT       T6      K50
STL       S23
STL       S34
OUT       S0
RET
END
```

第 **5** 章

步进指令、顺序控制程序设计及应用

在工业生产过程控制中,大部分控制系统可以分为过程控制与顺序控制两类。所谓顺序控制,是指按照预先规定的生产工艺顺序,在各个转移控制信号的作用下,根据内部状态和时间的顺序,各个被控执行机构自动有序地进行操作,相应的设计方法就称为顺序控制设计法。利用顺序控制法进行编程的图形化语言称为顺序功能图(Sequential Function Chart,SFC)。在三菱 FX 系列的 PLC 中,为了方便顺序功能图与传统梯形图的对应与转换,三菱公司又开发了一种专用的"步进梯形图"语言。本章通过实例对 SFC 及"步进梯形图"的基本概念、编程方法及几种不同的 SFC 设计方法做详细介绍。

5.1 顺序功能图

顺序控制设计法是指按照生产工艺预先规定顺序,在各输入信号的作用下,根据内部状态和时间顺序,使生产过程各个执行机构自动有秩序地进行操作的一种方法。该方法是一种比较简单且先进的方法,它方便程序调试和修改,可读性好。

5.1.1 顺序控制

顺序控制设计法是针对以往在设计顺序控制程序时采用经验设计法的诸多不足而产生的,其基本思想是将控制系统的一个执行周期划分成一系列顺序相连却又相互独立的阶段,这些阶段称为步(Step),在 PLC 中用软元件来实现,如辅助继电器 M 或状态继电器 S 等。步由输入量 X 控制,然后再去控制输出量 Y,如图 5-1 所示。

步划分的依据是输出量的状态变化,在任意一步内,各输出量的状态是保持不变的,但相邻两步间的输出量状态呈一种"非"的关系,即各元件的"ON/OFF"状态是依次顺序变化的,也就解决了经验设计法中的记忆、连锁等问题。

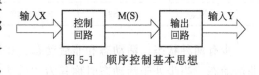

图 5-1 顺序控制基本思想

步与步之间的转换依靠转换条件进行。所谓转换条件,即改变步状态的输入信号,此信号既可以是外部信号,也可以是 PLC 内部产生的信号,还可以是若干个信号简单或复杂的逻辑组合。

使用顺序控制法编程的一种有力工具是顺序功能图，又称状态转移图或功能表图。但它并不涉及所描述控制功能的具体技术，它是一种通用性语言，或者说是一种组织编程的工具，一般需要用梯形图或指令表将其转化成 PLC 可以执行的程序。因此更确切地说，顺序功能图是一种编程的辅助工具。

5.1.2 顺序功能图的结构

(1) 顺序功能图的基本要素

顺序功能图是一种图形语言，在 IEC 的 PLC 编程语言标准（IEC61131-3）中，顺序功能图被确定为 PLC 位居首位的编程语言。使用顺序控制设计法编写程序时，往往先进行 I/O 分配，接着根据控制系统的工艺要求，绘制顺序功能图，最后根据顺序功能图设计梯形图。其中，在顺序功能图的绘制中，往往会根据控制系统的工艺要求，将生产过程的一个周期划分为若干个顺序相连的阶段，每个阶段都对应顺序功能图的一步。

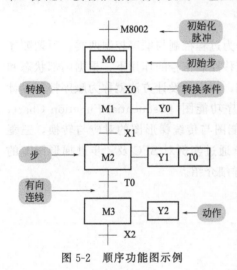

图 5-2　顺序功能图示例

顺序功能图主要由步（Step）、转换（Transition）、转换条件、有向连线和动作（Action）组成，如图 5-2 所示。其中，构成 SFC 的基本要素是步、动作和转换。

① 步　步在 SFC 程序中也叫作状态，它是一种逻辑块，指控制对象的某一特定的工作情况。在顺序功能图中，步用方框表示，方框里的数字是步的编号，也就是程序执行的顺序。为了在设计梯形图时方便，也可以用 PLC 的内部元件地址来代表各步，作为步的编号。例如，PLC 内部继电器（M103）等，在三菱 PLC 中，还可以利用专门的软元件"S＊＊"（如 S20）表示。

表 5-1 为三菱公司 FX 系列 PLC 软元件一览表。

表 5-1　三菱公司 FX 系列 PLC 软元件一览表

PLC 型号	初始化用	ITS 指令用	一般用	报警用	停电保持区
FX_{1S}	S0～S9	S10～S19	S20～S127	—	S0～S127
FX_{1N}/FX_{1NC}	S0～S9	S10～S19	S20～S899	S900～S999	S10～S127
FX_{2N}/FX_{2NC}	S0～S9	S10～S19	S20～S899	S900～S999	S500～S899
FX_{3N}/FX_{2NC}	S0～S9	S10～S19	S20～S4095	—	S500～S4095

步有两种状态：活动态和非活动态。在某一时刻，某一步可能处于活动态，也可能处于非活动态。当步处于活动态时称其为"活动步"，与之相对应的命令或动作将被执行；与初始状态相对应的活动步称为"初始步"，每个顺序功能图中至少应该有一个"初始步"，初始步用带步编号的双线框表示。某步处于非活动态时为"静止步"，相应的非保持型动作被停止执行，而保持型动作则继续执行。某步的状态用二进制逻辑值"0"或"1"表示。例如，

S20＝0 表示步 1 是静止步，S22＝1 表示步 3 是活动步。

　　另外，顺序功能图中具有相对顺序关系的步一般称为前级步和后续步，如图 5-3 所示。对于步 M2 来说，步 M1 是它的前级步，步 M3 是它的后续步；对于步 M1 来说，步 M2 是它的后续步，步 M0 是它的前级步。需要指出，一个顺序功能图中可能存在多个前级步和多个后续步，如步 M0 就有两个后续步，分别为步 M1 和步 M4；步 M7 有两个前级步，分别为步 M3 和步 M6。

　　② 有向连线　有向连线是连接步与步之间的连线，它规定了活动步的进展路径与方向，也称为路径。有向连线的方向可以是水平的，也可以是垂直的，有时也可以用斜线表示。由于 PLC 的扫描顺序遵循从上到下、从左至右的原则，通常规定有向连线的方向从左到右或从上到下箭头可省，而从右到左或从下到上箭头一定不可省，如图 5-3 所示。

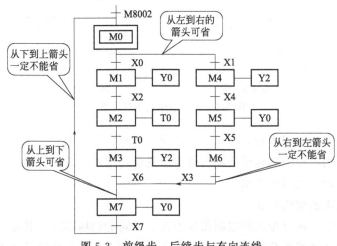

图 5-3　前级步、后续步与有向连线

　　③ 转换　转换是结束某一步的操作而启动下一步操作的条件。转换用一条与有向连线垂直的短划线表示，将相邻的两步分隔开。步的活动状态的进展是由转换的实现来完成，并与控制过程的发展相对应。

　　步、有向连线、转换的关系：步经有向连线连接到转换，转换经有向连线连接到步。为了能在全部操作完成后返回初始状态，步和有向连线应构成一个封闭的环状结构。当工作方式为连续循环时，最后一步应该能够回到下一个流程的初始步，也就是循环不能够在某步被终止。

　　④ 转换条件　转换条件是系统从当前步跳到下一步的信号。转换条件可以由 PLC 内部信号提供，如定时器和计数器常开触点等的通断信号，也可由外部信号提供，如按钮、传感器、接近开关、光电开关等的通断信号。转换条件是与转换相关的逻辑命题，可以用文字语言、布尔代数表达式或图形符号标注在表示转换的短划线旁，使用较多的是布尔代数表达式，如图 5-4 所示。

　　⑤ 动作　被控系统每一个需要执行的任务或者是施控系统发出的每一条命令都叫动作，在活动步阶段这些动作被执行。注意动作是指最终的执行线圈或定时器、计数器等，一步中可能有一个动作或几个动作。通常动作用矩形框表示，矩形框内标有文字或符号，矩形框用相应的步符号相连，如图 5-5 所示。

　　一个步可以同时与多个动作或命令相连，这些动作可以水平布置或垂直布置，如图 5-6 所示。多个动作或命令与同一步相连，采用水平布置如图 5-6(a) 所示；多个动作或命令与同一步相连，采用垂直布置如图 5-6（b）所示。这些动作或命令是同时执行的，没有先后之分。

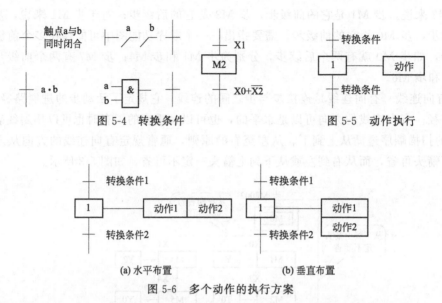

图 5-4　转换条件　　　　　　　　　图 5-5　动作执行

(a) 水平布置　　　　　　(b) 垂直布置

图 5-6　多个动作的执行方案

　　动作或命令的类型有很多种，如定时、延时、脉冲、保持型和非保持型等。动作或命令说明语句应正确选用，以明确表明该动作或命令是保持型还是非保持型，并且正确的说明语句还可区分动作与命令之间的差别。

　　(2) 顺序功能图的结构形式

　　在顺序功能图中，步与步之间根据需要连接成不同的结构形式，其基本的结构形式可分为单流程串联结构及多流程并联结构两种。在并联结构中，根据转换是否为同时又可分为选择与并行两种结构。

　　① 单序列　单序列是指没有分支和合并，步与步之间只有一个转换，每个转换两端仅有一个步，各步依次变为活动步。在此结构中，初始步只有一个，步的转换方向始终自上而下、固定不变，如图 5-7（a）所示。

　　② 选择序列　选择序列的某一步后有若干个单序列等待选择，一次只能选择一个序列进入。

　　选择序列的开始部分称为分支，转换符号只能标在选择序列开始的水平连线之下，如图 5-7（b）上半部所示。如果步 M0 是活动步，当转换条件 X0＝1 时，则步 M0 进展为步M1；与之类似，当转换条件 X3＝1 时，步 M0 也可以进展为步 M4，但是一次只能一个转换条件满足"1"，且选择一个序列。

　　选择序列的结束称为合并，如图 5-7（b）下半部所示。几个选择序列合并到一个公共序列上时，用一条水平连线和与需要重新组合序列数量相同的转换符号表示，转换符号只能标在结束水平连线的上方。

　　需要指出，在选择程序中，某一步可能存在多个前级步或后续步，如 M0 就有两个后续步 M1、M4，M3 就有两个前级步 M2、M5。

　　③ 并行序列　在某一转换实现时，同时有几个序列被激活，也就是同步实现，这些同时被激活的序列称为并行序列。并行序列表示的是系统中同时工作的几个独立部分的工作

状态。

并行序列的开始称为分支,当转换满足的情况下,导致几个序列同时被激活。为了强调转换的同步实现,水平连线用双线表示,且水平连线之上只有一个转换条件,如图 5-7(c)上半部所示。当步 M0 是活动的且 X0=1 时,步 M1、步 M4 这两步同时变为活动步,而步 M0 变为静止步。转换符号只允许标在表示开始同步实现的水平连线上方。

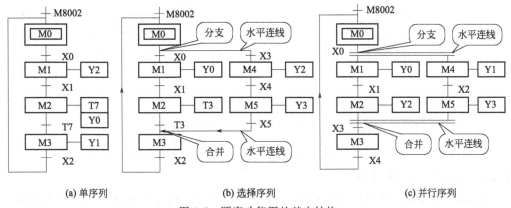

图 5-7 顺序功能图的基本结构

并行序列的结束称为合并,如图 5-7(c)下半部所示。转换符号只允许标在表示合并同步实现的水平连线下方。并行序列的活动和静止可以分成一段或几段实现。

在三菱 FX 系列 PLC 中,每一个分支点最多允许 8 条支路,每条支路的步数不受限制;如果同时使用选择序列和并行序列时,最大支路数为 16 条。

5.1.3 顺序功能图的编程方法

利用顺序功能图编写控制系统程序的方法及步骤较为固定,且可读性强,初学者比较容易掌握,对于有经验的工程师也会提高设计效率。顺序功能图编程方法的一般步骤如下:

① 根据系统的生产工艺流程或工作过程,确定各步执行的顺序和相对应的动作,以及步与步之间转换的条件。

② 在分析的基础上编写系统的顺序功能图。

③ 选取某一具体的设计方法将顺序功能图转化为顺序控制梯形图。如果 PLC 支持顺序功能图语言,则可直接使用此语言进行编程。

(1) 使用启-保-停电路的设计方法

在顺序控制中,各步按照顺序先后接通和断开,犹如电动机顺序地接通和断开,因此可以像处理电动机的启动、保持、停止那样,用典型的启-保-停电路解决顺序控制的问题。此种设计方法使用辅助继电器 M 来代表各步,当某一步为活动步时,对应的继电器为得电状态 "1"。

① 单序列编程 在图 5-8 中,设 M_{i-1}、M_i、M_{i+1} 是顺序功能图中依次相连的三步,X_i 及 X_{i+1} 是其转换条件,根据顺序功能图理论,步 M_i 的前级步是活动的 $M_{i-1}=1$ 且转换条件成立 $X_i=1$,步 M_i 应变为活动步。如果将 M_i 视为电动机,而 M_{i-1} 和 X_i 视为其启动开关,则 M_i 的启动电路由 M_{i-1} 和 X_i 的常开触点串接而成。X_i 一般为非存储型触点,所以还要用 M_i 的常开触点实现自锁。同样,当 M_i 的后续步 M_{i+1} 变为活动步时,M_i 应变为

静态步，因此应将 M_{i+1} 的常闭触点与 M_i 的线圈串联。

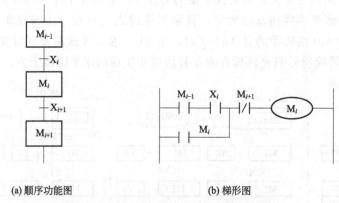

(a) 顺序功能图　　　　　　　(b) 梯形图

图 5-8　启-保-停电路单一序列编程方式

单序列编程仅使用与 PLC 的触点和输出线圈相关的指令，适用于各种型号的 PLC，是顺序功能图最基本的编程方法。

② 选择序列编程　选择序列编程的关键在于对其分支和合并的处理，转换实现的基本规则是设计复杂系统梯形图的基本规则。

a. 分支编程　如果某一步的后面有一个由 N 条分支组成的选择序列，该步可能转换到不同的分支，应将这 N 个后续步对应的辅助继电器的常闭触点与该步的线圈串联，作为结束该步的条件。如图 5-9 所示，步 M_i 之后有一个选择序列的分支，当它的后续步 M_{i+1}、M_{i+2} 或 M_{i+3} 变为活动步时，它应变为静止步。所以，需将 M_{i+1}、M_{i+2} 和 M_{i+3} 的常闭触点串联作为步 M_i 的停止条件。

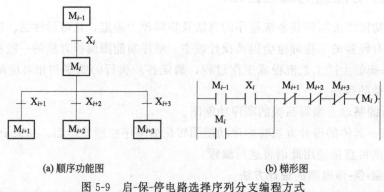

(a) 顺序功能图　　　　　　　(b) 梯形图

图 5-9　启-保-停电路选择序列分支编程方式

b. 合并编程　对于选择序列的合并，如果某一步之前有 N 个转换，即有 N 条分支在该步之前合并后进入该步，则代表该步的辅助继电器的启动电路由 N 条支路并联而成，各支路由某一前级步对应的辅助继电器的常开触点与相应转换条件对应的触点或电路串联而成。如图 5-10 所示，步 M_i 之前有一个选择序列的合并。当步 M_{i-1} 为活动步且转换条件满足 $X_{i-1}=1$，或者步 M_{i-2} 为活动步且转换条件满足 $X_{i-2}=1$，或者步 M_{i-3} 为活动步且转换条件满足 $X_{i-3}=1$，步 M_i 都应变为活动步，即控制步 M_i 的"启-保-停"电路的启动条件应为 $M_{i-1} \cdot X_{i-1} + M_{i-2} \cdot X_{i-2} + M_{i-3} \cdot X_{i-3}$，对应的启动条件由 3 条并联支路组成，每条支路分别由 M_{i-1}、X_{i-1}，M_{i-2}、X_{i-2}，M_{i-3}、X_{i-3} 的常开触点串联而成。

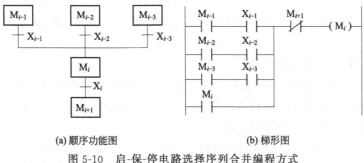

(a) 顺序功能图　　　　　　(b) 梯形图

图 5-10　启-保-停电路选择序列合并编程方式

③ 并行序列编程

a. 分支编程　某并行序列某一步 M_i 的后面有 N 条分支，如果转换条件成立，并行序列中各单序列中的第一步应同时变为活动步，对控制这些步的启动、保持、停止电路使用相同的启动电路。实现这一要求，只需将 N 个后续步对应的软继电器的常闭触点中的任意一个与 M_i 的线圈串联作为结束步 M_i 的条件即可，如图 5-11 所示。

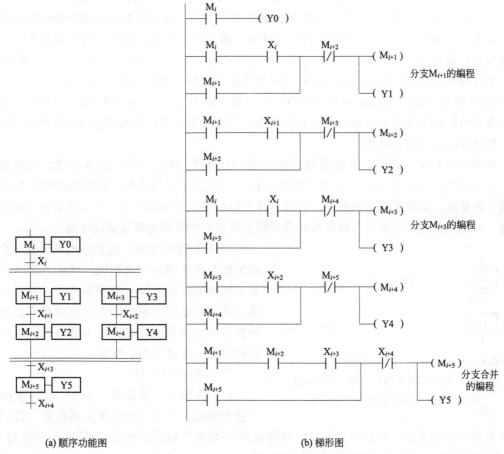

(a) 顺序功能图　　　　　　(b) 梯形图

图 5-11　启-保-停电路并行序列编程方式

b. 合并编程

当并行序列合并时，只有当各并行序列的最后一步都是活动步且转换条件成立时，才能完成并行序列的合并。因此，合并后的步的启动电路应由 N 条并联支路中最后一级步的软继电器的常开触点与相应转换条件对应的电路串联而成。而合并后的步的常闭触点分别作为各并行序列的最后一步断开的条件，如图 5-11 所示。

（2）使用置位/复位的设计方法

几乎各种型号 PLC 都有置位/复位（SET/RST）指令相同功能的编程元件。使用通用逻辑指令实现的顺序功能控制同样也可以利用 SET、RST 指令实现。下面介绍使用 SET、RST 指令以转换条件为中心的编程方法。

所谓以转换条件为中心，是指同一种转换在梯形图中只能出现一次，而对辅助继电器位可重复进行置位、复位。设步 M_i 是活动的 $M_i=1$，并且其后的转换条件成立 $X_{i+1}=1$，则步 M_i 应被复位，而后续步 M_{i+1} 应被置位（接通并保持）。因此可将 M_i 的常开触点和 X_{i+1} 对应的常开触点串联作为 M_i 复位和 M_{i+1} 置位的条件，该串联电路即通用逻辑电路中的启动电路。而置位、复位则采用置位、复位指令。在任何情况下，代表步的存储器位的控制电路都可以用这一方法设计，每一个转换对应一个这样的控制置位和复位的电路块，有多少个转换就有多少个这样的电路块。这种方法特别有规律，梯形图与实现转换的基本规则之间有着严格的对应关系，用于复杂功能图的梯形图设计时不容易遗漏和出错。

① 单序列编程 图 5-12 所示为以转换条件为中心单一序列编程方式的梯形图与功能图的对应关系。图中要实现 X_i 对应的转换必须同时满足两个条件：前级步为活动步 $M_{i-1}=1$ 和转换条件满足 $X_i=1$，所以用 M_{i-1} 和 X_i 的常开触点串联组成的电路来表示上述条件。两个条件同时满足时，该电路接通，此时应完成两个操作：将后续步变为活动步（用"SET M_i"指令将 M_i 置位），将前级步变为静止步（用"RST M_{i-1}"指令将 M_{i-1} 复位）。这种编程方式与转换实现的基本规则之间有着严格的对应关系，用它编制复杂的功能图的梯形图时，更能显示出它的优越性。

使用这种编程方式时，不能将输出继电器的线圈与 SET、RST 指令并联，这是因为图 5-12 中前级步和转换条件对应的串联电路接通的时间是相当短的，转换条件满足后前级步马上被复位，该串联电路被断开，而输出继电器线圈至少应该在某一步活动的全部时间内接通，因此只能用代表步的存储器位的常开触点或它们的并联电路来驱动线圈。

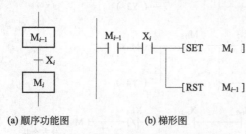

(a) 顺序功能图　　(b) 梯形图

图 5-12　以转换条件为中心单一序列编程
方式的梯形图与功能图的对应关系

② 选择序列编程 选择序列的分支与合并的编程与单序列的完全相同，除了与合并序列有关的转换以外，每一个控制置位、复位的电路块都由前级步对应的存储器位的常开触点和转换条件对应的触点组成的串联电路、一条置位指令和一条复位指令组成。

③ 并行序列编程

a. 分支编程 如果某一步 M_i 的后面由 N 个分支组成，当 M_i 符合转换条件后，其后的 N 个后续步同时激活，所以只要用 M_i 与转换条件的常开触点串联使后续 N 步同时置位，而 M_i 则使用置位指令复位即可，如图 5-13 所示。

b. 合并编程 对于并行序列的合并，如果某一步 M_i 之前有 N 个分支，则将所有分支的最后一步的辅助继电器常开触点串联，再与转换条件串联作为步 M_i 置位和 N 个分支复位的条件，如图 5-13 所示。

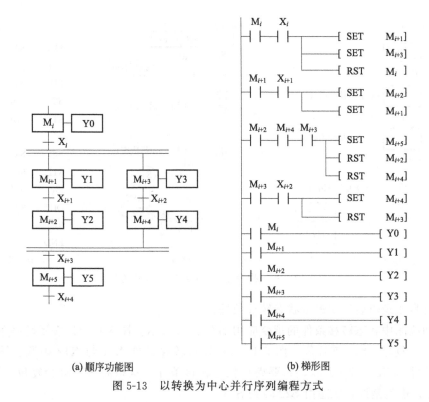

(a) 顺序功能图　　　　　　　　　　(b) 梯形图

图 5-13　以转换为中心并行序列编程方式

5.2　步进指令

5.2.1　步进指令及其应用

许多 PLC 生产厂家都有专门的指令和编程元件用于顺序控制程序的编制，如西门子公司的顺序控制继电器、美国 GE 公司和 GOULD 公司的鼓形控制器、欧姆龙公司的步进控制指令、东芝公司的步进顺序指令、三菱公司的步进梯形图指令等。三菱 FX 系列 PLC 有两条专门用于顺序控制的步进指令，即 STL(Step Ladder Instruction，步进梯形指令) 指令和 RET(Return) 指令。步进控制指令功能如表 5-2 所示。

表 5-2　步进控制指令功能

步进指令	指令逻辑	指令功能
STL	状态驱动	驱动步进控制程序中每一个状态的执行
RET	步进结束	退出步进运行程序

步进控制指令 STL 和 RET 的应用方法如图 5-14 所示。对比表中的顺序功能图、步进梯形图和指令表，应明确步进程序图的表达以及相关指令的应用。其说明如下。

① 在步进梯形图中，每个 STL 指令都要与 SET 指令共同使用，即每个状态都要先用 SET 指令置位，再用 STL 指令去驱动状态的执行。

② 状态器表示的状态用框图表示，框内是状态器元件地址编号，状态框之间用有向线段连接。其中从上到下、从左到右的箭头可以省略不画，有向线段上的垂直短线和它旁边标

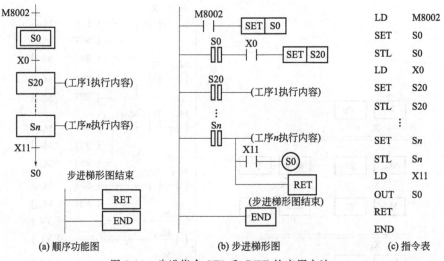

图 5-14   步进指令 STL 和 RET 的应用方法

(a) 顺序功能图   (b) 步进梯形图   (c) 指令表

注的文字符号或逻辑表达式表示状态转移条件。

顺序功能图中状态转移条件的指令应用如图 5-15 所示。图 5-15(a) 表示转移条件 X2 接通，状态 S22 复位，S23 就置位。图 5-15(b) 表示转移条件 X11 与 X12 串联。图 5-15(c) 表示转移条件为 X2 与 X3 并联，只要满足状态转移条件，状态器 S22 就会复位，而状态器 S23 就置位，也就是说，状态由 S22 转到 S23。

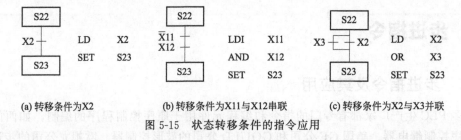

(a) 转移条件为X2   (b) 转移条件为X11与X12串联   (c) 转移条件为X2与X3并联

图 5-15   状态转移条件的指令应用

③ 状态的转移使用 SET 指令。若是向上游转移、向非连续的下游转移或其他流程转移，称为顺序不连续转移，即非连续转移，这种非连续转移不能使用 SET 指令，而用 OUT 指令。图 5-14 所示的状态转移图中的实心箭头表示向上转移回到原来的初始状态 S0，在指令表程序中使用 "OUT S0" 语句。

④ STL 指令的作用是驱动状态的执行。对于每个状态的执行程序，可视为从左母线开始。部分基本指令在状态执行中的应用如图 5-16 所示。

⑤ 步进程序结束一定要使用 RET 指令，否则程序会提示出错。

5.2.2   步进指令的顺序功能图

步进指令的顺序功能图是将工序执行内容与工序转移要求以状态执行和状态转移的形式反映在步进程序中，控制过程明确，是对顺序控制过程进行编程的好方法。

现以图 5-17 所示的步进程序的基本结构为例来说明步进指令的顺序功能图的编程方法。图 5-17 中顺序功能图与步进梯形图 (STL) 执行的结果是完全相同的。步进指令的顺序功能图的结构是由初始状态 (S0)、普通状态 (S20、S23、S25) 和状态转移条件所组成。

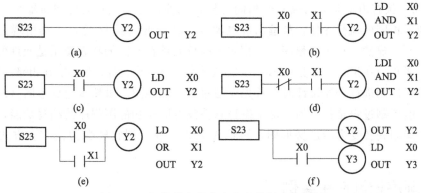

图 5-16　部分基本指令在状态执行中的应用

初始状态可视为设备运行的停止状态，也可称为设备的待机状态。普通状态为设备的运行工序，按顺序控制过程从上向下地执行状态转移条件，当设备运行到某一工序执行完成后，从该工序向下一工序转移条件。显然，顺序功能图是步进程序的初步设计，方法如下：

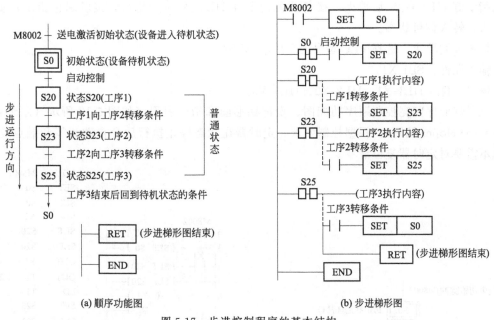

(a) 顺序功能图　　　　　　　　　(b) 步进梯形图

图 5-17　步进控制程序的基本结构

① 要执行步进程序，首先要激活初始状态 S0。一般采用特殊辅助继电器 M8002 在 PLC 送电时产生的脉冲来激活 S0。

② 在步进梯形图程序中每个普通状态执行时，与上一个状态是不接通的。当上一个状态执行完毕后，若满足转移条件，就转移到下一个状态执行，而上一状态就会停止执行，从而保证执行过程是按工序的顺序进行控制。

③ 在步进程序中，每个状态都要有一个编号，而且每个状态的编号是不能相同的。对于连续的状态，没有规定必须用连续的编号，编程时为便于程序修改，两个相邻的状态可采用相隔 2～5 个数的编号。例如，状态 S20 下面的状态也可采用 S25，这样在需要时可插入 4 个状态，而不用改变程序的状态编号。

④ 在同一状态内不允许出现两个相同的执行元件，即不能有元件双重输出。但若在不同状态中使用相同的执行元件，如输出继电器 Y、辅助继电器 M 等，不会出现元件双重输出的控制问题。显然，在步进程序中，相同的执行元件在不同的状态使用是允许的。

⑤ 定时器可以在相隔 1 个或 1 个以上的状态中使用同一个元件，但不能在相邻状态中使用。

当对顺序控制进行程序设计时，首先应编写顺序功能图。虽然步进梯形图（STL）与它不太一样，但控制过程是相同的。由于编程软件没有顺序功能图程序的编写功能，编程时必须把顺序功能图先转变为步进梯形图，再输入 PLC，或者把它转变为指令表方式再输入也是可以的。

5.2.3 顺序控制应用实例

图 5-18 中顺序功能图所示的步进运行方向为 S0—S20—S23—S24—S0，没有其他去向，所以叫单流程。实际的控制系统并非一种顺序，含多种路径的叫分支流程。下面举例介绍单流程控制应用。

【例 5-1】 设计一套三彩灯顺序闪亮的步进梯形图程序。要求：按下启动按钮 SB1 后，红色指示灯 HL1 亮 2s 后熄灭，接着黄色指示灯 HL2 亮 3s 后熄灭，接着绿色指示灯亮 5s 后熄灭，转入待机状态。

根据控制要求，选择 PLC 型号为 FX$_{2N}$-32MR。

输入元件：SB1-X1。

输出元件：HL1-Y1、HL2-Y2、HL3-Y3。

三彩灯顺序闪亮控制顺序功能图、步进梯形图和指令表程序如图 5-18 所示（用编程软件 GX Developer 编写）。根据控制要求，定时器在状态停止执行后会自动清零和触点复位，因此不需要对定时器复位清零。

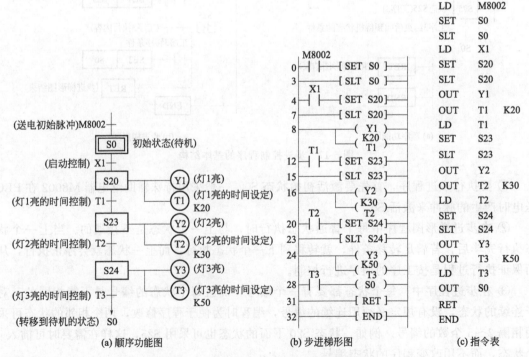

图 5-18 三彩灯顺序闪亮的步进梯形图程序

第6章

FX₂N 系列 PLC 的功能指令及应用

PLC 作为工业控制计算机，仅有基本指令是远远不够的，在工业控制的许多场合需要对数据进行处理，因而 PLC 制造商逐步引入了功能指令，这些功能指令实际上就是一个个功能不同的子程序，用于数据的传送、运算、变换、程序控制及通信等功能，这使得 PLC 成了真正意义上的计算机。

一般来说，FX 系列 PLC 功能指令有：程序控制类指令、数据传送和比较类指令、四则运算与逻辑运算指令、移位与循环指令、方便指令等。

6.1 功能指令的基本格式

6.1.1 功能指令的表示方法

6.1.1.1 功能指令的梯形图表达形式

与基本指令不同的是，功能指令不含表达梯形图符号间相互关系的成分，而是直接表达本指令要做的内容。FX₂N 系列 PLC 在梯形图中一般是使用功能框来表示功能指令的。

图 6-1 是功能指令的梯形图示例。图中 M8002 的常开触点是功能指令的执行条件，其后的方框即为功能框。功能框中分栏表示指令的名称、相关数据和数据的存储地址。这种表达方式的优点是直观，稍具有计算机程序知识的人马上可以悟出指令的功能意义。

图 6-1 功能指令的梯形图表达形式

图 6-1 中指令的功能意义是：当 M8002 闭合时，十进制常数 100 将被送到数据寄存器 D100 中去。

6.1.1.2 功能指令的表示形式

现以加法指令为例，功能指令的表示形式如图 6-2 所示，对其中的各部分说明如下：

(1) 助记符

如图 6-2 中 2 所示就是加法指令的助记符。

功能指令的助记符用来指定该指令的操作功能，一般用该指令的英文单词或单词缩写表

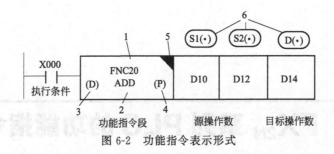

图 6-2　功能指令表示形式

示。如加法指令"ADDITION"简写为 ADD。采用这种方式容易了解指令的作用。

（2）功能指令编号

如图 6-2 中 1 所示的就是功能指令编号。

每条功能指令都有对应的一个指令编号。在使用简易编程器的场合，输入功能指令时，首先输入的就是功能指令编号。

（3）操作数

如图 6-2 中 6 所示就是操作数。

操作数是功能指令涉及或产生的数据。操作数分为源操作数、目标操作数及其他操作数。

① 源操作数是指令执行后不改变其内容的操作数，用 S(·) 表示。

② 目标操作数是指令执行后将改变其内容的操作数，用 D(·) 表示。

③ 其他操作数用 m 与 n 表示。其他操作数常用来表示常数或者对源操作数和目标操作数的补充说明。表示常数时，K 为十进制，H 为十六进制。

在一条指令中，源操作数、目标操作数及其他操作数都可能不止一个，也可以一个都没有。某种操作数较多时，可用标号区别，如 S1(·)、S2(·)等。

操作数从根本上来说，是参加运算数据的地址。地址是依据元件的类型分布在存储区中的，由于不同指令对参与操作的元件类型有一定限制，因此操作数的取值就有一定的范围。正确地选取操作数类型，对正确使用指令有很重要的意义。

（4）功能指令的执行形式

功能指令有脉冲执行型和连续执行型。如图 6-2 中 4、5 所示就是功能指令的执行形式。

4 是脉冲执行型，在指令中用"P"表示。脉冲执行型指令在执行条件满足时，仅执行一个扫描周期，这点对数据处理有很重要的意义。比如一条加法指令，在脉冲执行时，只将加数和被加数做一次加法运算。

5 是连续执行型，在指令中用"◥"表示。而连续型加法运算指令在执行条件满足时，每一个扫描周期都要相加一次，使目的操作数内容变化。

（5）数据长度

图 6-2 中，3 为数据长度符号。数据长度我们将会在 6.1.3 做进一步介绍。

（6）程序步数

程序步数为执行该指令所需的步数。

功能指令的功能号和指令助记符占一个程序步，每个操作数占 2 个或 4 个程序步（16 位操作数是 2 个程序步，32 位操作数是 4 个程序步）。因此，一般 16 位指令为 7 个程序步，32 位指令为 13 个程序步。

加法指令的指令名称、指令编号、助记符、操作数范围、程序步如表 6-1 所示。

表 6-1　加法指令表

指令名称	指令代码	助记符	操作数范围			程序步
			S1(·)	S2(·)	D(·)	
加法	FNC 20 (16/32)	ADD ADD(P)	K、H KnX、KnY、KnM、KnS T、C、D、V、Z		KnY、KnM、KnS T、C、D、V、Z	ADD、ADDP… 7 步 DADD、DADDP… 13 步

6.1.2　位软元件与字软元件

在 6.1.1 中所介绍的操作数按功能分类，可分为源操作数、目标操作数和其他操作数；按组成形式分类，可分为位软元件、字软元件和常数。

6.1.2.1　位软元件类型

(1) 位软元件

位软元件是指只具有通（ON 或 1）、断（OFF 或 0）两种状态的元件。位软元件主要功能用于开关量信息的传递、变换及逻辑处理等。

第 4 章中介绍了 PLC 的基本指令，这些指令所用到的软元件在可编程控制器内部反映的是"位"的变化，常用的位软元件有输入继电器 X、输出继电器 Y、辅助继电器 M、状态继电器 S 等编程元件，如 X0、Y5、M100 和 S20 等都是位软元件。另外，T、C 的触点也是位软元件。

对位软元件只能逐个操作，例如取 X0 的状态用取指令"LD　X0"完成。如果取多个位软元件状态，例如取 X0～X7 的状态，就需要八条"取"指令语句，程序较烦琐。将多个位软元件按一定规律组合后，便可以用一条功能指令语句同时对多个位软元件进行操作，将大大提高编程效率和处理数据的能力。位软元件的有序集合称为位组合元件。

(2) 位组合元件

位组合元件常用输入继电器 X、输出继电器 Y、辅助继电器 M 及状态继电器 S 组成，4 个位软元件为一组组合成单元，用 Kn 加首元件号表示。元件表达式为 KnX、KnY、KnM、KnS 等形式，其中 n 是组数，16 位操作时为 $n=1～4$，32 位操作时为 $n=1～8$。

例如：KnX0 表示位组合元件是由从 X0 开始的 n 组位软元件组合。

若 $n=1$，则 K1X0 指由 X0、X1、X2、X3 4 位输入继电器的组合；

若 $n=2$，则 K2X0 表示由 X0～X7 组成的 8 位（2 组×4 位＝8 位）数据，X0 是低位，X7 是高位；

若 $n=4$，则 K4X0 表示由 X0～X15 组成的 16 位（4 组×4 位＝16 位）数据，X0 是低位，X15 是高位。

当一个 16 位的数据传送到 K1X0、K2X0、K3X0 时，只传送相应的低位数据，较高位的数据不传送。32 位数据传送类似。

被组合的位元件的首元件号可以是任意的，但习惯上采用以 0 结尾的元件，如 X0、X10 等。

除此之外，位组合元件还可以变址使用，如 KnXZ、KnYZ、KnMZ、KnSZ 等，这给编程带来很大的灵活性。FX 系列 PLC 的位组合元件最少 4 位，最多 32 位。

6.1.2.2　字软元件

字软元件是指处理数据的元件，如定时器和计数器的设定值寄存器、定时器和计数器的当前值寄存器、数据寄存器 D。从前面对位组合元件介绍不难发现，位组合元件也就构成了字软元件进行数据处理。

6.1.3 数据长度

处理数据类指令时，数据的长度有 16 位和 32 位之分，所以此类功能指令可分为 16 位指令和 32 位指令。其中 32 位指令用（D）表示，无（D）符号的为 16 位指令。

例如：在图 6-3 中，在功能指令 MOV 前加 D，即 DMOV 指令，表示处理 32 位数据。处理 32 位数据时，用元件号相邻的两个元件组成元件对，元件对的首地址用奇数、偶数均可。

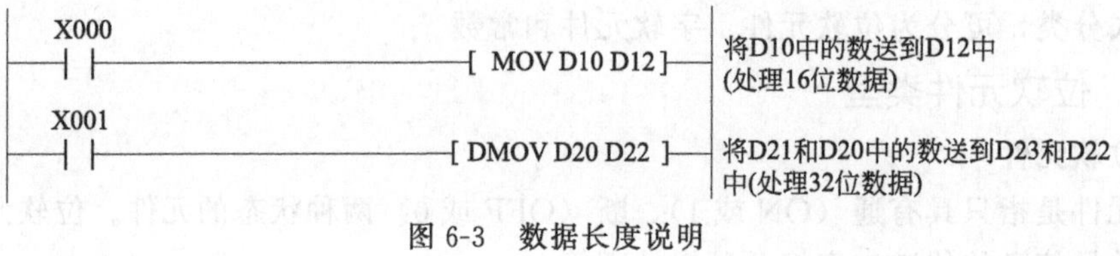

X000
[MOV D10 D12]
将D10中的数送到D12中
(处理16位数据)
X001
[DMOV D20 D22]
将D21和D20中的数送到D23和D22
中(处理32位数据)

图 6-3　数据长度说明

另外，需要注意的是，32 位计数器 C200～C255 的当前值不能用作 16 位数据的操作数，只能用作 32 位数据的操作数。

6.1.4 变址寄存器

变址寄存器用来修改操作对象的元件号，其操作方式与普通数据寄存器一样。对于 16 位的指令，可用 V 或 Z 表示。对于 32 位指令，V、Z 自动组合成对使用，V 为高 16 位，Z 为低 16 位。

如图 6-4 所示，当 X000 为 ON 时，把 K10 传送到 V0，K20 传送到 Z0，所以 V0 的数据为 10，Z0 的数据为 20。当执行(D5V0)＋(D15Z0)→(D40Z0)时，即执行(D15)＋(D35)→(D60)，若改变 V0、Z0 的值，则可完成不同数据寄存器的求和运算。这样，使用变址寄存器可以使编程简化。

X000
[MOV K10 V0]
[MOV K20 Z0]
[ADD D5V0 D15Z0 D40Z0]

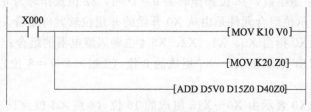

图 6-4　变址寄存器举例

6.2 常用功能指令及应用

6.2.1 程序流程控制指令

程序流程控制指令用于程序结构及流程的控制。PLC 用于程序流程控制的常用功能指令共 10 条，如表 6-2 所示。

表 6-2　程序流程控制指令表

指令编号	指令助记符	指令名称	指令编号	指令助记符	指令名称
00	CJ	条件跳转	05	DI	禁止中断
01	CALL	子程序调用	06	FEND	主程序结束
02	SRET	子程序返回	07	WDT	警戒时钟
03	RET	中断返回	08	FOR	循环范围开始
04	EI	允许中断	09	NEXT	循环范围结束

6.2.1.1　条件跳转指令 CJ

(1) 指令表

该指令的指令名称、指令代码、助记符、操作数范围和程序步如表 6-3 所示。

表 6-3　条件跳转指令表

指令名称	指令代码	助记符	操作数范围 D(•)	程序步
条件跳转	FNC 00 (16)	CJ CJ(P)	P0～P127 P63 即是 END 所在步,不需要标记	CJ 和 CJ(P)…3 步 标号 P…1 步

(2) 指令说明

① 跳转指令执行的意义是，在满足跳转条件之后各个扫描周期中，PLC 将不再扫描执行跳转指令与跳转指针 Pn 之间的程序，即跳转到以指针 Pn 为入口的程序段中执行。直到跳转的条件不再满足，跳转停止进行。

② CJ 为条件跳转指令，在程序控制中的使用如图 6-5 所示。

图中跳转指针 P8、P9 分别对应 "CJ P8" 及 "CJ P9" 二条跳转指令。

在图 6-5 的跳转指令中，若 X000 为 ON，跳转指令 CJP8 执行条件满足，程序跳过第二行到第十行，直接执行标号 P8 的第十一行程序，若 X000 为 OFF，跳转不执行，则程序按原顺序向下执行，即执行第二行程序，这称为条件跳转。

当执行条件为 M8000 时，称为无条件跳转。

注意：X000 为 ON，程序跳转到标号 P8 处，但由于此时第十一行程序中的 X000=0，故执行最后三行程序。

③ 处于被跳过程序段中的继电器 Y、M、S，由于该段程序不再执行，即使梯形图中涉及的工作条件发生变化，它们的工作状态仍将保持跳转发生前的状态不变。

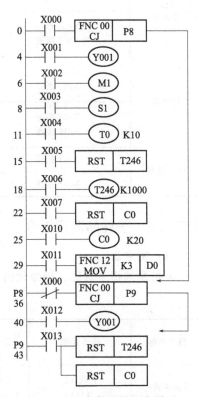

图 6-5　CJ 条件跳转指令说明

④ 被跳过程序段中的时间继电器 T 和计数器 C，无论是否具有掉电保持功能，由于相关程序停止执行，当跳转发生时其计时、计数值保持不变。当跳转中止，程序继续执行时，计时、计数将继续进行。

⑤ 定时器和计数器的复位指令具有优先权，即使复位指令位于被跳过的程序段中，当满足执行条件时，复位工作也将执行。

⑥ 在使用跳转指令时，只要保证在一个周期同样的线圈不扫描多次，允许使用多线圈输出，这为我们编写程序带来了方便。

⑦ 指令中的跳转标记 Pn 不可重复使用，但两条跳转指令可以使用同一跳转指令。

⑧ 使用 CJP 指令时，跳转只执行一个扫描周期。

表 6-4 给出了图 6-5 跳转发生前后，跳转程序段中元器件在跳转执行中的工作状态，及对程序执行结果的影响。

表 6-4　跳转对元器件状态的影响

元件	跳转前的触点状态	跳转后的触点状态	跳转过程中线圈的动作
Y、M、S	X001、X002、X003 断开	X001、X002、X003 接通	Y001、M1、S1 断开
	X001、X002、X003 接通	X001、X002、X003 断开	Y001、M1、S1 接通
10ms 100ms 定时器	X004 断开	X004 接通	定时器不动作
	X004 接通	X004 断开	定时中断、X000 断开后继续计时
1ms 定时器	X005 断开 X006 断开	X006 接通	定时器不动作
	X005 断开 X006 接通	X006 断开	定时器停止，X000 断开后继续计时
计数器	X007 断开 X010 断开	X010 接通	定时器不动作
	X007 断开 X010 接通	X010 断开	定时器停止，X000 断开后继续计数
应用指令	X011 断开	X011 接通	除 FNC 52～FNC 59 之外不执行的其他应用指令
	X011 接通	X011 断开	

6.2.1.2　子程序调用指令

(1) 指令表

该指令的指令名称、指令代码、助记符、操作数范围和程序步如表 6-5 所示。

表 6-5　子程序指令表

指令名称	指令代码	助记符	操作数范围 D(·)	程序步
子程序调用	FNC 01 (16)	CALL CALL(P)	指针 P0～P62,P64～P127 嵌套 5 级	3 步(指针标号 1 步)

指令名称	指令代码	助记符	操作数范围 D(·)	程序步
子程序返回	FNC 02	SRET	无	1 步
主程序结束	FNC 06	FEND	无	1 步

(2) 指令说明

① 子程序指令是为一些特定的控制目的编制的相对主程序的独立程序。

② 为了与主程序有所区别,规定在程序编写时,主程序排在前边,子程序排在后边,并由主程序结束指令 FEND(FNC 06) 将这两部分隔开。

③ 子程序指令在梯形图中表示如图 6-6。子程序调用指令 CALL 安排在主程序中,X001 是子程序执行的条件。

④ 由图可知,当 X001 置 1 时,执行指针标号为 P10 的子程序一次。子程序 P10 安排在主程序结束指令 FEND 之后。

⑤ 标号 P10 和子程序返回指令 SRET 之间的程序构成 P10 子程序的内容,当执行到子程序返回指令 SRET①时,则返回原断点(子程序调用的下句)继续执行原主程序。

⑥ 只要 X001 保持闭合状态,就执行相应的子程序,相当于在主程序中加入了一段程序。当 X001＝OFF 时,程序的扫描仅在主程序中进行。

⑦ 若主程序带有多个子程序或子程序中嵌套子程序时,子程序可依次列在主程序结束指令之后,并以不同的标识相区别。

图 6-6 中,第一个子程序又嵌套了第二个子程序,当第一个子程序执行中 X030 为 ON 时,调

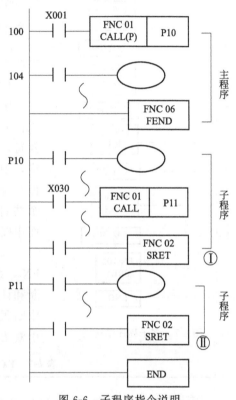

图 6-6　子程序指令说明

用标号 P11 开始的第二个子程序,执行到 SRET⑪时,返回第一个子程序断点处继续执行。这样在子程序内调用指令可达四次,整个程序嵌套可以多达五次。

⑧ 在图 6-6 中,若调用指令改为非脉冲执行指令 "CALL P10",当 X001 置 1 并保持不变时,每当程序执行到该指令时,都转去执行 P10 子程序,遇到 SRET 指令即返回原断点继续执行原程序。而在 X001 置 0 时,程序的扫描就仅在主程序中进行。

子程序的这种执行方式在对有多个控制功能而需要依据一定的条件有选择地实现时,是有重要意义的,它可以使系统程序的结构简洁明了。编程时将这些相对独立的功能都设置成子程序,而在主程序中再设置一些入口条件,对这些子程序进行控制就可以了。根据控制系统的要求,实时调用子程序。

图 6-7 就是按这种思想设计的多子程序结构图。当有多个子程序排列在一起时,标号和最近的一个子程序返回指令 SRET 构成一个子程序。

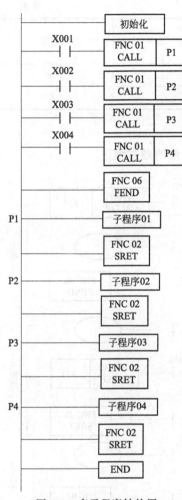

图 6-7 多子程序结构图

6.2.1.3 中断指令

(1) 指令表

该指令的名称、指令代码、助记符、操作数、程序步如表 6-6 所示。

表 6-6 中断指令表

指令名称	指令代码	助记符	操作数	程序步
			D	
中断返回指令	FNC 03	IRET	无	1 步
允许中断指令	FNC 04	EI	无	1 步
禁止中断指令	FNC 05	DI	无	1 步

(2) 中断指针 I

① 中断、中断子程序　中断是计算机所特有的一种工作方式，是指在主程序的执行过程中，中断主程序的执行，而去执行中断子程序。与前面所介绍的子程序一样，中断子程序也是为某些特定的控制功能而设定的。但和普通子程序不同的是，这些特定的控制功能都有一个共同特点，即要求响应时间小于机器的扫描周期，因而中断子程序都不能由程序内安排的条件引出。

② 中断源、中断指针　能引起中断的信号叫中断源，FX_{2N} 系列的 PLC 有三类中断源，即输入中断、定时器中断和计数器中断。为了区别不同的中断及在程序中标明中断程序的入口，规定了中断指针标号。FX 系列 PLC 中断指针 I 的地址如表 6-7 所示，并且不能重复。

表 6-7　FX 系列 PLC 中断指针表

分支用指针	中断用指针		
	输入中断用	定时器中断用	计数器中断用
P0～P127 128 点	I00□（X000） I10□（X001） I20□（X002） I30□（X003） I40□（X004） I50□（X005） 6 点	I6□□ I7□□ I8□□ 3 点	I010 I020 I030 I040 I050 I060 6 点

③ 输入中断指针　输入中断指针表示的格式如图 6-8 所示。输入中断信号从输入端送入，可用于机外突发随机事件的中断。

六个输入中断指针仅接收对应特定输入地址号 X000～X005（见表 6-7）的信号触发，才执行中断子程序，不受 PLC 扫描周期的影响，可以处理比扫描周期还短的输入中断信号。

如 I001 在输入 X000 从 OFF→ON 变化时，才执行由该指针作为标号的中断程序，并在中断返回指令 IRET 处返回。

④ 定时器中断指针　定时器中断指针格式表示如图 6-9 所示。

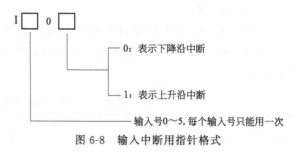

图 6-8　输入中断用指针格式

定时器中断用于需要指定中断时间执行中断子程序，或不受 PLC 扫描周期影响的循环中断处理控制程序，多用于周期性工作场合。

定时器中断是机内信号中断，使用定时器引出，由指定编号为 I6～I8 的专用定时器控制，设定时间在 10～99ms，每一个设定周期就中断一次。

如 I610 为每隔 10ms 就执行标号为 I610 后面的中断程序一次，在中断返回指令 IRET 处返回。

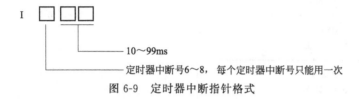

图 6-9　定时器中断指针格式

⑤ 计数器中断指针　计数器中断指针格式如图 6-10 所示。

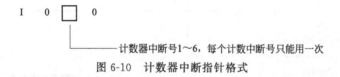

图 6-10　计数器中断指针格式

计数器中断是根据 PLC 内部的高速计数器的比较结果执行中断子程序，用于优先控制利用高速计数器的计数结果。该指针的中断动作要与高速计数比较置位指令 HSCS 组合使用。

在图 6-11 中，当高速计数器 C255 的当前值与 K1000 相等时，发生中断，中断指针指向中断程序，执行中断程序后返回原来的程序。

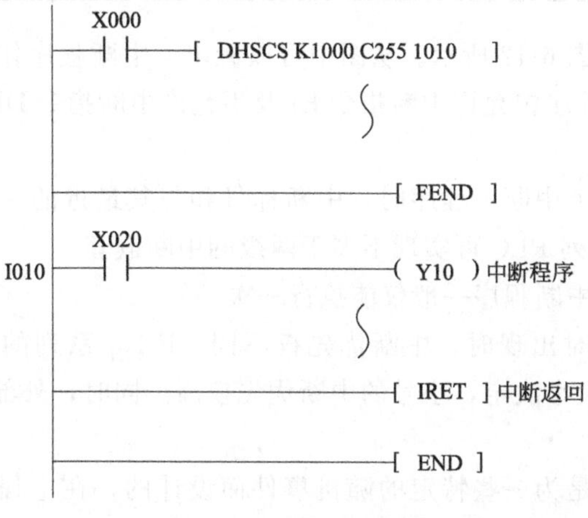

```
    X000
    ┤├──────[ DHSCS K1000 C255 I010 ]

                          ⌇

    ────────────────────[ FEND ]

    X020
I010 ┤├──────────────────( Y10 ) 中断程序

                          ⌇

    ────────────────────[ IRET ] 中断返回

    ────────────────────[ END ]
```

图 6-11　高速计数器中断

(3) 指令说明

① 以上讨论的中断用指针的动作会受到机器内特殊辅助继电器 M8050～M8059 的控制，如表 6-8 所示。这些辅助继电器若接通，则中断禁止。如 M8059 接通，则计数器中断全部禁止。

表 6-8　特殊辅助继电器中断禁止控制

编号·名称	备注
M8050 I00□禁止	
M8051 I10□禁止	
M8052 I20□禁止	输入中断禁止
M8053 I30□禁止	
M8054 I40□禁止	
M8055 I50□禁止	
M8056 I6□□禁止	
M8057 I7□□禁止	定时器中断禁止
M8058 I8□□禁止	
M8059 I010～I060 禁止	计数器中断禁止

② 中断指令使用如图 6-12 所示。从图中可以看出，中断程序作为一种子程序安排在主程序结束指令之后，主程序中允许中断指令 EI 及不允许中断指令 DI 间的区间表示可以开放中断的程序段。

③ 当主程序带有多个中断子程序时，中断标号和与其最近的一处中断返回指令构成一个中断子程序。FX$_{2N}$ 系列 PLC 可实现不多于两级的中断嵌套。

④ 一次中断请求，中断程序一般仅能执行一次。

⑤ 当有多个中断同时出现时，中断优先权不同。FX$_{2N}$ 系列的 PLC 一共安排 15 个中断，其优先权由中断号大小决定，小号的中断优先权高。同时，外部中断优先权高于定时器中断。

⑥ 由于中断子程序是为一些特定的随机事件而设计的，在主程序的执行过程中，结合不同的程序段中 PLC 所要完成工作的性质，决定能否响应中断。对可以响应中断的程序段，

用允许中断指令 EI 及不允许中断指令 DI 标出来。

⑦ 如果程序中设计的中断较多，而这些中断又不一定需同时响应时，还可以通过特殊辅助继电器 M8050～M8059 实现中断的控制。PLC 规定，当辅助继电器通过控制信号被置 1 时，其对应的中断被封锁。

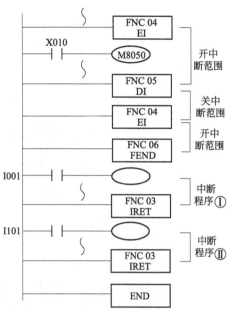

图 6-12　中断指令在梯形图中的表示

（4）中断指令的执行过程及应用

① 外部输入中断子程序　如图 6-13 所示。

在主程序段程序执行中，特殊辅助继电器 M8050 为 0 时，标号为 I001 的中断子程序允许执行，该中断在输入口 X000 送入上升沿信号时执行。上升沿信号出现一次，该中断执行一次，执行完毕后即返回主程序。中断子程序的内容为当 X010 为 ON 时，Y010 也为 ON。

外部中断常用来引入发生频率高于机器扫描频率的外控信号，或用于处理那些需要快速响应的信号。如在可控整流装置中，取自同步变压器的触发同步信号可以把专用输入端子引入 PLC 作为中断源，并以此信号作为移相角的计算起点。

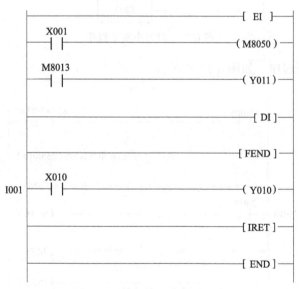

图 6-13　外部输入中断子程序

② 时间中断子程序　如图 6-14 所示。

图 6-14 为一段实验性质的时间中断子程序。中断标号 I610 的中断序号为 6，时间间隔为 10ms。从程序分析可知，每执行一次中断程序，数据储存器 D0 加 1，当加到 1000 时，M2 为 ON，使 Y2 置 1。为了验证中断程序执行的正确性，在主程序段中设有定时器 T0，设定值为 100，并用此定时器控制 Y001，这样当 X001 由 ON 变为 OFF 并经历 10s 后，Y001 及 Y002 应同时置 1。

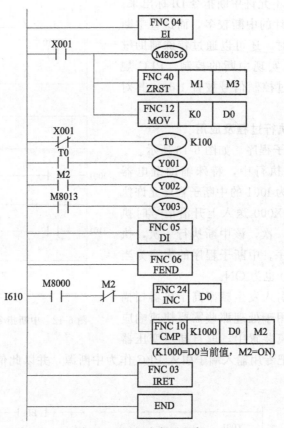

图 6-14　时间中断子程序

③ 计数器中断子程序　如图 6-15 所示。

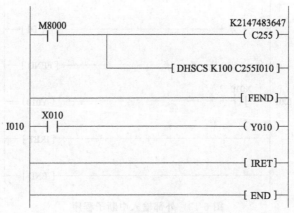

图 6-15　计数器中断子程序

根据 PLC 内部的高速计数器的比较结果，执行中断子程序，用于优先控制、利用高速计数器的计数结果。计数器中断指针 I0□0（□为 1～6）是利用高速计数器的当前值进行中断，要与比较置位指令 FNC 53（HSCS）组合使用，如图 6-15 所示。在图 6-15 中，当高速计数器 C255 的当前值与 K100 相等时，发生中断，中断指针指向中断程序，执行中断程序后，返回原断点程序。

6.2.1.4　主程序结束指令

(1) 指令表

该指令的指令名称、指令代码、助记符、操作数和程序步如表 6-9 所示。

表 6-9　主程序结束指令表

指令名称	指令代码	助记符	操作数 D	程序步
主程序结束指令	FNC 06	FEND	无	1 步

(2) 指令说明

① 主程序结束指令如图 6-16 所示。主程序结束指令 FEND 表示主程序结束，当执行到 FEND 指令时，PLC 进行 I/O 处理，监视定时器刷新，完成后返回起始步。

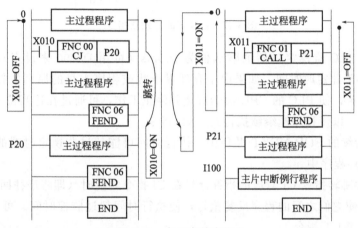

图 6-16　主程序结束指令

② 使用 FEND 指令时应注意：

a. 子程序和中断服务程序应放在 FEND 指令之后；

b. 子程序和中断服务程序必须写在 FEND 和 END 指令之间，否则会出错。

6.2.1.5　监视定时器刷新指令

(1) 指令格式

该指令的指令名称、指令代码、助记符、操作数和程序步如表 6-10 所示。

表 6-10　监视定时器刷新指令表

指令名称	指令代码	助记符	操作数 D	程序步
监视定时器刷新指令	FNC 07	WDT(P)	无	1 步

(2) 指令说明

① 监视定时器刷新指令如图 6-17 所示。监视定时器刷新指令 WDT 的功能是对 PLC 的监视定时器进行刷新。监视定时器刷新指令 WDT 是在 PLC 顺序执行程序中监视定时器刷

新的指令。WDT（P）指令为连续/脉冲执行型指令，无操作软元件。

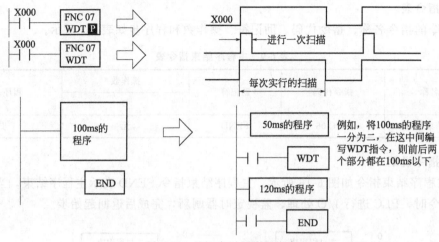

图 6-17　监视定时器刷新指令

② FX 系列 PLC 监视定时器的默认值为 200ms（可用 D8000 来设定），正常情况下，PLC 扫描周期小于此定时时间。如果由于有外界干扰或程序本身的原因使扫描周期大于监视定时器的设定值，使 PLC 的 CPU 出错灯亮并停止工作，可通过在适当位置加 WDT 指令复位监视定时器，以使程序能继续执行到 END 指令。

③ 如果在后续的 FOR-NEXT 循环中，执行时间可能超过监视定时器的定时时间，可将 WDT 插入循环程序中。

④ 当与条件跳转指令 CJ 对应的指针标号在 CJ 指令之前时（即程序往回跳），就有可能连续反复跳步，使它们之间的程序反复执行，使执行时间超过监控时间。可在 CJ 指令与对应标号之间插入 WDT 指令。

6.2.1.6　程序循环指令

（1）指令表

该指令的名称、指令代码、助记符、操作数范围、程序步如表 6-11 所示。

表 6-11　程序循环指令表

指令名称	指令代码	助记符	操作数范围	程序步
			S	
循环开始指令	FNC 08 (16)	FOR	K、H、KnX、KnY、KnM、KnS、T、C、D、V、Z	3 步（嵌套 5 层）
循环结束指令	FNC 09	NEXT	无	1 步

（2）指令说明

① 循环指令由 FOR 及 NEXT 两条指令构成，这两条指令总是成对出现的。

② FOR 指令应放在 NEXT 指令之前，NEXT 指令应在 FEND 指令和 END 指令之前。NEXT 指令在 FOR 指令之前或无 NEXT 指令，或在 FEND 指令、END 指令之后有 NEXT 指令，或 FOR 指令与 NEXT 指令的个数不一致时，均会出错。

③ 图 6-18 是由三条 FOR 指令和三条 NEXT 指令相互对应构成的三层嵌套循环指令，

这样的嵌套可达五层。

④ 梯形图中相距最近的 FOR 指令和 NEXT 指令是一对，构成最内层循环①，其次是中间的一对指令构成循环②，最外层的一对指令构成循环③，每一层中又包括了一定的程序，这就是所谓程序执行过程中需依一定的次数循环的部分。

⑤ 由图 6-18 可知，循环开始的次数由 FOR 指令的 K1X000 给出。

最内层的 INC 指令，实现每循环一次向数据寄存器 D100 中加 1。

按图中所设置内层 K1X000＝4，中层 D3＝3，外层为 4。循环嵌套程序总是从内层执行循环开始，然后中层执行循环，最后是外层执行循环。由分析可知，多层循环间的关系是循环次数相乘的关系。

因此，一个扫描周期中就要向数据寄存器 D100 中加入 48 个 1。循环指令主要适用于某种操作反复进行的场合。

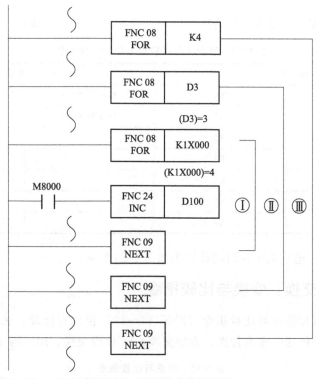

图 6-18　循环指令使用说明

⑥ 在循环中可利用 CJ 指令在循环没结束时跳出循环体。

⑦ FOR 指令操作软元件：K、H、KnH、KnY、KnM、KnS、T、C、D、V、Z；NEXT 指令无操作软元件。

6.2.1.7　程序流程控制类指令的应用

电动机顺序启动控制的程序设计如下。

(1) 控制要求

某电动机顺序启动有两种工作模式：手动控制、自动控制，如图 6-19 所示。试用跳转指令编程。

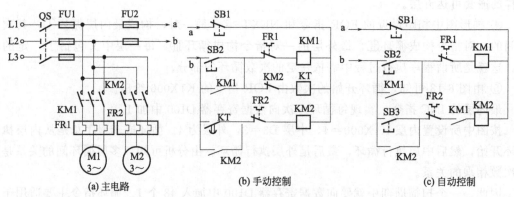

图 6-19　电动机顺序启动电路

（2）程序设计

① I/O 地址分配　电动机顺序启动 I/O 地址分配，如表 6-12 所示。

表 6-12　电动机顺序启动 I/O 地址分配表

输入量		输出量	
选择按钮 1	X0	接触器 KM1	Y0
选择按钮 2	X1	接触器 KM2	Y1
M1 启动按钮	X2		
M2 启动按钮	X4		
停止按钮	X3		
热继电器 FR1	X5		
热继电器 FR2	X6		

② 编制梯形图　电动机顺序启动梯形图如图 6-20 所示。

6.2.2　传送、交换、变换与比较指令

FX 系列 PLC 数据传送与比较指令（FNC 10～19）包含有比较、区间比较、传送、位传送、反相传送、块传送、多点传送、数据交换、BCD 码交换、BIN 码交换等，见表 6-13。

表 6-13　传送与比较指令

指令编号	助记符	指令名称	指令编号	助记符	指令名称
10	CMP	比较	15	BMOV	块传送
11	ZCP	区间比较	16	FMOV	多点传送
12	MOV	传送	17	XCH	数据交换
13	SMOV	位传送	18	BCD	BCD 码变换
14	CML	反相传送	19	BIN	BIN 码变换

6.2.2.1　传送类指令

数据传送类指令用来完成各存储单元之间一个或多个数据的传送，传送过程中数值保持不变。

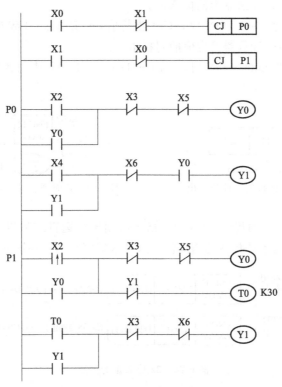

图 6-20　电动机顺序启动梯形图

(1) 传送指令

传送指令 MOV 是将源操作数 S(·)内的数据传送到指定的目标操作数 D(·)内。

① 指令表　该指令的名称、指令代码、助记符、操作数范围、程序步如表 6-14 所示。

表 6-14　传送指令表

指令名称	指令代码	助记符	操作数范围		程序步
			S1(·)	D(·)	
传送	FNC 12 （16/32）	MOV MOV(P)	K、H、KnX、KnY、KnM、KnS、T、C、D、V、Z	KnX、KnM、KnS、T、C、D、V、Z、	MOV、MOVP⋯ 5 步 DMOV、DMOVP⋯ 9 步

② 指令说明

a. 传送指令 MOV 的使用说明如图 6-21 所示。

• 当 X000＝ON 时，源操作数 S(·)中的常数 K10 传送到目标操作数元件 D10 中，当指令执行时，常数 K10 自动转换成二进制数。

图 6-21　MOV 指令使用说明

• 当 X000 断开时，指令不执行，但数据保持不变。

b. 源操作数可取所有数据类型，目标操作数可以是 KnY、KnM、KnS、T、C、D、V、Z。

c. 16 位运算时占 5 个程序步，32 位运算时占 9 个程序步。

③ 传送指令使用举例

【例 6-1】 定时器、计数器当前值读出。

如图 6-22 所示，当 X000=ON 时，(T1 当前值)→(D21)，计数器也相同。

【例 6-2】 定时器、计数器设定值的间接指定。

如图 6-23 所示，当 X000=ON 时，K10→(D10)，(D10) 中的数值 10 作为 T20 的时间设定常数。

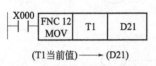

图 6-22 定时器、计数器当前值读出

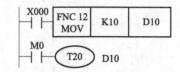

图 6-23 定时器、计数器设定值的间接指定

【例 6-3】 32 位数据的传送。DMOV 指令可用于将运算结果以 32 位数据形式进行传送，也可以把 32 位的高速计数器的当前值传送到数据寄存器。如图 6-24 所示。

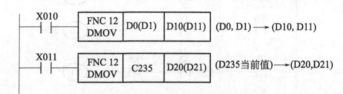

图 6-24 32 位数据的传送

(2) 移位传送指令

移位传送指令 SMOV 的指令功能是将源操作数 [S] 中的 16 位二进制数自动转换成 4 组 BCD 码，然后再将这 4 组 BCD 码中的第 m1 组起的低 m2 组传送到目标操作数 [D] 的第 n 组开始的 m2 组中，传送后的目标操作数 [D] 的 BCD 码自动转换成二进制数。

① 指令表 该指令的名称、指令代码、助记符、操作数范围、程序步如表 6-15 所示。

表 6-15 移位传送指令表

指令名称	指令代码	助记符	操作数范围			程序步
			S(·)	D(·)	n	
移位传送	FNC 13 (16)	SMOV SMOV(P)	KnX、KnY、KnM、KnS、T、C、D、V、Z	KnY、KnM、KnS、T、C、D、V、Z	K、H ≤512	FMOV、FMOVP···11 步

② 指令说明

a. 移位传送指令 SMOV 的格式及应用举例如图 6-25 所示。

b. 指令执行有连续和脉冲两种形式。

c. 源操作数可取所有数据类型，目标操作数可以是 KnY、KnM、KnS、T、C、D、V、Z。

d. SMOV 指令只有 16 位运算，占 11 个程序步。

③ 移位传送指令使用举例

【例 6-4】 见图 6-26。

(3) 反相传送指令

反相传送指令 CML 的指令功能是将源操作数 [S] 按二进制逐位取反并传送到指定的

目标操作数〔D〕中。

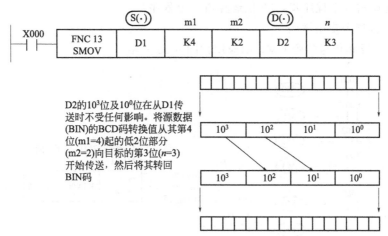

图 6-25　移位传送指令格式及应用举例

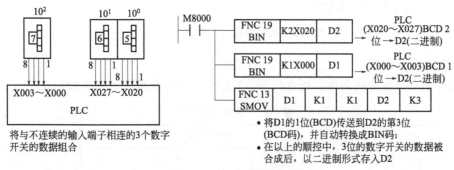

图 6-26　移位传送指令的应用

① 指令表　该指令的名称、指令代码、助记符、操作数范围、程序步如表 6-16 所示。

表 6-16　反相传送指令表

指令名称	指令代码	助记符	操作数范围			程序步
			S(·)	D(·)	n	
反相传送	FNC 14 (16/32)	CML CML(P)	KnX、KnY、KnM、 KnS、T、C、D、V、Z	KnY、KnM、KnS、 T、C、D、V、Z	K、H ≤512	CML、CMLP… 5 步 DCML、DCMLP… 9 步

② 指令说明

a. 反相传送指令 CML 的格式如图 6-27 所示。

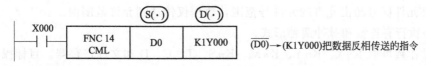

图 6-27　反相传送指令 CML 格式

b. 指令执行有连续和脉冲两种形式。

c. 源操作数可取所有数据类型，目标操作数可以是 KnY、KnM、KnS、T、C、D、

V、Z。

    d. 16 位运算占 5 个程序步，32 位运算占 9 个程序步。

    ③ 反相传送指令使用举例

【例 6-5】   反相传送指令 CML 的应用如图 6-28 所示。

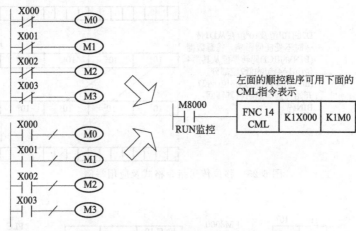

图 6-28   反相传送指令 CML 的应用

(4) 块传送指令

    ① 指令表   该指令的名称、指令代码、助记符、操作数范围、程序步如表 6-17 所示。

表 6-17   块传送指令表

指令名称	指令代码	助记符	操作数范围			程序步
			S(·)	D(·)	n	
块传送	FNC 15 (16)	BMOV BMOV(P)	KnX、KnY、KnM、 KnS、T、C、D	KnY、KnM、KnS、 T、C、D	K、H ≤512	BMOV、BMOVP… 7 步

    ② 指令说明

    a. 块传送指令 BMOV 功能是从源操作数指定的软元件开始的 n 点数据传送到指定的目标操作数开始的 n 点软元件。指令格式如图 6-29 所示。

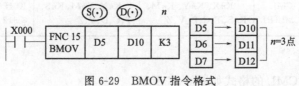

图 6-29   BMOV 指令格式

    b. 如果元件标号超出允许的元件号范围，数据仅传送到允许范围内。

    c. 指令执行有连续和脉冲两种形式。

    d. 源操作数可取 KnX、KnY、KnM、KnS、T、C、D 和文件寄存器，目标操作数可以是 KnY、KnM、KnS、T、C、D。

    e. 只有 16 位操作，占 7 个程序步。

    f. 带有位指定的元件，源操作数与目标操作数的指定位数必须相同，如图 6-30 所示。

g. 如果源操作数与目标操作数的类型相同，当传送编号范围有重叠时也同样能传送。为了防止源数据还没传送就被改写，可编程控制器自动确定传送顺序，按①②③顺序传送，如图 6-31 所示。

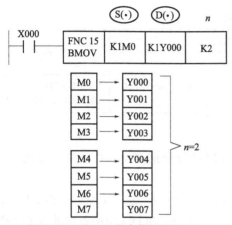

图 6-30　BMOV 指令使用说明之一

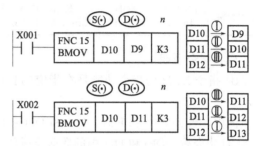

图 6-31　BMOV 指定使用说明之二

h. M8024＝ON，传送反向。

(5) 多点传送指令

① 指令表　该指令的名称、指令代码、助记符、操作数范围、程序步如表 6-18 所示。

表 6-18　多点传送指令表

指令名称	指令代码	助记符	操作数范围			程序步
			S(·)	D(·)	n	
多点传送	FNC 16 (16)	FMOV FMOV(P)	K、H、KnX、KnY、KnM、KnS、T、C、D	KnY、KnM、KnS、T、C、D	K、H ≤512	FMOV、FMOVP… 7 步 DFMOV、DFMOVP… 13 步

② 指令说明

a. 多点传送指令 FMOV 的指令功能是将源操作数 S(·) 指定的软元件的内容向以目标操作数 D(·) 指定的软元件开头的 n 点软元件传送。指令格式如图 6-32 所示。当 X000＝ON 时，K10 数值传送到 D1～D5 中。传送 n 个软元件的内容完全相同。

b. 如果元件号超出允许元件号范围，数据仅传送到允许范围的元件中。

c. 指令执行有连续和脉冲两种形式。

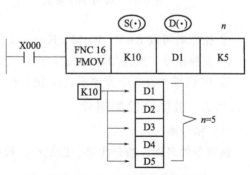

图 6-32　FMOV 传送指令格式

d. 源操作数可取所有的数据类型，目标操作数可以是 KnY、KnM、KnS、T、C、D，$n \leq 512$。

e. 16 位操作占 7 个程序步，32 位操作占 13 个程序步。

f. 指令有清零功能。

6.2.2.2 数据交换指令

(1) 指令表

该指令的名称、指令代码、助记符、操作数范围、程序步如表 6-19 所示。

表 6-19 数据交换指令表

指令名称	指令代码	助记符	操作数范围		程序步
			S(·)	D(·)	
数据交换	FNC 17 (16/32)	XCH XCH(P)	KnX、KnY、KnM、KnS、T、C、D、V、Z	KnY、KnM、KnS、T、C、D、V、Z	XCH、XCHP… 5 步 DXCH、DXCHP… 9 步

(2) 指令说明

① 指令 XCH 的指令功能是在指定的目标软元件间进行数据交换，指令格式如图 6-33 所示。

图中，当 X000＝OFF 时，D10 和 D11 中的数据分别是 100 和 130。当 X000＝ON 时，执行 XCH 指令后，D10 和 D11 中的数据分别是 130 和 100。即 D10 和 D11 中的数据进行了交换。

② 如果采用高、低位交换特殊继电器 M8160，可以实现高八位与低八位数据的交换，如图 6-34 所示。

图中，当 X001 接通，M8160 上电时，如果目标元件 D1(·) 和 D2(·) 为同一地址标号，则 16 位数据进行高八位与低八位的交换；32 位数据亦相同。

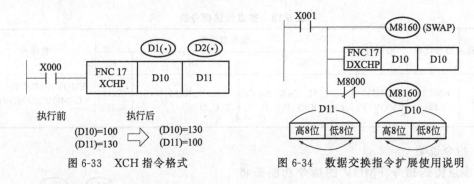

<table>
<tr><td align="center">图 6-33 XCH 指令格式</td><td align="center">图 6-34 数据交换指令扩展使用说明</td></tr>
</table>

③ 操作数可取 KnY、KnM、KnS、T、C、D、V、Z。

④ 交换指令一般采用脉冲执行方式，否则在每一个扫描周期都要交换一次。

⑤ 16 位操作占 5 个程序步，32 位操作占 9 个程序步。

6.2.2.3 数据变换类指令

(1) 指令表

该指令的名称、指令代码、助记符、操作数范围、程序步如表 6-20 所示。

表 6-20 数据变换指令表

指令名称	指令代码	助记符	操作数范围		程序步
			S(·)	D(·)	
BCD 码数据变换指令	FNC 18 (16/32)	BCD BCD(P)	KnX、KnY、KnM、KnS、T、C、D、V、Z	KnY、KnM、KnS、T、C、D、V、Z	XCH、XCHP… 5 步 DXCH、DXCHP… 9 步

指令名称	指令代码	助记符	操作数范围		程序步
			S(·)	D(·)	
BIN 码数据变换指令	FNC 19 (16/32)	BIN BIN(P)	KnX、KnY、KnM、KnS、T、C、D、V、Z	KnY、KnM、KnS、T、C、D、V、Z	XCH、XCHP… 5 步 DXCH、DXCHP… 9 步

(2) 指令说明

① BCD 指令　指令 BCD 的指令功能是将源元件中的二进制数转换成 BCD 码送到目标元件中，指令格式如图 6-35 所示。

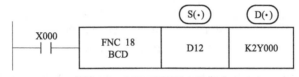

图 6-35　BCD 码数据变换指令

使用 BCD 指令时应注意：

a. 源操作数可取 KnX、KnY、KnM、KnS、T、C、D、V、Z，目标操作数可取 KnY、KnM、KnS、T、C、D、V、Z。

b. 16 位运算占 5 个程序步，32 位运算占 9 个程序步。

c. 当指令进行 16 位操作时，执行结果超出 0～9999 范围将会出错。

d. 当指令进行 32 位操作时，执行结果超出 0～99999999 范围将会出错。

② BIN 指令　指令 BCD 的指令功能是将源元件中的 BCD 码数据转换成二进制数据送到目标元件中，指令格式如图 6-36 所示。

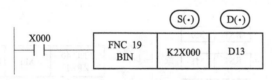

图 6-36　BIN 码数据变换指令

6.2.2.4　比较类指令

(1) 比较指令

比较指令 CMP 是将源操作数 S1(·) 和 S2(·) 的数据进行比较，其比较结果送到目标操作数 D(·) 中，这里所有的源数据均按二进制数值处理。

① 指令表　该指令的名称、指令代码、助记符、操作数范围、程序步如表 6-21 所示。

表 6-21　比较指令表

指令名称	指令代码	助记符	操作数范围			程序步
			S1(·)	S2(·)	D(·)	
比较指令	FNC 10 (16/32)	CMP CMP(P)	K、H、KnX、KnY、KnM、KnS、T、C、D、V、Z		Y、MS	CMP、CMPP… 7 步 DCMP DCMPP… 13 步

② 指令说明

a. 比较指令 CMP 的使用说明如图 6-37 所示。

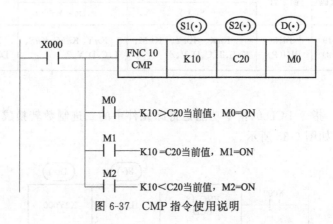

图 6-37　CMP 指令使用说明

b. 在图 6-37 中，当 X000 接通时，K10 与 C20 的当前值进行比较，比较结果分别由 M0、M1、M2 控制。

c. 目标操作数软元件指定 M0 时，M0、M1、M2 自动被占用。

d. 当 X000 为断开状态时，不执行 CMP 指令，M0、M1、M2 保持 X000 断开前的状态。

e. 如果要清除比较结果，可以采用复位指令 RST 或区间复位指令 ZRST，如图 6-38 所示。

f. 数据比较是进行代数值大小的比较（即带符号比较），当比较指令的操作数不完整时（若只指定一个或两个操作数），或者指定的操作数不符合要求，或者指定的操作数的元件号超出了允许范围等，则比较指令就会出错。

g. 数据长度可 16 位，可 32 位。

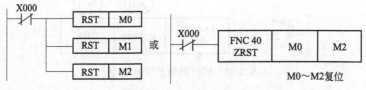

图 6-38　比较结果复位

(2) 区间比较指令

区间比较指令 ZCP 是将一个数据 S(·) 与两个源数据 S1(·) 和 S2(·) 间的数据进行代数比较，其比较结果送到目标操作数 D(·) 中。

① 指令表　该指令的名称、指令代码、助记符、操作数范围、程序步如表 6-22 所示。

表 6-22　区间比较指令表

指令名称	指令代码	助记符	操作数范围				程序步
			S1(·)	S2(·)	S(·)	D(·)	
区间比较	FNC 11 (16/32)	ZCP ZCP(P)	K、H、KnX、KnY、KnM、KnS、T、C、D、V、Z			Y、M、S	ZCP、ZCPP… 9 步 DZCP DZCPP… 17 步

② 指令说明

a. 区间比较指令 ZCP 的使用说明如图 6-39 所示。

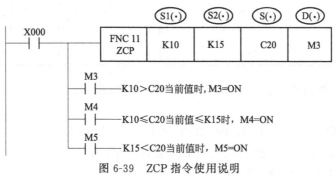

图 6-39　ZCP 指令使用说明

b. 当 X000 为断开状态时，ZCP 指令不执行，M3、M4、M5 保持 X000 断开前的状态。

c. 当 X000 为闭合时，K10 和 K15 区间的数与 C20 的当前值进行比较，比较结果分别由 M3、M4、M5 显示。

d. 在不执行指令拟清除比较结果时，应用复位指令。

e. 源操作数 S1（·）的内容比源操作数 S2（·）的内容要小，如果 S1（·）内容比 S2（·）内容大，则 S2（·）被看作与 S1（·）同样大。

(3) 触点式比较指令

① 指令说明　触点式比较指令与上述介绍的比较指令不同，触点式比较指令本身就相当于一个普通的触点，而触点的通断与比较条件有关，若条件成立，则导通，反之则断开。

触点式比较指令可以装载、串联和并联，具体如表 6-23 所示。

表 6-23　触点式比较指令用法

类型	功能号	助记符	导通条件
装载类比较触点	224	LD=	[S1]=[S2]时触点接通
	225	LD>	[S1]>[S2]时触点接通
	226	LD<	[S1]<[S2]时触点接通
	228	LD<>	[S1]<>[S2]时触点接通
	229	LD≤	[S1]≤[S2]时触点接通
	230	LD≥	[S1]≥[S2]时触点接通
串联类比较触点	232	AND=	[S1]=[S2]时串联类触点接通
	233	AND>	[S1]>[S2]时串联类触点接通
	234	AND<	[S1]<[S2]时串联类触点接通
	236	AND<>	[S1]<>[S2]时串联类触点接通
	237	AND≤	[S1]≤[S2]时串联类触点接通
	238	AND≥	[S1]≥[S2]时串联类触点接通
并联类比较触点	240	OR=	[S1]=[S2]时并联类触点接通
	241	OR>	[S1]>[S2]时并联类触点接通
	242	OR<	[S1]<[S2]时并联类触点接通

类型	功能号	助记符	导通条件
并联类比较触点	244	OR<>	[S1]<>[S2]时并联类触点接通
	245	OR≤	[S1]≤[S2]时并联类触点接通
	246	OR≥	[S1]≥[S2]时并联类触点接通

② 应用举例　触点式比较指令的应用举例如图 6-40 所示。

由图可知：

- 当 C0 的当前值＝10，且 D0 中的数值＞2 时，Y0 为 ON；
- 当 T0 的当前值＝10，或 90＜D1 中的数值时，Y1 为 ON；
- 当 T0 的当前值＝4，Y2 为 ON。

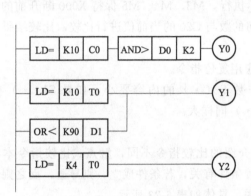

图 6-40　触点式比较指令应用举例　　图 6-41　三相异步电动机 Y-△降压启动控制的主电路

6.2.2.5　传送与比较类指令应用

(1) 传送类指令应用

用传送指令编写控制程序，实现对三相异步电动机的 Y-△降压启动。

三相异步电动机 Y-△降压启动控制的主电路如图 6-41 所示。

程序编写说明：

梯形图如图 6-42 所示。在梯形图中，设启动按钮为 X000，停止按钮为 X001。主电路电源接触器 KM1 接于 Y000，电动机 Y 接法接触器 KM2 接于 Y001，电动机△接法接触器 KM3 接于 Y002。

启动时，Y000、Y001 为 ON，电动机 Y 接法启动，6s 后，Y000 继续为 ON，断开 Y001，再过 1s 后接通 Y000、Y002。按下停止按钮时，电动机停止。

(2) 比较类指令应用

应用计数器与比较指令，构成 24h 可设定定时时间的定时控制器。

① 控制要求

a. 早上 6：30，电铃（Y000＝1）每秒响 1 次，响 6 次后自动停止。

b. 9：00～17：00，启动报警系统（Y001＝1）。

c. 晚上 6：00 开园内照明（Y002＝1）。

d. 晚上 10：00 关园内照明（Y002＝0）。

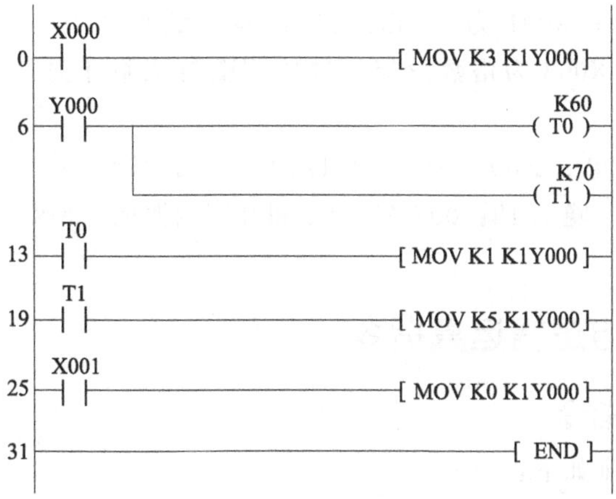

```
      X000
  0 ──┤├────────────────────────[ MOV K3 K1Y000 ]
      Y000                                    K60
  6 ──┤├──┬────────────────────────────────( T0 )
          │                                 K70
          └────────────────────────────────( T1 )
      T0
 13 ──┤├────────────────────────[ MOV K1 K1Y000 ]
      T1
 19 ──┤├────────────────────────[ MOV K5 K1Y000 ]
      X001
 25 ──┤├────────────────────────[ MOV K0 K1Y000 ]

 31 ──────────────────────────────────────[ END ]
```

图 6-42　三相异步电动机 Y-△降压启动控制程序

实际使用时，可在夜间 0：00 启动定时器。

② 程序编写说明　梯形图如图 6-43 所示。

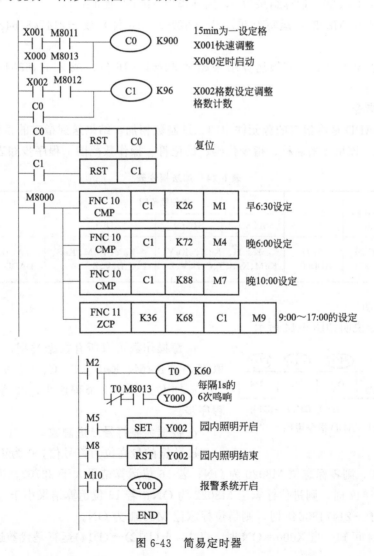

图 6-43　简易定时器

X000 为启、停开关；X001 为 15min 快速调整与试验开关，15min 为一个设定单位，24h 共 96 个时间单位；X002 为格数设定的快速调整与试验开关；时间设定值为钟点数乘以 4。

由图 6-43 可知，上电后 X000 闭合，按 1s 时钟振荡运行，早上 6：30 电铃响。9：00～17：00，启动报警系统。晚上 18：00～22：00 间开园内照明。X000 断开，时间控制器停止运行。

6.2.3 四则运算与逻辑运算指令

6.2.3.1 四则运算指令

四则运算的通用规则如下：

① 四则运算指令有连续和脉冲两种执行形式。

② 四则运算指令支持 16 位和 32 位数据，执行 32 位数据时，指令前需加 D。

③ 四则运算标志位与数据间的关系如下。

a. 零标志位 M8020：运算结果为 0，则标志位 M8020 置 1；

b. 借位标志位 M8021：运算结果小于 -32768（16 位）或 -2147483648（32 位），则 M8021 置 1；

c. 进位标志位 M8022；如果运算结果超过 32767（16 位）或 2147483647（32 位），则 M8022 置 1。

(1) 加法指令

加法指令 ADD 是将指定的源元件中的二进制数相加，结果送到指定的目标元件中去。

① 指令表　该指令的名称、指令代码、助记符、操作数范围、程序步如表 6-24 所示。

表 6-24　加法指令表

指令名称	指令代码	助记符	操作数范围			程序步
			S1(·)	S2(·)	D(·)	
加法	FNC 20 (16/32)	ADD ADD(P)	K、H、KnX、KnY、KnM、KnS、T、C、D、V、Z	KnY、KnM、KnS、T、C、D、V、Z	KnY、KnM、KnS、T、C、D、V、Z	ADD、ADDP… 7 步 DADD、DADDP… 13 步

② 指令说明

a. 加法指令说明如图 6-44 所示。

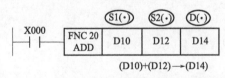

$$(D10)+(D12)\rightarrow(D14)$$

图 6-44　ADD 指令说明

b. 源操作数可取所有数据类型，目标操作数可取 KnY、KnM、KnS、T、C、D、V、Z。

c. 16 位运算占 7 个程序步，32 位运算占 13 个程序步。

d. 数据为有符号二进制数。

e. 数据的最高位为符号位，0 为正，1 为负。如果运算结果为 0，则零标志位 M8020 为 ON；若 16 位运算结果大于 32767，或 32 位运算结果大于 2147483647 时，则进位标志位 M8022 为 ON；若 16 位运算结果小于 -32768，或 32 位运算结果小于 -2147483648 时，则借位标志位 M8021 为 ON。

f. 由图 6-44 可知，当 X000＝ON 时，(D10)＋(D12)→(D14)运算是代数运算。

g.在 32 位运算中，被指定的起始字元件是低 16 位元件，而下一个字元件则为高 16 位元件，如 D0(D1)。

h.源元件和目标元件可以用相同的元件号。如果源元件和目标元件号相同，采用连续执行的 ADD 或 (D) ADD 指令时，加法的结果在每一个扫描周期都会改变。

i.若指令采用脉冲执行型 ADD(P)，用一个例子说明其使用方法，如图 6-45 所示。只有当 X000 从 OFF→ON 变化时，执行一次加法运算，此后即使 X000 一直闭合也不执行加法运算。

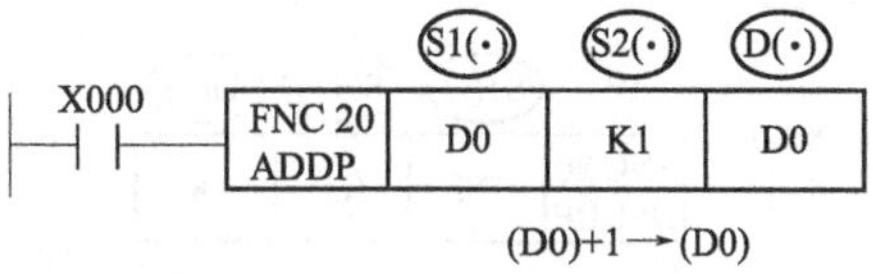

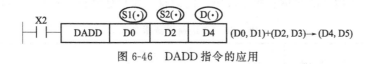

(D0)+1→(D0)

图 6-45　ADD（P）指令使用说明

在图 6-45 中，每执行一次加法运算，D0 的数据加 1，这与后面讲到的 INC(P) 加 1 指令的执行结果相似。其不同之处在于用 ADD 指令时，零位、借位、进位标志位按上述第 e 条置位。

j.32 位加法运算的使用方法，用一个例子进行说明，如图 6-46 所示。

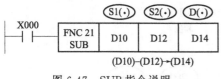

图 6-46　DADD 指令的应用

（2）减法指令

减法指令 SUB 是将指定源元件中的二进制数相减，结果送到指定的目标元件中去。

① 指令表　该指令名称、指令代码、助记符、操作数范围、程序步如表 6-25 所示。

表 6-25　二进制减法指令表

指令名称	指令代码	助记符	操作数范围			程序步
			S1(·)	S2(·)	D(·)	
减法	FNC 21 (16/32)	SUB SUB(P)	K、H、KnX、KnY、KnM、KnS、T、C、D、V、Z		KnY、KnM、KnS、T、C、D、V、Z	SUB,SUBP… 7 步 DSUB,DSUBP… 13 步

② 指令说明

a.减法指令说明如图 6-47 所示。

图 6-47　SUB 指令说明

(D10)-(D12)→(D14)

b.源操作数可取所有数据类型，目标操作数可取 KnY、KnM、KnS、T、C、D、V、Z。

c.16 位运算占 7 个程序步，32 位运算占 13 个程序步。

d.数据为有符号二进制数。

e.数据的最高位为符号位，0 为正，1 为负。如果运算结果为 0，则零标志位 M8020 为 ON；若 16 位运算结果大于 32767，或 32 位运算结果大于 2147483647 时，则进位标志位 M8022 为 ON；若为 16 位运算结果小于 −32768，或 32 位运算结果小于 −2147483648 时，则借位标志位 M8021 为 ON。

f.由图 6-47 可知，当 X000＝ON 时，(D10)-(D12)→(D14)，运算是代数运算。

g.在 32 位运算中，被指定的起始字元件是低 16 位元件，而下一个字元件则为高 16 位元件，如 D0(D1)。

h. 源元件和目标元件可以用相同的元件号。如果源元件和目标元件号相同，而采用连续执行的 SUB 或（D)SUB 指令时，减法的结果在每一个扫描周期都会改变。

i. 若指令采用脉冲执行型 SUB(P)，用一个例子说明其使用方法，如图 6-48 所示。只有当 X001 从 OFF→ON 变化时，执行一次减法运算，此后即使 X001 一直闭合也不执行减法运算。

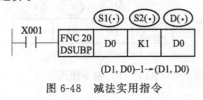

图 6-48 减法实用指令

在图 6-48 中，每执行一次减法运算，D1、D0 的数据减 1，这与后面讲到的 DEC 减 1 指令的执行结果相似。其不同之处在于采用减法指令实现减 1 时，零位、借位等标志位可能动作，零位、借位、进位标志位按上述第 e 条置位。

(3) 乘法指令

乘法指令 MUL 是将指定的源元件中的二进制数相乘，结果送到指定的目标元件中去。

① 指令表 该指令的名称、指令代码、助记符、操作数范围、程序步如表 6-26 所示。

表 6-26 二进制乘法指令表

指令名称	指令代码	助记符	操作数范围			程序步
			S1(·)	S2(·)	D(·)	
乘法	FNC 22 (16/32)	MUL MUL(P)	K、H、KnX、KnY、KnM、KnS、T、C、D、Z		KnY、KnM、KnS、T、C、D、V、(Z)限16位	MUL、MULP… 7 步 DMUL、DMULP… 13 步

② 指令说明

a. 乘法指令说明如图 6-49 所示。图 6-49(a) 是 16 位乘法运算，图 6-49(b) 是 32 位乘法运算。

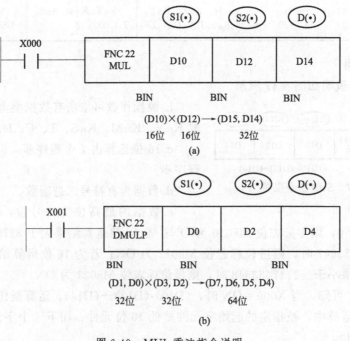

图 6-49 MUL 乘法指令说明

b. 源操作数可取所有数据类型，目标操作数可取 KnY、KnM、KnS、T、C、D、V、Z。要注意 Z 只能在 16 位运算中作为目标元件的指定，不能在 32 位运算中作为目标元件的指定。

c. 16 位运算占 7 个程序步，32 位运算占 13 个程序步。

d. 由图 6-49 可知，当 16 位运算时，X000＝ON 时，(D10)×(D12)→(D15,D14)，源操作数是 16 位，目标操作数是 32 位。

e. 当 32 位运算时，X001＝ON 时，(D1,D0)×(D3,D2)→(D7,D6,D5,D4)，源操作数是 32 位，目标操作数是 64 位。

f. 最高位为符号位，0 为正，1 为负。

g. 32 位乘法运算中，如将位组合元件用于目标操作数时，限于 K 的取值，只能得到乘积的低 32 位，高 32 位将丢失。这时，应将数据移入字元件再进行计算。即使使用字元件时，也不可能一下子监视 64 位数据的运算结果。这种情况下建议最好进行浮点运算。

（4）除法指令

除法指令 DIV 是将指定的源元件中的二进制数相除，S1(·) 为被除数，S2(·) 为除数，商送到指定的目标元件 D(·) 中去，余数送到目标元件 D(·＋1) 的元件中。

① 指令表　该指令的名称、指令代码、助记符、操作数范围、程序步如表 6-27 所示。

表 6-27　二进制除法指令表

指令名称	指令代码	助记符	操作数范围			程序步
			S1(·)	S2(·)	D(·)	
除法	FNC 23 (16/32)	DIV DIV(P)	K、H、KnX、KnY、KnM、KnS、T、C、D、Z		KnY、KnM、KnS、T、C、D、V、(Z)_{限于16位}	DIV、DIV P… 7 步 DDIV、DDIVP… 13 步

② 指令说明

a. 其指令说明如图 6-50 所示，图 6-50(a) 是 16 位除法运算，图 6-50(b) 是 32 位除法运算。

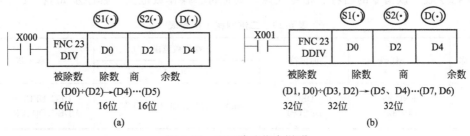

图 6-50　DIV 除法指令说明

b. 源操作数可取所有数据类型，目标操作数可取 KnY、KnM、KnS、T、C、D、V、Z。

c. 16 位运算占 7 个程序步，32 位运算占 13 个程序步。

d. 如将位元件指定为目标操作数，则无法得到余数，除数为 0 时运算错误。

e. 由图 6-50 可知，当 16 位运算，X000＝ON 时，(D0)÷(D2)，商在 (D4) 中，余数在 (D5) 中，例如(D0)＝15、(D2)＝2 时，商(D4)＝7，余数(D5)＝1。

f. 当 32 位运算，X001 = ON 时，$(D1, D0) \div (D3, D2)$，商在 $(D5, D4)$，余数在 $(D7, D6)$ 中。

g. 商与余数的二进制最高位是符号位，0 为正，1 为负。

h. 被除数或除数中有一个为负数时，商为负数。被除数为负数时，余数为负数。

(5) 加 1 指令

加 1 指令 INC 是将目标元件 D(·) 中的结果加 1。

① 指令表　该指令的名称、指令代码、助记符、操作数范围、程序步如表 6-28 所示。

表 6-28　加 1 指令表

指令名称	指令代码	助记符	操作数范围 D(·)	程序步
加 1	FNC 24 (16/32)	INC INC(P)	KnY、KnM、KnS、T、C、D、V、Z	INC、INCP… 3 步 DINC、DINCP… 5 步

② 指令说明

a. 加 1 指令 INC 的使用说明如图 6-51 所示。

b. 指令的操作数可取 KnY、KnM、KnS、T、C、D、V、Z。

c. 当进行 16 位操作时占 3 个程序步，32 位操作时占 5 个程序步。

d. 16 位运算时，+32767 再加上 1 则变为 -32768，但标志位不置位。同样，在 32 位运算时，+2147483647 再加 1 就变为 -2147483648，标志位也不置位。

e. 若用连续指令时，每个扫描周期都执行。

f. 脉冲执行型只在有脉冲信号时执行一次。

g. 由图 6-51 可知，当 X000 由 OFF→ON 变化时，目标操作数 D(·) 指定的元件 D10 中的二进制数自动加 1。

(6) 减 1 指令

减 1 指令 DEC 是将目标元件 D(·) 中的结果减 1。

① 指令表　该指令的名称、指令代码、助记符、操作数范围、程序步如表 6-29 所示。

表 6-29　二进制减 1 指令表

指令名称	指令代码	助记符	操作数范围 D(·)	程序步
减 1	FNC 25 (16/32)	DEC DEC(P)	KnY、KnM、KnS、T、C、D、V、Z	DEC、DECP… 3 步 DDEC、DDECP… 5 步

② 指令说明

a. 减 1 指令 DEC 的使用说明如图 6-52 所示。

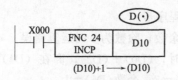

图 6-51　INC 加 1 指令说明

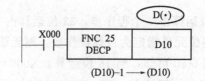

图 6-52　DEC 减 1 指令说明

b. 指令的操作数可取 KnY、KnM、KnS、T、C、D、V、Z。

c. 当进行 16 位操作时占 3 个程序步，32 位操作时占 5 个程序步。

d. 16 位运算时，−32768 再减 1 则变为＋32767，但标志位不置位。同样，在 32 位运算时，−2147483648 再减 1 就变为＋2147483647，标志位也不置位。

e. 若用连续指令时，每个扫描周期都执行。

f. 脉冲执行型只在有脉冲信号时执行一次。

g. 当 X000 由 OFF→ON 变化时，目标操作数 D(·) 指定的元件 D10 中的二进制数自动减 1。

以上加 1、减 1 两条指令，在实际的程序控制中应用很多。

6.2.3.2　逻辑运算指令

(1) 逻辑字与、或、异或指令

① 逻辑字运算关系表　逻辑字与、或、异或指令是以位为单位作相应运算的指令，其逻辑运算关系如表 6-30 所示。

表 6-30　逻辑字运算关系表

与（WAND）			或（WOR）			异或（WXOR）		
$C=A \cdot B$			$C=A+B$			$C=A \oplus B$		
A	B	C	A	B	C	A	B	C
0	0	0	0	0	0	0	0	0
0	1	0	0	1	1	0	1	1
1	0	0	1	0	1	1	0	1
1	1	1	1	1	1	1	1	0

② 指令表　逻辑字与、或、异或指令的指令名称、指令代码、助字符、操作数范围、程序步如表 6-31 所示。

表 6-31　逻辑字与、或、异或指令表

指令名称	指令代码	助记符	操作数范围			程序步
			S1(·)	S2(·)	D(·)	
逻辑字与	FNC 26 (16/32)	WAND WAND(P)	K、H、KnX、KnY、KnM、KnS、T、C、D、V、Z		KnY、KnM、KnS、T、C、D、V、Z	WAND、WANDP… 7 步 DWAND、DWANDP… 13 步
逻辑字或	FNC 27 (16/32)	WOR WOR(P)				WOR、WORP… 7 步 DWOR、DWORP… 13 步
逻辑字异或	FNC 28 (16/32)	WXOR WXOR(P)				WXOR、WXORP… 7 步 DWXOR、DWXORP… 13 步

③ 指令说明

a. 逻辑字与指令 WAND 是将两个源操作数按位进行与运算，结果送指定元件。逻辑字与指令 WAND 的使用说明如图 6-53(a) 所示。

当 X000＝ON 时，源元件 S1(·) 指定的 D10 和源元件 S2(·) 指定的 D12 内数据按各位对应进行逻辑字与运算，结果存于目标元件 D(·) 指定的 D14 中。

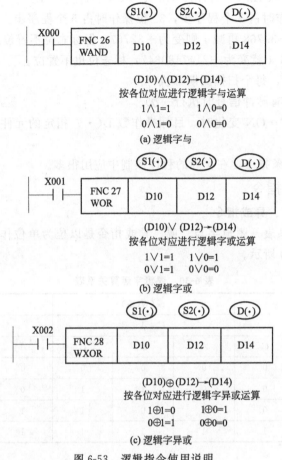

图 6-53 逻辑指令使用说明

例如：D10 中的数据为 0101 0011 1100 1011，D12 中的数据为 1100 0011 1010 0111，则执行逻辑字与指令后的结果为 0100 0011 1000 0011 存入 D14 中。

b. 逻辑字或指令 WOR 是将两个源操作数按位进行或运算，结果送指定元件。逻辑字或指令 WOR 的使用说明如图 6-53(b) 所示。

当 X001＝ON 时，源元件 S1(·) 指定的 D10 和源元件 S2(·) 指定的 D12 内数据按各位对应进行逻辑字或运算，结果存于目标元件 D(·) 指定的元件 D14 中。

例如：D10 中的数据为 0101 0011 1100 1011，D12 中的数据为 1100 0011 1010 0111，则执行逻辑字或指令后的结果为 1101 0011 1110 1111 存入 D14 中。

c. 逻辑字异或指令 WXOR 是将两个源操作数按位进行异或运算，结果送指定元件。逻辑字异或指令 WXOR 的使用说明如图 6-53(c) 所示。

当 X002＝ON 时，源元件 S1(·) 指定的 D10 和源元件 S2(·) 指定的 D12 内数据按各位对应进行逻辑字异或运算，结果存于目标元件 D(·)指定的元件 D14 中。

例如：D10 中的数据为 0101 0011 1100 1011，D12 中的数据为 1100 0011 1010 0111，则执行逻辑字异或指令后的结果为 1001 0000 0110 1100 存入 D14 中。

d. 逻辑字与、或、异或指令的源操作数可取所有数据类型，目标操作数可取 KnY、KnM、KnS、T、C、D、V、Z。

e. 逻辑字与、或、异或指令 16 位运算占 7 个程序步，32 位运算占 13 个程序步。

(2) 求补码指令

① 指令表　求补码指令的指令名称、指令代码、助记符、操作数范围、程序步如表 6-32 所示。

表 6-32　求补码指令表

指令名称	指令代码	助记符	操作数范围 D(·)	程序步
求补码指令	FNC 29 (16/32)	NEG NEG(P)	KnY、KnM、KnS、T、C、D、V、Z、U□/G□	NEG、NEGP… 3 步 DNEG、DNEGP… 5 步

② 指令说明

a. 求补码指令仅对负数求补码，其使用说明如图 6-54 所示。

b. 当 X000 由 OFF 变为 ON 时，由 D(·) 指定的元件 D10 中的二进制负数按位取反后加 1，求得的补码存入 D10 中。

图 6-54　求补码指令使用说明

例如：若执行指令前 D10 中的二进制数为 1001 0011 1100 1110，则执行完 NEGP 指令后 D10 中的二进制数变为 0110 1100 0011 0010。

c. 使用连续指令时，则在各个扫描周期都执行求补运算。

6.2.3.3　四则运算与逻辑运算指令的应用

(1) 四则运算指令的应用

彩灯正序、反序的循环控制如下。

① 控制要求　一组彩灯有 12 盏，用加 1、减 1 指令及变址寄存器 Z 来完成彩灯循环控制功能。各彩灯状态变化的时间单位为 1s，用 M8013 实现。

② 程序设计　梯形图如图 6-55 所示，图中 X001 为彩灯控制开关，X001＝OFF 时，禁止输出继电器 M8034＝1，使 12 个输出 Y000～Y014 为 OFF。M1 为正、反序控制触点。

(2) 逻辑运算指令的应用

① 控制要求　某节目有两位评委和若干选手，评委需对每位选手评价，看是过关还是淘汰。

两位评委均按 1 键，选手方可过关，否则将被淘汰；过关绿灯亮，淘汰红灯亮。试设计程序。

② 程序设计

a. I/O 分配　I/O 分配表如表 6-33 所示。

表 6-33　I/O 分配表

输入量		输出量	
A 评委 1 键	X0	过关绿灯	Y0
A 评委 0 键	X1	淘汰红灯	Y1
B 评委 1 键	X2		
B 评委 0 键	X3		

续表

输入量			输出量	
主持人键	X4			
停止按钮	X5			

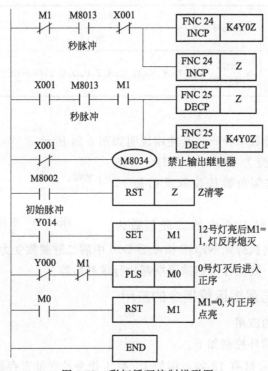

图 6-55　彩灯循环控制梯形图

b. 程序设计　程序设计如图 6-56 所示。

6.2.4　循环与移位指令

FX 系列 PLC 循环与移位指令有循环移位、位移位、字移位及移位写入/读出等 10 种。其中，循环移位分为带进位循环及不带进位循环；位或字移位有左移位和右移位之分，指令见表 6-34。

从指令的功能来说，循环移位是指数据在本字节或双字内的移位，是一个环形移位。而非循环移位是线性移位，数据移出部分将丢失，移入部分从其他数据获得。移入指令可用于数据的 2 倍乘除处理，形成新数据。字移位和位移位不同，它可用于字数据在存储空间里的位置调整等功能。移位写入/读出指令可用于数据的管理。

表 6-34　循环与移位指令

指令代码	助记符	功能	指令代码	助记符	功能
30	ROR	循环右移	33	RCL	带进位循环左移
31	ROL	循环左移	34	SFTR	位右移
32	RCR	带进位循环右移	35	SFTL	位左移

指令代码	助记符	功能	指令代码	助记符	功能
36	WSFR	字右移	38	SFWR	移位写入 （先进先出/先进后出控制用）
37	WSFL	字左移	39	SFRD	移位读出 （先进先出控制用）

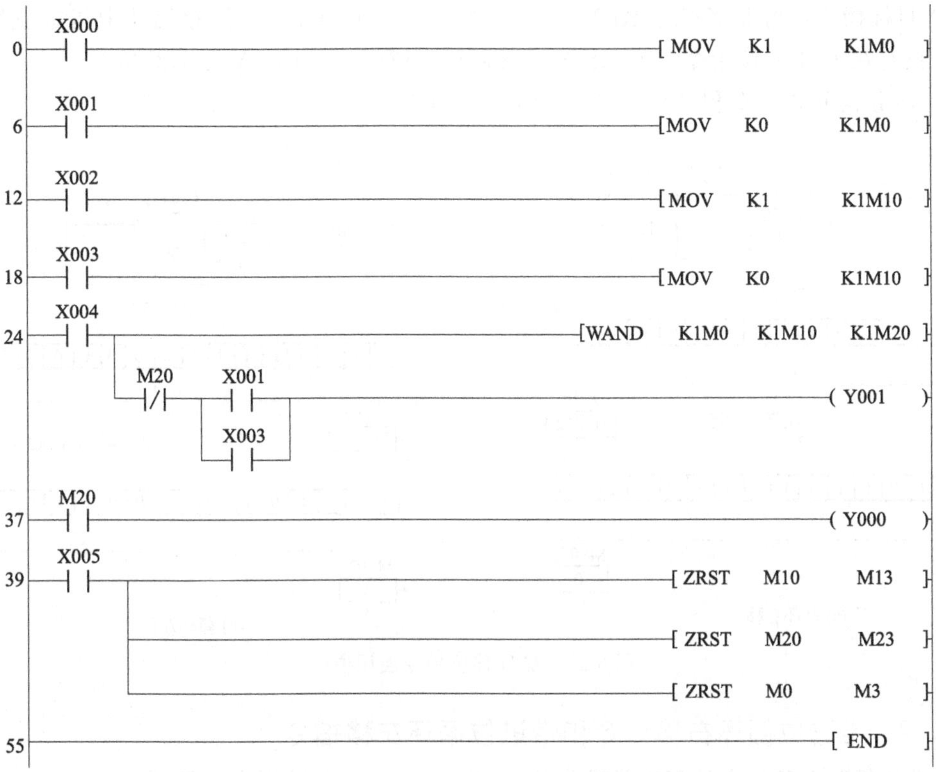

图 6-56　逻辑运算指令应用举例

6.2.4.1　循环右移指令和循环左移指令

循环右移指令 ROR 是将 16 位数据或 32 位数据向右循环移位。

循环左移指令 ROL 是将 16 位数据或 32 位数据向左循环移位。

(1) 指令表

指令的名称、指令代码、助记符、操作数范围、程序步如表 6-35 所示。

表 6-35　循环右移、左移指令表

指令名称	指令代码	助记符	操作数范围		程序步
			D(·)	n	
循环右移	FNC 30 (16/32)	ROR ROR(P)	KnY、KnM、KnS、T、C、D、V、Z	K、H 移位量 n≤16(16 位) n≤32(32 位)	ROR、RORP… 5 步 DROR、DRORP… 9 步
循环左移	FNC 31 (16/32)	ROL ROL(P)			ROL、ROLP… 5 步 DROL、DROLP… 9 步

(2) 指令说明

① 循环右移指令 ROR 如图 6-57(a) 所示。当 X000 从 OFF→ON 时，D(·) 指定的元件内各位数据向右移 n 位，最后一次从低位移出的状态存于进位标志 M8022 中。

② 循环左移指令 ROL 如图 6-57(b) 所示。当 X000 从 OFF→ON 时，D(·) 指定的元件内各位数据向左移 n 位，最后一次从高位移出的状态存于进位标志 M8022 中。

③ 使用连续指令执行时，循环移位操作每个周期执行一次。

④ 目标操作数可取 KnY、KnM、KnS、T、C、D、V、Z，目标元件中指定位软元件的组合只有在 K4(16 位指令) 或 K8(32 位指令) 时有效，如 K4Y0、K8M0。

⑤ 16 位运算占 5 个程序步，32 位运算占 9 个程序步。

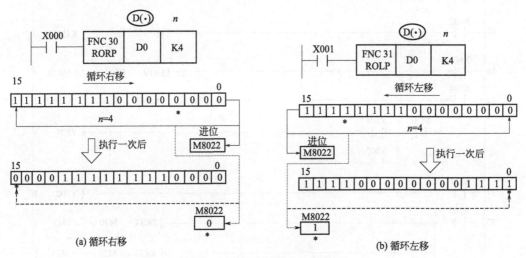

图 6-57　循环移位指令使用说明

6.2.4.2　带进位循环右移指令和带进位循环左移指令

带进位循环右移指令是可以带进位使 16 位数据或 32 位数据向右循环移位。

带进位循环左移指令是可以带进位使 16 位数据或 32 位数据向左循环移位。

(1) 指令表

该指令名称、指令代码、助记符、操作数范围、程序步如表 6-36 所示。

表 6-36　带进位循环右移、左移指令表

指令名称	指令代码	助记符	操作数范围		程序步
			D(·)	n	
带进位循环右移	FNC 32 (16/32)	RCR RCR(P)	KnY、KnM、KnS、T、C、D、V、Z	K、H 移位量 n≤16(16 位) n≤32(32 位)	RCR、RCRP… 5 步 DRCR、DRCRP… 9 步
带进位循环左移	FNC 33 (16/32)	RCL RCL(P)			RCL、RCLP… 5 步 DRCL、DRCLP… 9 步

(2) 指令说明

① 带进位循环右移指令 RCR 的使用说明如图 6-58(a) 所示。在图 6-58(a) 中，当 X000 从 OFF→ON 时，M8022 驱动之前的状态，首先被移入 D(·)，且 D(·) 内各位数据

向右移 n 位，最后一次从低位移出的状态存于进位标志 M8022 中。

② 带进位循环左移指令 RCL 的使用说明如图 6-58(b) 所示。当 X001 从 OFF→ON 时，M8022 驱动之前的状态首先被移入 D(·)，且 D(·) 内各位数据向左移 n 位，最后一次从高位移出的状态存于进位标志 M8022 中。

③ 使用连续指令执行时，循环移位操作每个周期执行一次。

④ 目标操作数可取 KnY、KnM、KnS、T、C、D、V、Z，目标元件中指定位软元件的组合只有在 K4(16 位指令) 或 K8(32 位指令) 时有效，如 K4Y0、K8M0。

⑤ 16 位运算占 5 个程序步，32 位运算占 9 个程序步。

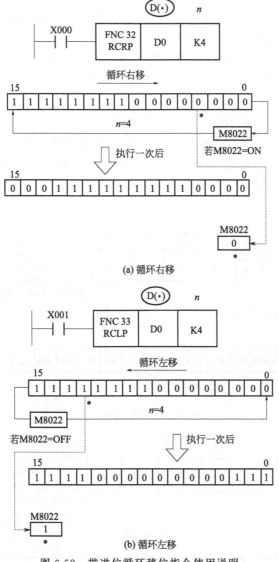

图 6-58　带进位循环移位指令使用说明

6.2.4.3　位右移指令和位左移指令

(1) 指令表

该指令的名称、指令代码、助记符、操作数范围、程序步如表 6-37 所示。

表 6-37 位移位指令表

指令名称	指令代码	助记符	操作数范围				程序步
			S(·)	D(·)	$n1$	$n2$	
位右移	FNC 34 (16)	SFTR SFTR(P)	X、Y、M、S	Y、M、S	K、H $n2 \leqslant n1 \leqslant 1024$		SFTR、SFTRP… 9 步
位左移	FNC 35 (16)	SFTL SFTL(P)					SFTL、SFTLP… 9 步

(2) 指令说明

① 位右移指令 SFTR 的使用说明如图 6-59(a) 所示。位右移指令 SFTR 是对 D(·) 所指定的 $n1$ 个位元件连同 S(·) 所指定的 $n2$ 个位元件的数据右移 $n2$ 位。在图 6-59(a) 中，当 X010 从 OFF→ON 时，D(·) 内 M0~M15 的 16 位数据连同 S(·) 内 X000~X003 的 4 位元件的数据向右移 4 位，即 X000~X003 的 4 位数据从 D(·) 的高位端移入，而 D(·) 的低 4 位 M0~M3 数据移出（溢出）。

② 位左移指令 SFTL 的使用说明如图 6-59(b) 所示。位左移指令 SFTL 是对 D(·) 所指定的 $n1$ 个位元件连同 S(·) 所指定的 $n2$ 个位元件的数据左移 $n2$ 位。当 X010 从 OFF→ON 时，D(·) 内 M0~M15 的 16 位数据连同 S(·) 内 X000~X003 的 4 位元件的数据向左移 4 位，即 X000~X003 的 4 位数据从 D(·) 的低位端移入，而 D(·) 的高 4 位 M12~M15 数据移出（溢出）。

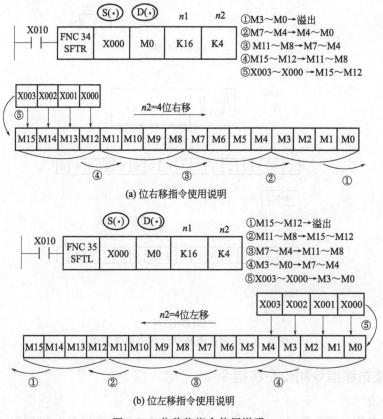

(a) 位右移指令使用说明

(b) 位左移指令使用说明

图 6-59 位移位指令使用说明

③ 源操作数可取 X、Y、M、S，目标操作数可取 Y、M、S。

④ 只有 16 位操作，占 9 个程序步。

⑤ 若程序中 $n2=1$，则每次只进行 1 位移位。

⑥ 若用脉冲指令时，X010 从 OFF→ON 每变化一次，则指令执行一次，进行 $n2$ 位移位；用连续指令执行时，移位操作在每个扫描周期执行一次。

6.2.4.4　字右移指令和字左移指令

(1) 指令表

该指令的名称、指令代码、助记符、操作数范围、程序步如表 6-38 所示。

表 6-38　字移位指令表

指令名称	指令代码	助记符	操作数范围				程序步
			S(·)	D(·)	$n1$	$n2$	
字右移	FNC 36 (16)	WSFR WSFR(P)	KnX、KnY、KnM、KnS、T、C、D、	KnY、KnM、KnS、T、C、D、	K、H $n2 \leqslant n1 \leqslant 512$		WSFR、WSFRP…9 步
字左移	FNC 37 (16)	WSFL WSFL(P)					WSFL、WSFLP…9 步

(2) 指令说明

① 字右移指令 WSFR 是对 D(·) 所指定的 $n1$ 字元件连同 S(·) 所指定的 $n2$ 个字元件右移 $n2$ 个字数据，如图 6-60(a) 所示。当 X000 从 OFF→ON 时，D(·) 内 D10～D25

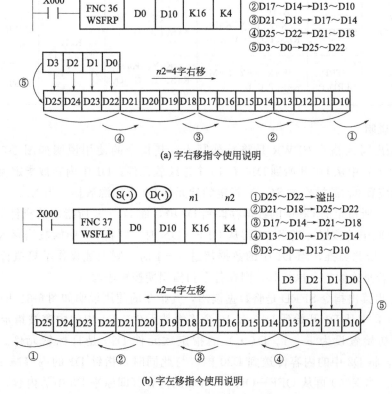

(a) 字右移指令使用说明

(b) 字左移指令使用说明

图 6-60　字移位指令使用说明

的 16 个字数据连同 S(·) 内 D0~D3 的 4 个字数据向右移 4 个字，则 D0~D3 的 4 个字数据从 D(·) 高位端移入，而 D10~D13 的 4 个字数据从 D(·) 的低位端移出（溢出）。

② 字左移指令 WSFL 是对 D(·) 所指定的 n1 个字元件连同 S(·) 所指定的 n2 字元件左移 n2 个字数据，如图 6-60(b) 所示。当 X000 从 OFF→ON 时，D(·) 内 D10~D25 的 16 个字数据连同 S(·) 内 D0~D3 的 4 个字数据向左移 4 个字，则 D0~D3 的 4 个字数据从 D(·) 的低位端移入，而 D22~D25 的 4 个字数据从 D(·) 的高位端移出（溢出）。

③ 若程序中 n2=1，则每次只进行 1 个字移位。

④ 若用脉冲指令时，X000 从 OFF→ON 每变化一次，则指令执行一次，进行 n2 个字移位；用连续指令执行时，字移位操作在每个扫描周期执行一次。

⑤ 源操作数可取 KnX、KnY、KnM、KnS、T、C、D，目标操作数可取 KnY、KnM、KnS、T、C、D。

⑥ 指令只有 16 位操作，占 9 个程序步。

⑦ n1 和 n2 的关系为 n2≤n1≤512。

6.2.4.5 移位写入/读出指令

(1) 指令表

该指令的名称、指令代码、助记符、操作数范围、程序步如表 6-39 所示。

表 6-39　移位写入/读出指令表

指令名称	指令代码	助记符	操作数范围			程序步
			S(·)	D(·)	n	
先进先出写入	FNC 38 (16)	SFWR SFWR(P)	K、H KnX、KnY、KnM、KnS、T、C、D、V、Z	KnY、KnM、KnS、T、C、D	K、H 2≤n≤512	SFWR、SFWRP··· 7 步
先进先出读出	FNC 39 (16)	SFRD SFRD(P)	KnX、KnY、KnM、KnS、T、C、D	KnY、KnM、KnS、T、C、D、V、Z		SFRD、SFRDP··· 7 步

(2) 指令说明

① 先进先出写入指令 SFWR 是将数据写入，其指令的使用说明如图 6-61(a) 所示。n=10 表示 D(·) 中从 D1 开始到 D10 有 10 个连续软元件，D1 中内容被指定为数据写入个数指针，初始应置 0。源操作数 S(·) 指定的软元件 D0 存储源数据。当 X000 从 OFF→ON 时，则将 S(·) 所指定的 D0 中的数据存储到 D2 中，而 D(·) 所指定的指针 D1 的内容改为 1。若改变 D0 中的数据，当 X000 再从 OFF→ON 时，则将 D0 中的数据存入 D3 中，D1 的内容改为 2。依此类推，当 D1 中的数据超过 n-1 时，则上述操作不再执行，进位标志 M8022 动作。若是连续指令执行时，则在各个扫描周期按顺序写入。

② 先进先出读出指令 SFRD 是将数据读出，其指令的使用说明如图 6-61(b) 所示。n=10 是表示 S(·) 中从 D1 开始到 D10 有 10 个连续软元件，D1 中的内容被指定作为数据读出个数指针，初始置设为 n-1。D(·) 的指定软元件 D20 是目标软元件。当 X000 从 OFF→ON 时，将 D2 中的内容传送到 D20 内，与此同时，指针 D1 的内容减 1，D3~D10 的内容向右移。当 X000 再从 OFF→ON 时，D2 的内容（即原来 D3 中的内容）传送到 D20 内，D1 中的内容再减 1。依此类推，当 D1 的内容减为 0 时，则上述操作不再执行，零位标

志 M8020 动作。若是连续指令执行时，则在每个扫描周期按顺序写入或读出。

③ 源操作数可取所有的数据类型，目标操作数可取 KnY、KnM、KnS、T、C、D 等。

④ 指令只有 16 位操作，占 7 个程序步。

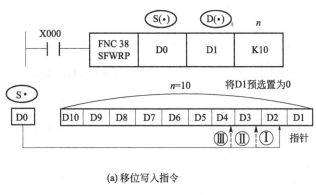

(a) 移位写入指令

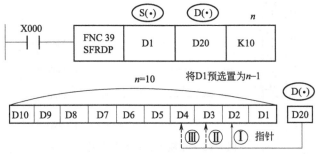

(b) 移位读出指令

图 6-61　移位写入/读出指令使用说明

6.2.4.6　循环移位指令应用实例

(1) 轮流点亮循环灯程序设计

① 控制要求　八盏灯分别接于 K2Y000，要求当 X000 为 ON 时，灯每隔 1s 轮流亮，并循环。即第一盏灯亮 1s 后灭，第二盏灯亮 1s 后灭，…，第八盏灯亮 1s 后灭，再接着第一盏灯亮，如此循环。当 X000 为 OFF 时，所有灯都灭。

② 设计思路　用位左循环指令来编写程序，但因该指令只对 16 位或 32 位进行循环操作，所以用 K4M10 来进行循环，每次移 2 位。然后用 M10 控制 Y000，M12 控制 Y001，M14 控制 Y002，…，M24 控制 Y007。

③ 程序设计　控制程序如图 6-62 所示。

(2) 八盏灯顺序点亮逆序熄灭程序设计

① 控制要求　有八盏灯分别接于 Y000～Y007，要求八盏灯每隔 1s 顺序点亮，逆序熄灭，再循环。即当 X000 为 ON 时，第一盏亮，1s 后第二盏灯亮，再过 1s 后第三盏灯亮，最后全亮。当第八盏灯亮 1s 后，从第八盏灯开始灭，过 1s 后第七盏灯也灭，最后全熄灭。当第一盏灯熄灭 1s 后再循环前述过程。当 X000 为 OFF 时，所有灯都灭。

② 设计思路　八盏灯顺序点亮时用 SFTL 指令，每隔 1s 写入一个为 1 的状态。逆序熄灭时用 SFTR 指令，每隔 1s 写入一个为 0 的状态。

③ 程序设计　控制程序如图 6-63 所示。

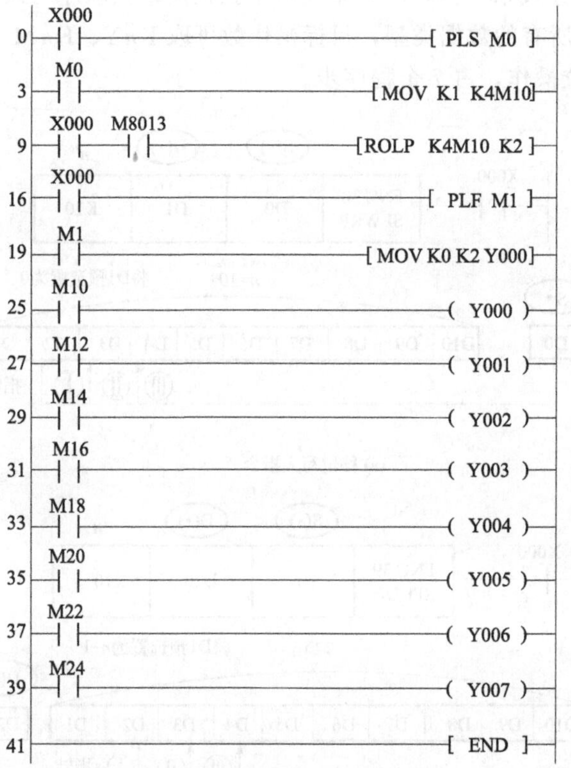

```
      X000
  0   ─┤├─────────────────────────────[ PLS M0 ]─
      M0
  3   ─┤├─────────────────────────────[ MOV K1 K4M10]─
      X000  M8013
  9   ─┤├───┤├────────────────────────[ ROLP  K4M10 K2 ]─
      X000
 16   ─┤├─────────────────────────────[ PLF M1 ]─
      M1
 19   ─┤├─────────────────────────────[ MOV K0 K2 Y000]─
      M10
 25   ─┤├─────────────────────────────( Y000 )─
      M12
 27   ─┤├─────────────────────────────( Y001 )─
      M14
 29   ─┤├─────────────────────────────( Y002 )─
      M16
 31   ─┤├─────────────────────────────( Y003 )─
      M18
 33   ─┤├─────────────────────────────( Y004 )─
      M20
 35   ─┤├─────────────────────────────( Y005 )─
      M22
 37   ─┤├─────────────────────────────( Y006 )─
      M24
 39   ─┤├─────────────────────────────( Y007 )─
 41   ───────────────────────────────[ END ]─
```

图 6-62　轮流点亮循环灯程序

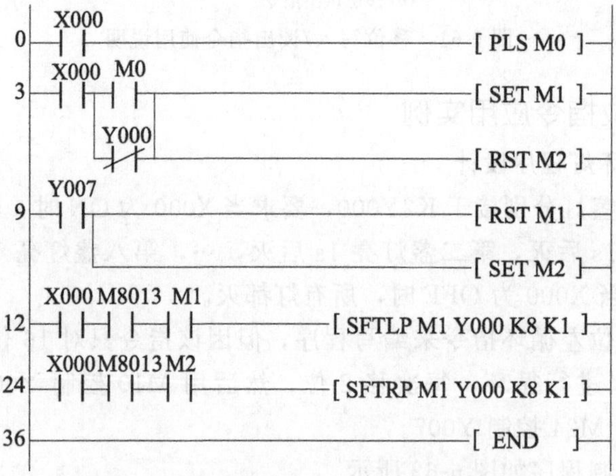

```
      X000
  0   ─┤├─────────────────────────────[ PLS M0 ]─
      X000  M0
  3   ─┤├───┤├────────────────────────[ SET M1 ]─
      Y000
      ─┤/├─────────────────────────────[ RST M2 ]─
      Y007
  9   ─┤├─────────────────────────────[ RST M1 ]─
      ─────────────────────────────────[ SET M2 ]─
      X000 M8013 M1
 12   ─┤├──┤├───┤├──────────────────[ SFTLP M1 Y000 K8 K1 ]─
      X000 M8013 M2
 24   ─┤├──┤├───┤├──────────────────[ SFTRP M1 Y000 K8 K1 ]─
 36   ───────────────────────────────[ END ]─
```

图 6-63　八盏灯顺序点亮逆序熄灭程序

（3）步进电动机的控制

① 控制要求　应用左、右位移指令 SFTR 和 SFTL 实现步进电动机正反转和速度调整的控制。

② 设计思路　X000＝0 时为正转，X000＝1 时为反转。X002 为启动按钮，X003 为减速调整按钮，X004 为增速调整按钮。以三相三拍步进电动机为例，脉冲序列由 Y010、Y011、Y012 送出，作为步进电动机驱动电源功率电路的输入。程序中采用累积型定时器 T246 为脉冲发生器，设定值为 K2～K500，设定时间 2～500ms 可调，实现步进电动机可获

得 500～2 步/s 的速度调整。

　　③ 程序设计　控制程序如图 6-64 所示。

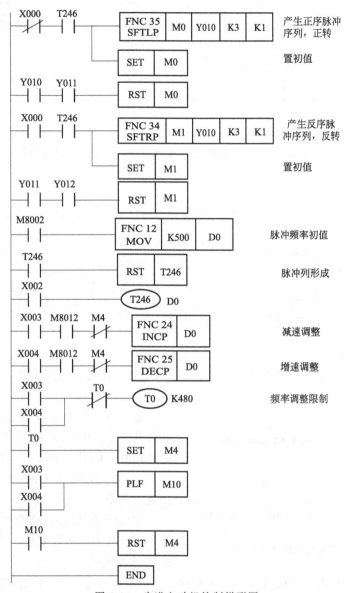

图 6-64　步进电动机控制梯形图

　　④ 控制程序工作原理　现以正转为例说明步进电动机控制程序工作原理。

　　程序开始运行时，设 M0＝0，M0 提供移入 Y010、Y011、Y012 的 "1" 或 "0" 的值，在 T246 的作用下最终形成 011、110、101 的三拍循环。T246 为移位脉冲产生环节，INC 指令及 DEC 指令用于调整 T246 产生的脉冲频率，T0 为频率调整时间限制。调整时按住 X003 或 X004，观察 D0 的变化，当变化值是所需速度值时，释放按钮。

6.2.5　数据处理指令

　　数据处理指令有批复位、编码、译码及平均值等指令。数据处理指令见表 6-40。

表 6-40 数据处理指令

指令代码	助记符	功能	指令代码	助记符	功能
40	ZRST	批复位	45	MEAN	平均值
41	DECO	译码	46	ANS	信号报警器置位
42	ENCO	编码	47	ANR	信号报警器复位
43	SUM	ON 位数统计	48	SQR	二进制数据开方运算
44	BON	ON 位判别	49	FLT	二进制整数与二进制浮点数转换

6.2.5.1 批复位指令

批复位指令又称区间复位指令，它将指定范围内的同类元件成批复位，可用于数据区的初始化。

(1) 指令表

该指令的名称、指令代码、助记符、操作数范围、程序步如表 6-41 所示。

表 6-41 批复位指令表

指令名称	指令代码	助记符	操作数范围		程序步
			D1(·)	D2(·)	
批复位指令	FNC 40 (16)	ZRST ZRST(P)	Y、M、S、T、C、D（D1 元件号≤D2 元件号）	Y、M、S、T、C、D（D1 元件号≤D2 元件号）	ZRST、ZRSTP… 5 步

(2) 指令说明

① D1(·) 和 D2(·) 可取 Y、M、S、T、C、D，且应为同类元件。其指令的使用说明如图 6-65 所示。

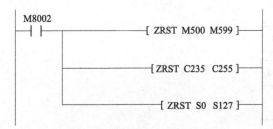

② D1(·) 的元件号应小于 D2(·) 的元件号。若 D1(·) 的元件号大于 D2(·) 的元件号，则只有 D1(·) 指定元件被复位。

③ 当 M8002 由 OFF 变为 ON 时，执行批复位指令。

④ 位元件 M500～M599 成批复位，字元件 C235～C255 成批复位，状态继电器 S0～S127 成批复位。

图 6-65 批复位指令使用说明

⑤ ZRST 指令只有 16 位运算，占 5 个程序步。但 D1(·)、D2(·) 也可以指定 32 位计数器。需要注意的是不能混合指定，即要么全部是 16 位计数器，要么全部是 32 位计数器。

6.2.5.2 译码指令

(1) 指令表

该指令的名称、指令代码、助记符、操作数范围、程序步如表 6-42 所示。

表 6-42 译码指令表

指令名称	指令代码	助记符	操作数范围			程序步
			S(·)	D(·)	n	
译码指令	FNC 41 (16)	DECO DECO(P)	K、H、X、Y、M、S、T、C、D、V、Z	Y、M、S、T、C、D	K、H n=1～8	DECO DECO(P)… 7 步

(2) 指令说明

① 位源操作数可取 X、Y、M、S，位目标操作数可取 Y、M、S；字源操作数可取 K、H、T、C、D、V、Z，字目标操作数可取 T、C、D。

② 译码指令的使用说明如图 6-66 所示。

③ 当 D(·) 是 Y、M、S 位元件时，译码指令根据 S(·) 指定的起始地址的 n 位连续的位元件所表示的十进制码值 Q，对 D(·) 指定的 2^n 位目标元件的第 Q 位（不含目标元件位本身）置 1，其他位置 0。使用说明如图 6-66（a）所示。

在图中，$n=3$ 表示 S(·) 源操作数为 3 位，即为 X000、X001、X002，其状态为二进制数，当值为 011 时相当于十进制数 3，则由目标操作数 M17～M10 组成的 8 位二进制数的第三位 M13 被置 1，其余各位为 0。如果为 000，则 M10 被置 1。

当 $n=0$ 时，程序不操作；当 $n=1$～8 以外时，出现运算错误；当 $n=8$ 时，D(·) 的位数为 $2^8=256$。

驱动输入为 OFF 时，不执行指令，上一次译码输出置 1 的位保持不变。

④ 当 D(·) 是字元件时，译码指令根据 S(·) 指定的字元件的低 n 位所表示的十进制码值 Q，对 D(·) 指定的目标字元件的第 Q 位（不含最低位）置 1，其他位置 0。使用说明如图 6-66(b) 所示。图中源数据是 3，因此 D1 的第 3 位置 1。当源数据是 0 时，第 0 位置 1。

当 $n=0$ 时，程序不操作；当 n 在 1～4 以外时，出现运算错误；当 $n\leq4$ 时，在 D(·) 的位数为 $2^4=16$（位）范围译码；当 $n\leq3$ 时，在 D(·) 的位数为 $2^3=8$(位) 范围译码，高 8 位均为 0。

驱动输入为 OFF 时，不执行指令，上一次译码输出置 1 的位保持不变。

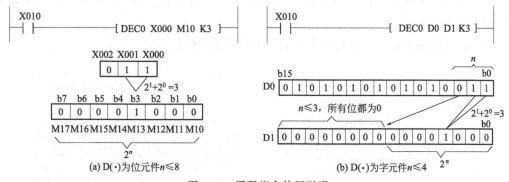

图 6-66　译码指令使用说明

⑤ 译码指令为 16 位指令，占 7 个程序步。

6.2.5.3　编码指令

(1) 指令表

该指令的名称、指令代码、助记符、操作数范围、程序步如表 6-43 所示。

表 6-43　编码指令表

指令名称	指令代码	助记符	操作数范围			程序步
			S(·)	D(·)	n	
编码指令	FNC 42 (16)	ENCO ENCO(P)	X、Y、M、S、T、C、D、V、Z	T、C、D、V、Z	K、H $n=1$～8	ENCO ENCO(P)…7 步

（2）指令说明

① 位源操作数可取 X、Y、M、S，字源操作数可取 T、C、D、V、Z。目标操作数可取 T、C、D、V、Z。

② 编码指令的使用说明如图 6-67 所示。

③ 当 S(·) 是位元件时，以源操作数 S(·) 指定的位元件为首地址、长度为 2^n 的位元件中，指令将最高置 1 的位号存放到目标 D(·) 指定的元件中，D(·) 指定元件中数值的范围由 n 确定。

在图 6-67(a) 中，源元件的长度为 $2^n = 2^3 = 8$（位），即 M17～M10，其最高置 1 位是 M13，即第 3 位。将"3"对应的二进制数存放到 D10 的低 3 位中。

当源操作数的第一个（即第 0 位）位元件为 1 时，D(·) 中存入 0。当源操作数中无 1 时，出现运算错误。

当 $n = 0$ 时，程序不操作；当 $n > 8$ 时，出现运算错误；当 $n = 8$ 时，S(·) 的位数为 $2^8 = 256$。

驱动输入为 OFF 时，不执行指令，上一次编码输出保持不变。

④ 当 S(·) 是字元件时，在其可读长度为 2^n 位中，最高置 1 的位号存放到目标 D(·) 指定的元件中，D(·) 指定元件中数值的范围由 n 确定。使用说明如图 6-67(b) 所示。

在图中，源字元件的可读长度为 $2^n = 2^3 = 8$（位），其最高置 1 位是第 3 位。将"3"对应的二进制数存放到 D1 的低 3 位中。

当源操作数的第一个（即第 0 位）字元件为 1 时，D(·) 中存入 0。当源操作数中无 1 时，出现运算错误。

当 $n = 0$ 时，程序不操作；当 n 在 1～4 以外时，出现运算错误；当 $n = 4$ 时，则 S(·) 中的位数为 $2^4 = 16$。

驱动输入为 OFF 时，不执行指令，上一次编码输出保持不变。

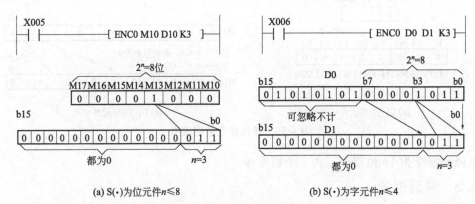

(a) S(·)为位元件 $n \leqslant 8$ (b) S(·)为字元件 $n \leqslant 4$

图 6-67 编码指令使用说明

⑤ 译码指令为 16 位指令，占 7 个程序步。

6.2.5.4 ON 位数统计指令

该指令用来统计指定元件中 1 的个数。

（1）指令表

该指令的名称、指令代码、助记符、操作数范围、程序步如表 6-44 所示。

表 6-44　ON 位数统计指令表

指令名称	指令代码	助记符	操作数范围		程序步
			S(·)	D(·)	
ON 位数 统计指令	FNC 43 (16/32)	SUM SUM(P)	K、H、KnX、KnY、 KnM、KnS、T、C、D、 V、Z	KnY、KnM、 KnS、T、C、D、 V、Z	SUM、SUM(P)··· 5 步 DSUM、DSUM(P)··· 9 步

（2）指令说明

① 源操作数可取所有数据类型，目标操作数可取 KnY、KnM、KnS、T、C、D、V、Z。

② 该指令是将源操作数 S(·) 指定元件中 1 的个数存入目标操作数 D(·)，无 1 时零位标志 M8020 会动作。

③ 使用说明如图 6-68 所示。图中源元件 D0 中有 9 个位为 1，当 X000 为 ON 时，将 D0 中 1 的个数 9 存入目标元件 D2 中。若 D0 中为 0，则 0 标志 M8020 动作。

④ DSUM 或 DSUM(P) 指令是将 32 位数据中 1 的个数写入到目标操作数。

⑤ 16 位运算时占 5 个程序步，32 位运算时占 9 个程序步。

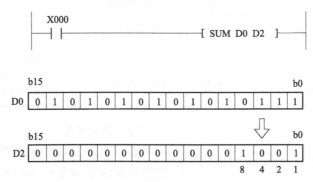

图 6-68　ON 位数统计指令使用说明

6.2.5.5　ON 位判别指令

该指令用来检测指定元件中的指定位是否为 1。

（1）指令表

该指令的名称、指令代码、助记符、操作数范围、程序步如表 6-45 所示。

表 6-45　ON 位判别指令表

指令名称	指令代码	助记符	操作数范围			程序步
			S(·)	D(·)	n	
ON 位判 别指令	FNC 44 (16/32)	BON BON(P)	K、H、KnX、KnY、 KnM、KnS、T、C、D、V、Z	Y、M、S	K、H $n=0\sim64$	BON、BON(P)··· 7 步 DBON、DBON(P)··· 13 步

（2）指令说明

① 源操作数可取所有数据类型，目标操作数可取 Y、M、S。

② 使用说明如图 6-69 所示。在图中，当 X000 有效时，执行 BON 指令，由 K15 决定检测的是源操作数 D10 的第 15 位，若为 1，则目标操作数 M0＝1，否则 M0＝0。X000 变为

OFF 时，M0 状态不变化。

③ 16 位运算时占 7 个程序步，n 为 0～15；32 位运算时占 13 个程序步，n 为 0～31。

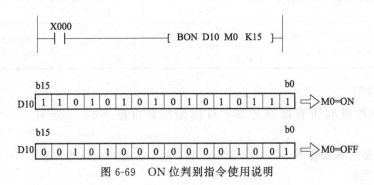

图 6-69　ON 位判别指令使用说明

6.2.5.6　平均值指令

(1) 指令表

该指令的名称、指令代码、助记符、操作数范围、程序步如表 6-46 所示。

表 6-46　平均值指令表

指令名称	指令代码	助记符	操作数范围			程序步
			S(·)	D(·)	n	
平均值指令	FNC 45 (16/32)	MEAN MEAN(P)	KnX、KnY、KnM、KnS、T、C、D	KnY、KnM、KnS、T、C、D、V、Z	K、H $n=1\sim64$	MEAN、MEAN(P)…7 步 DMEAN、DMEAN(P)…7 步

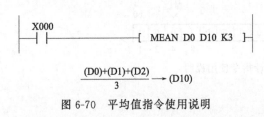

图 6-70　平均值指令使用说明

(2) 指令说明

① 该指令的作用是将 S(·) 指定的 n 个源操作数据的平均值存入目标操作数 D(·) 中，舍去余数。使用说明如图 6-70 所示。

② 当 n 值超出元件规定地址号范围时，n 值自动减小。

③ 当 n 值超出 1～64 的范围，将会出错。

6.2.5.7　信号报警器置位与复位指令

(1) 指令表

信号报警器置位与复位指令的名称、指令代码、助记符、操作数范围、程序步如表 6-47 所示。

表 6-47　信号报警器置位与复位指令表

指令名称	指令代码	助记符	操作数范围			程序步
			S(·)	n	D(·)	
信号报警器置位指令	FNC 46 (16)	ANS	T T0～T199	$n=1\sim32767$ (100ms 单位)	S S900～S999	ANS…7 步
信号报警器复位指令	FNC 47 (16)	ANR ANR(P)		—		ANR、ANR(P)…1 步

（2）指令说明

① ANS 指令的源操作数为 T0～T199，目标操作数为 S900～S999，M＝1～32767；ANR 指令无操作数。

② 信号报警器置位指令是驱动信号报警器 M8048 动作的方便指令。其作用是，当执行条件为 ON 时，S(·)中定时器定时 M(100ms 单位) 后，D(·)指定的标志状态寄存器置位，同时 M8048 动作。使用说明如图 6-71 所示。

在图中，若 X000 与 X001 同时接通 1s 以上，则 S900 被置位，同时 M8048 动作，定时器复位。以后即使 X000 或 X001 为 OFF，S900 置位的状态不变。

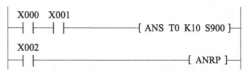

图 6-71　信号报警器置位与复位指令使用说明

若 X000 与 X001 同时接通不满 1s 变为 OFF，则定时器复位，S900 不置位。

③ 信号报警器复位指令的作用是将被置位的标志状态寄存器复位。使用说明如图 6-71 所示。

在图中，当 X002 为 ON 时，则信号报警器 S900～S999 中正在动作的报警点被复位。如果同时有报警点动作，则复位最新的一个报警点。

若采用 ANR 指令，则在各扫描周期中按顺序对报警器复位。

④ ANS 指令为 16 位运算指令，占 7 个程序步；ANR 指令为 16 位运算指令，占 1 个程序步。

⑤ ANR 指令如果连续执行，则会按扫描周期依次逐个将报警器复位。

6.2.5.8　二进制数据开方运算指令

（1）指令表

该指令的名称、指令代码、助记符、操作数范围、程序步如表 6-48 所示。

表 6-48　二进制数据开方运算指令表

指令名称	指令代码	助记符	操作数范围		程序步
			S(·)	D(·)	
二进制数据开方运算指令	FNC 48 (16/32)	(D)SQR(P)	K、H、D	D	SQR、SQRP… 5 步 DSQR、DSQRP… 9 步

（2）指令说明

① 源操作数可取 K、H、D，数据需大于 0，目标操作数为 D。

② 该指令用于计算二进制平方根。要求 S(·)中只能是正数，若为负数，错误标志 M8067 动作，指令不执行。

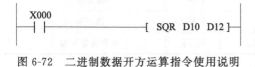

图 6-72　二进制数据开方运算指令使用说明

③ 使用说明如图 6-72 所示。计算结果舍去小数取整。例如 D10 为 10，执行该指令后，D12 中为 3。舍去小数时，借位标志 M8021 为 ON。如果计算结果为 0，零标志 M8020 动作。

④ 16 位运算指令占 5 个程序步；32 位运算指令占 9 个程序步。

6.2.5.9 二进制整数与二进制浮点数转换指令

(1) 指令表

该指令的名称、指令代码、助记符、操作数范围、程序步如表 6-49 所示。

表 6-49 二进制整数到二进制浮点数转换指令表

指令名称	指令代码	助记符	操作数范围		程序步
			S(·)	D(·)	
二进制整数到二进制浮点数转换指令	FNC 49 (16/32)	FLT(P)	D	D	FLT、FLTP… 5 步 DFLT、DFLTP… 9 步

(2) 指令说明

① 源操作数和目标操作数均为 D。

② 该指令是二进制整数与二进制浮点数转换指令。

③ 常数 K、H 在各浮点计算指令中自动转换，在 FLT 指令中不做处理。

④ 指令的使用说明如图 6-73 所示。该指令在 M8023 作用下可实现可逆转换。

• 图 6-73(a) 是 16 位转换指令，若 M8023 为 OFF，当 X000 接通时，则将源元件 D10 中的 16 位二进制整数转换为二进制浮点数，存入目标元件（D13，D12）中。

• 图 6-73(b) 是 32 位转换指令，若 M8023 为 ON，当 X000 接通时，则将源元件 D11、D10 中的二进制浮点数转换为 32 位二进制整数，小数点后的数舍去。

⑤ 16 位运算指令占 5 个程序步；32 位运算指令占 9 个程序步。

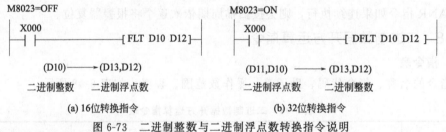

图 6-73 二进制整数与二进制浮点数转换指令说明

6.2.6 高速处理指令

高速处理指令见表 6-50。

表 6-50 高速处理指令

指令代码	助记符	功能	指令代码	助记符	功能
50	REF	输入输出刷新	55	HSZ	区间比较(高速计数器)
51	REFF	滤波调整	56	SPD	脉冲密度
52	MTR	矩阵输入	57	PLSY	脉冲输出
53	HSCS	比较置位(高速计数器)	58	PWM	脉宽调制
54	HSCR	比较复位(高速计数器)	59	PLSR	可调速脉冲输出

6.2.6.1 输入输出刷新指令

FX 系列 PLC 采用集中输入输出的方式，如果需要最新的输入信息以及希望立即输出结果则必须使用该命令。

（1）指令表

该指令的名称、指令代码、助记符、操作数范围、程序步如表 6-51 所示。

表 6-51　输入输出刷新指令表

指令名称	指令代码	助记符	操作数范围		程序步
			D(·)	n	
输入输出刷新指令	FNC 50 (16)	REF(P)	X、Y	K、H n 为 8 的倍数	REF、REFP… 7 步

（2）指令说明

① 目标操作数是元件编号个位为 0 的 X 和 Y，n 应为 8 的整倍数。

② 指令的使用说明如图 6-74 所示。

在多个输入中，只刷新 X010～X017 的 8 点，如图 6-74(a) 所示。

在多个输出中，Y000～Y007、Y010～Y017、Y020～Y027 的 24 点被刷新，如图 6-74(b) 所示。

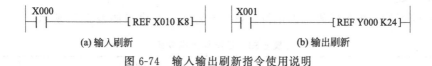

(a) 输入刷新　　　　　　　　　　　(b) 输出刷新

图 6-74　输入输出刷新指令使用说明

③ 16 位运算指令占 5 个程序步。

6.2.6.2　滤波调整指令

（1）指令表

该指令的名称、指令代码、助记符、操作数范围、程序步如表 6-52 所示。

表 6-52　滤波调整指令表

指令名称	指令代码	助记符	操作数范围	程序步
			n	
滤波调整指令	FNC 51 (16)	REFF(P)	K、H n 为 0～60ms	REFF、REFFP… 7 步

（2）指令说明

① 滤波调整指令可用于对 X000～X017 输入口的输入滤波器 D8020 的滤波时间调整。

② 指令的使用说明如图 6-75 所示。

当 X000～X017 的输入滤波器设定初值为 10ms 时，可用 REFF 指令改变滤波初值时间，也可以用 MOV 指令改写 D8020 滤波时间。

当 X000～X017 用作高速计数输入时或使用 FNC 56 速度脉冲指令，以及中断输入时输入滤波器的滤波时间自动设置为 50ms。

当 X010 为 ON 时，将 X000～X017 输入滤波器 D8020 中，滤波时间调整为 1ms。

③ 16 位运算指令占 7 个程序步。

6.2.6.3　矩阵输入指令

矩阵输入指令可以构成连续排列的 8 点输入与 n 点输出组成的 8 列 n 行的输入矩阵。

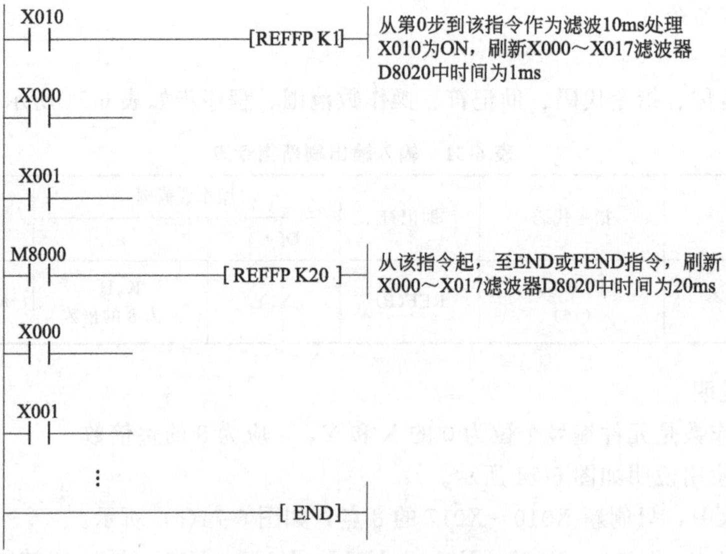

X010
[REFFP K1]
从第0步到该指令作为滤波10ms处理
X010为ON，刷新X000～X017滤波器
D8020中时间为1ms
X000
X001
M8000
[REFFP K20]
从该指令起，至END或FEND指令，刷新
X000～X017滤波器D8020中时间为20ms
X000
X001
[END]

图 6-75 滤波调整指令使用说明

(1) 指令表

该指令的名称、指令代码、助记符、操作数范围、程序步如表 6-53 所示。

表 6-53 矩阵输入指令表

指令名称	指令代码	助记符	操作数范围				程序步
			S(・)	D1(・)	D2(・)	n	
矩阵输入指令	FNC 52 (16)	MTR	X	Y	Y、M、S	K、H n 为 2～8	MTR… 9 步

(2) 指令说明

① 源操作数 S(・)是元件编号个位为 0 的 X，目标操作数 D1(・) 是元件编号个位为 0 的 Y，目标操作数 D2(・) 是元件编号个位为 0 的 Y、M 和 S，n 的取值范围为 2～8。

② 考虑到输入滤波应答延迟为 10ms，对于每一个输出按 20ms 顺序中断，立即执行。

③ 利用该指令通过 8 点晶体管输出获得 64 点输入，但读一次 64 点输入所允许时间为 20ms×8＝160ms，不适用高速输入操作。

④ 指令的使用说明如图 6-76 所示。在图中，n＝3 点的输出 Y020、Y021、Y022 依次反复 ON。每次依次反复获得第 1 列、第 2 列、第 3 列的输入，存入 M30～M37、M40～M47、M50～M57。

⑤ 16 位运算指令占 9 个程序步。

M8000
[MTR X020 Y020 M30 K3]

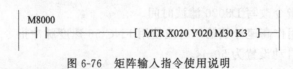

图 6-76 矩阵输入指令使用说明

6.2.6.4 高速计数器比较指令

(1) 比较置位和比较复位指令

① 指令表 高速计数器比较置位和比较复位指令的名称、指令代码、助记符、操作数

范围、程序步如表 6-54 所示。

表 6-54　高速计数器比较置位和比较复位指令表

指令名称	指令代码	助记符	操作数			程序步
			S1(·)	S2(·)	D(·)	
比较置位	FNC 53 (32)	(D)HSCS	K、H KnX、KnY、KnM、 KnS、T、C、D、Z	C C=235~255 高速计数器地址	Y、M、S I010~I060 计数中断指针	(D)HSCS… 13 步
比较复位	FNC 54 (32)	(D)HSCR			Y、M、S ［可同 S2(·)］	(D)HSCR… 13 步

② 指令说明

a. 高速计数器比较置位指令应用于高速计数器的置位，使计数器的当前值达到预置值时，计数器的输出触点立即动作。

b. 图 6-77 是高速计数器比较置位指令说明。由图可知，X010 为 ON 时，C255 的当前值由 99 变为 100 或 101 变为 100 时，Y010 置 1。

c. 图 6-78 是高速计数器比较复位指令说明。由图可知，当 X011 为 ON 时，C255 的当前值由 199 变为 200 或由 201 变为 200 时，Y010 置 0。

d. 高速计数器比较复位指令还可以用于高速计数器本身的复位。图 6-79 就是使用高速计数器产生脉冲自复位的一个例子。由图可知，上电后，X012 闭合，C255 的当前值变化增加到 200 时，C255 输出置 1，当 C255 当前值再增加到 300 时，对 C255 输出置 0。

e. 比较置位和比较复位指令的源操作数 S1(·) 可取所有数据类型，S2(·) 为 C235~C255，目标操作数可取 Y、M、S。

f. 32 位运算指令占 13 个程序步。

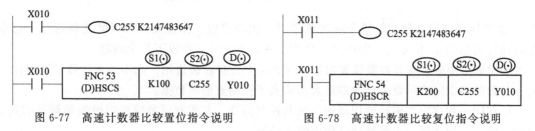

图 6-77　高速计数器比较置位指令说明　　　图 6-78　高速计数器比较复位指令说明

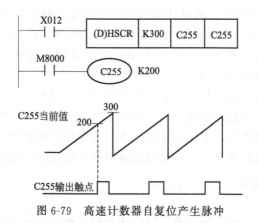

图 6-79　高速计数器自复位产生脉冲

(2) 高速计数器区间比较指令

① 指令表　该指令的名称、指令代码、助记符、操作数范围、程序步如表 6-55 所示。

表 6-55　高速计数器区间比较指令表

指令名称	指令代码	助记符	操作数			程序步
			S1(·)/ S2(·) [S1(·)≤S2(·)]	S(·)	D(·)	
区间比较 指令	FNC 55 (32)	(D)HSZ	K、H、KnX、KnY、 KnM、KnS、T、C、D、Z	C C=235～255	Y、M、S	(D)HSZ… 13 步

② 指令说明

a. 图 6-80 是高速计数器区间比较指令说明，由图可知，PLC 上电后，C251 的当前值与 K100～K200 的区间比较，比较的结果由 Y000～Y002 显示。

b. 高速计数器区间比较指令 S1(·)、S2(·) 可取所有数据类型，S(·) 为 C235～C255，目标操作数可取 Y、M、S。

c. 32 位运算指令占 17 个程序步。

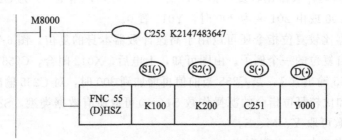

图 6-80　高速计数器区间比较指令说明

③ 使用高速计数器比较指令的注意事项　比较置位、比较复位和区间比较这三条指令是高速计数器的 32 位专用控制指令，使用这些指令时应注意以下几个问题。

a. 梯形图中应含有计数器设置内容，明确某个计数器被选用。当不涉及计数器触点控制时，计数器的设定值可设为计数器最大值或高于控制数值的数据。

b. 在同一程序中如多处使用高速计数器控制指令，其控制对象输出继电器的编号的高 2 位应相同，以便在同一中断处理过程中完成控制。

c. 特殊辅助继电器 M8025 为高速计数指令的外部复位标志。PLC 上电运行后，M8025 置 1，同时高速计数器的外部复位端 X001 若送入复位脉冲（对 C241 而言），高速计数器比较指令指定的高速计数器立即复位。因而在 M8025 置 1 时，高速计数器的外部复位输入端 X001 可作为计数器的计数起始控制。

d. 高速计数器比较指令是在外来计数脉冲作用下，以比较现时值与设定值的方式工作。若无外来计数脉冲时，应该使用传送类指令修改现时值或设定值，指令所控制的触点状态不改变。只有在计数脉冲到来后，才执行比较操作。当存在计数脉冲时，使用传送类指令修改现时值或设定值，在修改后的下一个扫描周期脉冲到来后执行比较操作。

6.2.6.5　脉冲密度指令

(1) 指令表

该指令的名称、指令代码、助记符、操作数范围、程序步如表 6-56 所示。

表 6-56　脉冲密度指令表

指令名称	指令代码	助记符	操作数			程序步
			S1(·)	S2(·)	D(·)	
脉冲密度指令	FNC 56 (16)	SPD	X X＝X0～X5	K、H、KnX、KnY、 KnM、KnS、T、C、D、V、Z	T、C、D、V、Z	SPD… 7 步

(2) 指令说明

① 脉冲密度指令的功能是用来检测给定时间内从编码器输入的脉冲个数，并计算出速度。

② 图 6-81 是脉冲密度指令说明。在图中，X010 由 OFF 变为 ON 时，在 S1(·) 指定的 X000 口输入计数脉冲，在 S2(·) 指定的 100ms 时间内，D(·) 指定 D1 对输入脉冲计数，将计数结果存入 D(·) 指定的首地址单元 D0 中，随之 D1 复位，再对输入脉冲计数，D2 用于测定剩余时间。

③ S1(·) 为 X0～X5，S2(·) 可取所有数据类型，D(·) 可取 T、C、D、V、Z。

④ 16 位运算指令占 7 个程序步。

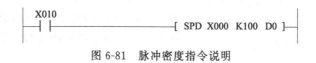

图 6-81　脉冲密度指令说明

6.2.6.6　脉冲输出指令

(1) 指令表

该指令的名称、指令代码、助记符、操作数范围、程序步如表 6-57 所示。

表 6-57　脉冲输出指令表

指令名称	指令代码	助记符	操作数			程序步
			S1(·)	S2(·)	D(·)	
脉冲输出指令	FNC 57 (16/32)	(D)PLSY	K、H、KnX、KnY、KnM、 KnS、T、C、D、V、Z	K、H、KnX、KnY、 KnM、KnS、T、C、D、 V、Z	Y001、Y002	PLSY… 7 步 DPLSY… 13 步

(2) 指令说明

① 脉冲输出指令的功能是用来产生指定数量的脉冲。

② 图 6-82 是脉冲输出指令说明。在图中，S1(·) 用以指定频率；S2(·) 用以指定产生脉冲数量；D(·) 用以指定输出脉冲的 Y 编号。X010 为 OFF 时，输出中断，再置为 ON 时，从初始状态开始动作。当发生连续脉冲，X010 为 OFF 时，输出也为 OFF。输出脉冲数量存于 D8137、D8136 中。

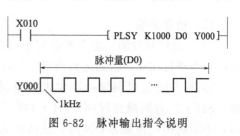

图 6-82　脉冲输出指令说明

③ S1(·)、S2(·) 可取所有数据类型，D(·) 为 Y001 和 Y002。

④ 16 位和 32 位运算指令，分别占 7 个和 13 个程序步。

⑤ 本指令在程序中只能使用一次。

6.2.6.7 脉宽调制指令

(1) 指令表

该指令的名称、指令代码、助记符、操作数范围、程序步如表 6-58 所示。

表 6-58 脉宽调制指令表

指令名称	指令代码位数	助记符	操作数			程序步
			S1(·)	S2(·)	D(·)	
脉宽调制指令	FNC 58 (16)	PWM	K、H、KnX、KnY、KnM、KnS、T、C、D、V、Z	K、H、KnX、KnY、KnM、KnS、T、C、D、V、Z	Y001、Y002	PWM… 7 步

(2) 指令说明

① 脉宽调制指令的功能是用来产生指定脉冲宽度和周期的脉冲串。

② 图 6-83 是脉宽调制指令说明。在图中，S1(·) 指定 D10 存放脉冲宽度 t，t 可在 $0 \sim 32767$ms 范围内选取，但不能大于其周期。其中，D10 的内容只能在 S2(·) 指定的脉冲周期 $T_0 = 50$ms 内变化，否则会出现错误，T_0 可在 $0 \sim 32767$ms 范围内选取。D(·) 指定脉冲输出 Y 号为 Y000。

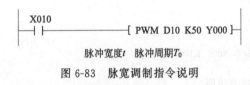

脉冲宽度t 脉冲周期T_0

图 6-83 脉宽调制指令说明

③ 操作数的类型与 PLSY 指令相同。

④ 16 位运算指令，占 7 个程序步。

⑤ S1(·) 应小于 S2(·)。

6.2.6.8 可调速脉冲输出指令

(1) 指令表

该指令的名称、指令代码、助记符、操作数范围、程序步如表 6-59 所示。

表 6-59 可调速脉冲输出指令表

指令名称	指令代码	助记符	操作数				程序步
			S1(·)	S2(·)	S3(·)	D(·)	
可调速脉冲输出指令	FNC 59 (16/32)	PLSR	K、H、KnX、KnY、KnM、KnS、T、C、D、V、Z			Y000、Y001	PLSR… 9 步 DPLSR… 17 步

(2) 指令说明

① 可调速脉冲输出指令是带有加减速功能的传送脉冲输出指令。其功能是对所指定的最高频率进行加速，直到达到所指定的输出脉冲数，再进行定减速。

② 图 6-84 是可调速脉冲输出指令说明。S1(·) 为最高频率，S2(·) 为总输出脉冲数，S3(·) 为加减速时间，D(·) 指定脉冲输出 Y 地址号。在图中，当 X010 置于 OFF 时，中断输出，再置为 ON 时，从初始动作开始定加速，达到所指定的脉冲数时，再进行定减速。

③ 源操作数和目标操作数的类型和 PLSY 指令相同，只能指定 Y000 和 Y001。

④ 16 位和 32 位运算指令，分别占 9 个和 17 个程序步。

⑤ 该指令只能用一次。

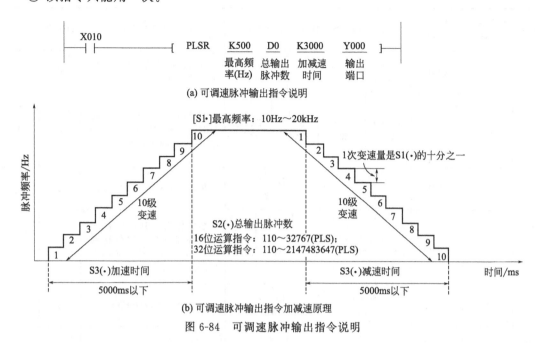

(a) 可调速脉冲输出指令说明

(b) 可调速脉冲输出指令加减速原理

图 6-84　可调速脉冲输出指令说明

现将 FX₂ₙ 系列可编程控制器功能指令列于表 6-60 中所示,供读者在应用中查阅。

表 6-60　FX₂ₙ 系列可编程控制器功能指令总表

分类	指令编号 FNC	指令助记符	指令格式、操作数(可用软元件)	指令名称及功能简介	D命令	P命令
程序流程	00	CJ	S(·)(指针 P0~P127)	条件跳转; 程序跳转到[S(·)]P指针指定处 P63 为 END 步序,不需指定		0
	01	CALL	S(·)(指针 P0~P127)	调用子程序; 程序调用[S(·)]P指针指定的子程序,嵌套 5 层以内		0
	02	SRET		子程序返回; 从子程序返回主程序		
	03	IRET		中断返回主程序		
	04	EI		中断允许		
	05	DI		中断禁止		
	06	FEND		主程序结束		
	07	WDT		监视定时器;顺控指令中执行监视定时器刷新		0
	08	FOR	S(·)(W4)	循环开始; 重复执行开始,嵌套 5 层以内		
	09	NEXT		循环结束;重复执行结束		

续表

分类	指令编号FNC	指令助记符	指令格式、操作数(可用软元件)	指令名称及功能简介	D命令	P命令
传送和比较	010	CMP	S1(•)(W4)　S2(•)(W4)　D(•)(B′)	比较；[S1(•)]同[S2(•)]比较→[D(•)]	0	0
	011	ZCP	S1(•)(W4)　S2(•)(W4)　S(•)(W4)　D(•)(B′)	区间比较；[S(•)]同[S1(•)]～[S2(•)]比较→[D(•)],[D(•)]占3点	0	0
	012	MOV	S(•)(W4)　D(•)(W2)	传送；[S(•)]→[D(•)]	0	0
	013	SMOV	S(•)(W4)　m1(•)(W4″)　m2(•)(W4″)　D(•)(W2)　n(W4″)	移位传送；[S(•)]第 m1 位开始的 m2 个数位移到[D(•)]的第 n 个位置,m1、m2,n=1～4		0
	014	CML	S(•)(W4)　D(•)(W2)	取反；[S(•)]取反→[D(•)]	0	0
	015	BMOV	S(•)(W3′)　D(•)(W2′)　n(W4″)	块传送；[S(•)]→[D(•)](n 点→n 点),[S(•)]包括文件寄存器,n≤512		0
	016	FMOV	S(•)(W4)　D(•)(W2′)　n(W4″)	多点传送；[S(•)]→[D(•)](1 点～n 点);n≤512	0	0
	017	XCH▼	D1(•)(W2)　D2(•)(W2)	数据交换；[D1(•)]←→[D2(•)]	0	0
	018	BCD	S(•)(W3)　D(•)(W2)	求 BCD 码；[S(•)]16/32 位二进制数转换成 4/8 位 BCD→[D(•)]	0	0
	019	BIN	S(•)(W3)　D(•)(W2)	求二进制码；[S(•)]4/8 位 BCD 转换成 16/32 位二进制数→[D(•)]	0	0
四则运算和逻辑运算	020	ADD	S1(•)(W4)　S2(•)(W4)　D(•)(W2)	二进制加法；[S1(•)]+[S2(•)]→[D(•)]	0	0
	021	SUB	S1(•)(W4)　S2(•)(W4)　D(•)(W2)	二进制减法；[S1(•)]-[S2(•)]→[D(•)]	0	0
	022	MUL	S1(•)(W4)　S2(•)(W4)　D(•)(W2′)	二进制乘法；[S1(•)]×[S2(•)]→[D(•)]	0	0
	023	DIV	S1(•)(W4)　S2(•)(W4)　D(•)(W2′)	二进制除法；[S1(•)]÷[S2(•)]→[D(•)]	0	0

续表

分类	指令编号 FNC	指令助记符	指令格式、操作数(可用软元件)				指令名称及功能简介	D命令	P命令
四则运算和逻辑运算	024	INC ◤	D(·)(W2)				二进制加 1;[D(·)]+1→[D(·)]	0	0
	025	DEC ◤	D(·)(W2)				二进制减 1;[D(·)]−1→[D(·)]	0	0
	026	AND	S1(·)(W4)	S2(·)(W4)	D(·)(W2)		逻辑字与;[S1(·)]∧[S2(·)]→[D(·)]	0	0
	027	OR	S1(·)(W4)	S2(·)(W4)	D(·)(W2)		逻辑字或;[S1(·)]∨[S2(·)]→[D(·)]	0	0
	028	XOR	S1(·)(W4)	S2(·)(W4)	D(·)(W2)		逻辑字异或;[S1(·)]⊕[S2(·)]→[D(·)]	0	0
	029	NEG ◤	D(·)(W2)				求补码;[D(·)]按位取反+1→[D(·)]	0	0
循环移位与移位	030	ROR ◤	D(·)(W2)	n(W4″)			循环右移;执行条件成立,[D(·)]循环右移 n 位(高位→低位→高位)	0	0
	031	ROL ◤	D(·)(W2)	n(W4″)			循环左移;执行条件成立,[D(·)]循环左移 n 位(低位→高位→低位)	0	0
	032	RCR ◤	D(·)(W2)	n(W4″)			带进位循环右移;[D(·)]带进位循环右移 n 位(高位→低位→+进位→高位)	0	0
	033	RCL ◤	D(·)(W2)	n(W4″)			带进位循环左移;[D(·)]带进位循环左移 n 位(低位→高位→+进位→低位)	0	0
	034	SFTR ◤	S(·)(B)	D(·)(B′)	$n1$(W4″)	$n2$(W4″)	位右移;$n2$ 位[S(·)]右移→$n1$ 位的[D(·)],高位进,低位溢出		0
	035	SFTL ◤	S(·)(B)	D(·)(B′)	$n1$(W4″)	$n2$(W4″)	位左移;$n2$ 位[S(·)]左移→$n1$ 位的[D(·)],低位进,高位溢出		0
	036	WSFR ◤	S(·)(W3′)	D(·)(W2′)	$n1$(W4″)	$n2$(W4″)	字右移;$n2$ 字[S(·)]右移→[D(·)]开始的 $n1$ 字,高字进,低字溢出		0
	037	WSFL ◤	S(·)(W3′)	D(·)(W2′)	$n1$(W4″)	$n2$(W4″)	字左移;$n2$ 字[S(·)]左移→[D(·)]开始的 $n1$ 字,低字进,高字溢出		0
	038	SFWR ◤	S(·)(W4)	D(·)(W2′)	n(W4″)		FIFO 写入;先进先出控制的数据写入,2≤n≤512		0
	039	SFRD ◤	S(·)(W2′)	D(·)(W2′)	n(W4″)		FIFO 读出;先进先出控制的数据读出,2≤n≤512		0

分类	指令编号 FNC	指令助记符	指令格式、操作数(可用软元件)				指令名称及功能简介	D命令	P命令
数据处理	040	ZRST ◣	D1(·) (W1'、B')	D2(·) (W1'、B')			成批复位;[D1(·)]～[D2(·)]复位,[D1(·)]<[D2(·)]		0
	041	DECO ◣	S(·) (B、W1、W4″)	D(·) (B'、W1)	n (W4″)		解码;[S(·)]的 n($n=1\sim8$)位二进制数解码为十进制数 $\alpha\to$[D(·)],使[D(·)]的第 α 位为"1"		0
	042	ENCO ◣	S(·) (B、W1)	D(·) (W1)	n (W4″)		编码;[S(·)]的 2^n($n=1\sim8$)位中的最高"1"位代表的位数(十进制数)编码为二进制数后→[D(·)]		0
	043	SUM	S(·) (W4)	D(·) (W2)			求置 ON 位的总和;[S(·)]中"1"的数目存入[D(·)]	0	0
	044	BON	S(·) (W4)	D(·) (B')	n (W4″)		ON 位判断;[S(·)]中第 n 位为 ON 时,[D(·)]为 ON($n=0\sim15$)		0
	045	MEAN	S(·) (W3')	D(·) (W2)	n (W4″)		平均值;[S(·)]中 n 点平均值→[D(·)]($n=1\sim64$)		0
	046	ANS	S(·) (T)	m (K)	D(·) (S)		标志置位;若执行条件为 ON,[S(·)]中定时器定时 m ms 后,标志位[D(·)]置位。[D(·)]为 S900～S999		
	047	ANR ◣					标志复位;被置位的定时器复位		0
	048	SOR	S(·) (D、W4″)	D(·) (D)			二进制平方根;[S(·)]平方根值→[D(·)]	0	0
	049	FLT	S(·) (D)	D(·) (D)			二进制整数与二进制浮点数转换;[S(·)]内二进制整数→[D(·)]二进制浮点数	0	0
高速处理	050	REF	D(·) (X、Y)	n (W4″)			输入输出刷新;指令执行,[D(·)]立即刷新。[D(·)]为 X000、X010、…、Y000、Y010…,n 为 8、16…、256		0
	051	REFF	n (W4″)				滤波调整;输入滤波时间调整为 n ms,刷新 X0～X17,$n=0\sim60$		0
	052	MTR	S(·) (X)	D1(·) (Y)	D2(·) (B')	n (W4″)	矩阵输入(使用一次);n 列 8 点数据以 D1(·)输出的选通信号分时将[S(·)]数据读入[D2(·)]		

续表

分类	指令编号 FNC	指令助记符	指令格式、操作数（可用软元件）				指令名称及功能简介	D命令	P命令
高速处理	053	HSCS	S1(·) (W4)	S2(·) (C)		D(·) (B')	比较置位（高速计数）；[S1(·)]＝[S2(·)]时，D(·)置位，中断输出到Y，S2(·)为C235~C255	0	
	054	HSCR	S1(·) (W4)	S2(·) (C)		D(·) (B'C)	比较复位（高速计数）；[S1(·)]＝[S2(·)]时，[D(·)]复位，中断输出到Y，[D(·)]为C时，自复位	0	
	055	HSZ	S1(·) (W4)	S2(·) (W4)	S(·) (C)	D(·) (B')	区间比较（高速计数）；[S(·)]与[S1(·)]~[S2(·)]比较，结果驱动[D(·)]	0	
	056	SPD	S1(·) (X0~X5)	S2(·) (W4)		D(·) (W1)	脉冲密度；在[S2(·)]时间内，将[S1(·)]输入的脉冲存入[D(·)]		
	057	PLSY	S1(·) (W4)	S2(·) (W4)		D(·) (Y0 或 Y1)	脉冲输出（使用一次）；以[S1(·)]的频率从[D(·)]送出[S2(·)]个脉冲；[S1(·)]：1~1000Hz	0	
	058	PWM	S1(·) (W4)	S2(·) (W4)		D(·) (Y0 或 Y1)	脉宽调制（使用一次）；输出周期[S2(·)]、脉冲宽度[S1(·)]的脉冲至[D(·)]。周期为 1~32767ms，脉宽为 1~32767ms		
	059	PLSR	S1(·) (W4)	S2(·) (W4)	S3(·) (W4)	D(·) (Y0 或 Y1)	可调速脉冲输出（使用一次）；[S1(·)]最高频率：10~20000Hz；[S2(·)]总输出脉冲数；[S3(·)]增减速时间；5000ms 以下；[D(·)]：输出脉冲	0	
便利指令	060	IST	S(·) (X、Y、M)	D1(·) (S20~S899)	D2(·) (S20~S899)		状态初始化（使用一次）；自动控制步进顺控中的状态初始化。[S(·)]为运行模式的初始输入；[D1(·)]为自动模式中的实用状态的最小号码；[D2(·)]为自动模式中的实用状态的最大号码		
	061	SER	S1(·) (W3')	S2(·) (C')	D(·) (W2')	n (W4″)	查找数据；检索以[S1(·)]为起始的 n 个与[S2(·)]相同的数据，并将其个数存于[D(·)]	0	0
	062	ABSD	S1(·) (W3')	S2(·) (C')	D(·) (B')	n (W4″)	绝对值式凸轮控制（使用一次）；对应[S2(·)]计数器的当前值，输出[D(·)]开始的 n 点由[S1(·)]内数据决定的输出波形		

分类	指令编号 FNC	指令助记符	指令格式、操作数(可用软元件)				指令名称及功能简介	D命令	P命令
便利指令	063	INCD	S1(•) (W3′)	S2(•) (C)	D(•) (B′)	n (W4″)	增量式凸轮顺控(使用一次);对应[S2(•)]的计数器当前值,输出[D(•)]开始的 n 点由[S1(•)]内数据决定的输出波形。[S2(•)]的第二个计数器统计复位次数		
	064	TIMR	D(•) (D)		n (0~2)		示数定时器;用[D(•)]开始的第二个数据寄存器测定执行条件 ON 的时间,乘以 n 指定的倍率存入[D(•)],n 为 0~2		
	065	STMR	S(•) (T)	m (W4″)	D(•) (B′)		特殊定时器;m 指定的值作为[S(•)]指定定时器的设定值,使[D(•)]指定的 4 个器件构成延时断开定时器、输入 ON→OFF 后的脉冲定时器、输入 OFF→ON 后的脉冲定时器、滞后输入信号向相反方向变化的脉冲定时器		
	066	ALT ◣	D(•) (B′)				交替输出;每次执行条件由 OFF→ON 的变化时,[D(•)]由 OFF→ON、ON→OFF……交替输出	0	
	067	RAMP	S1(•) (D)	S2(•) (D)	D(•) (B′)	n (W4″)	斜坡信号;[D(•)]的内容从[S1(•)]的值到[S2(•)]的值慢慢变化,其变化时间为 n 个扫描周期。n:1~32767		
	068	ROTC	S(•) (D)	m1 (W4″)	m2 (W4″)	D(•) (B′)	旋转工作台控制(使用一次);[S(•)]指定开始的 D 为工作台位置检测计数寄存器,其次指定的 D 为取出位置号寄存器,再次指定的 D 为要取工件号寄存器,m1 为分度区数,m2 为低速运行行程。完成上述设定,指令就自动在[D(•)]指定输出控制信号		
	069	SORT	S(•) (D)	m1 (W4″)	m2 (W4″)	D(•) (D) / n (W4″)	表数据排序(使用一次);[S(•)]为排序表的首地址,m1 为行号,m2 为列号。指令将以 n 指定的列号,将数据从小开始进行整理排列,结果存入以[D(•)]指定的为首地址的目标元件中,形成新的排序表;m1:1~32,m2:1~6,n:1~m2		

续表

分类	指令编号 FNC	指令助记符	指令格式、操作数(可用软元件)				指令名称及功能简介	D命令	P命令
外部机器 I/O	070	TKY	S(·)(B)	D1(·)(W2′)	D2(·)(B′)		十键输入(使用一次);外部十键键号依次为0~9,连接于[S(·)],每按一次键,其键号依次存入[D1(·)],[D2(·)]指定的位元件依次为 ON	0	
	071	HKY	S(·)(X)	D1(·)(Y)	D2(·)(W1)	D3(·)(B′)	十六键输入(使用一次);以[D1(·)]为选通信号,顺序将[S(·)]所按键号存入[D2(·)],每次按键以 BIN 码存入,超过上限9999,溢出;按 A~F 键,[D3(·)]指定位元件依次为 ON	0	
	072	DSW	S(·)(X)	D1(·)(Y)	D2(·)(W1)	n(W4″)	数字开关(使用二次);四位一组($n=1$)或四位二组($n=2$)BCD 数字开关由[S(·)]输入,以[D1(·)]为选通信号,顺序将[S(·)]所键入数字送到[D2(·)]		
	073	SEGD	S(·)(W4)		D(·)(W2)		七段码译码:将[S(·)]低四位指定的0~F的数据译成七段码显示的数据格式存入[D(·)],[D(·)]高 8 位不变		0
	074	SEGL	S(·)(W4)		D(·)(X)	n(W4″)	带锁存七段码显示(使用二次),四位一组($n≈0~3$)或四位二组($n=4~7$)七段码,由[D·]的第 2 四位为选通信号,顺序显示由[S(·)]经[D(·)]的第 1 四位或[D(·)]的第3四位输出的值		0
	075	ARWS	S(·)(B)	D1(·)(W1)	D2(·)(Y)	n(W4″)	方向开关(使用一次);[S(·)]指定位移位与各位数值增减用的箭头开关,[D1(·)]指定的元件中存放显示的二进制数,根据[D2(·)]指定的第 2 个四位输出的选通信号,依次从[D2(·)]指定的第 1 个四位输出显示。按位移开关,顺序选择所要显示位;按数值增减开关,[D1(·)]数值由0~9 或 9~0 变化。n 为0~3,选择选通位		
	076	ASC	S(·)(字母数字)		D(·)(W1′)		ASCII 码转换;[S(·)]存入微机输入 8 个字节以下的字母数字。指令执行后,将[S(·)]转换为 ASC 码后送到[D(·)]		

分类	指令编号 FNC	指令助记符	指令格式、操作数(可用软元件)				指令名称及功能简介	D命令	P命令
外部机器 I/O	077	PR	S(·) (W1′)		D(·) (Y)		ASCII 码打印(使用二次);将[S(·)]的 ASC 码→[D(·)]		
	078	FROM	m1 (W4″)	m2 (W4″)	D(·) (W2)	n (W4″)	BFM 读出;将特殊单元缓冲存储器(BMF)的 n 点数据读到[D(·)];m1=0~7,特殊单元特殊模块号;m2=0~31,缓冲存储器(BFM)号码;n=1~32,传送点数	0	0
	079	TO	m1 (W4″)	m2 (W4″)	S(·) (W4)	n (W4″)	写入 BFM;将可编程控制器[S(·)]的 n 点数据写入特殊单元缓冲存储器(BFM),m1=0~7,特殊单元模块号;m2=0~31,缓冲存储器(BFM)号码;n=1~32,传送点数	0	0
外部机器 SER	080	RS	S(·) (D)	m (W4″)	D(·) (D)	n (W4″)	串行通信传递;使用功能扩展板进行发送接收串行数据。发送 [S(·)]m 点数据至[D(·)]n 点数据。m、n:0~256		
	081	PRUN	S(·) (KnM,KnX) (n=1~8)		D(·) (KnY,KnM) (n=1~8)		八进制位传送;[S(·)]转换为八进制,送到[D(·)]	0	0
	082	ASCI	S(·) (W4)	D(·) (W2′)	n (W4″)		HEX → ASCII 变换;将[S(·)]内 HEX(十六进)制数据的各位转换成 ASCII 码向[D(·)]的高低 8 位传送。传送的字符数由 n 指定,n:1~256		0
	083	HEX	S(·) (W4′)	D(·) (W2)	n (W4″)		ASCII → HEX 变换;将[S(·)]内高低 8 位的 ASCII(十六进制)数据的各位转换成 ASCII 码向[D(·)]的高低 8 位传送。传送的字符数由 n 指定,n:1~256		0
	084	CCD	S(·) (W3′)	D(·) (W1″)	n (W4″)		检验码;用于通信数据的校验。以[S(·)]指定的元件为起始的 n 点数据,将其高低 8 位数据的总和校验检查[D(·)]与[D(·)]+1 的元件		0
	085	VRRD	S(·) (W4″)	D(·) (W2)			模拟量输入;将[S(·)]指定的模拟量设定模板的开关模拟值 0~255 转换为 8 位 BIN 传送到[D(·)]		0
	086	VRRD	S(·) (W4″)	D(·) (W2)			模拟量开关设定;[S(·)]指定的开关刻度 0~10 转换为 8 位 BIN 传送到[D(·)]。[S(·)]:开关号码 0~7		0

续表

分类	指令编号 FNC	指令助记符	指令格式、操作数(可用软元件)				指令名称及功能简介	D 命令	P 命令
外部机器 SER	087								
	088	RID	S1(·)(D)	S2(·)(D)	S3(·)(D)	D(·)(D)	PID 回路运算;在[S1(·)]设定目标值;在[S2(·)]设定测定当前值;在[S3(·)]~[S3(·)]+6 设定控制参数值;执行程序时,运算结果被存入[D(·)]。[S3(·)]:D0~D975		
	089								
浮点运算	110	ECMP	S1(·)	S2(·)		D(·)	二进制浮点比较;[S1(·)]与[S2(·)]比较→[D(·)]	0	0
	111	EZCP	S1(·)	S2(·)	S(·)	D(·)	二进制浮点比较;[S1(·)]与[S2(·)]比较→[D(·)]。[D(·)]占 3 点,[S1(·)]<[S2(·)]	0	0
	118	EBCD	S(·)		D(·)		二进制浮点转换十进制浮点;[S(·)]转换为十进制浮点→[D(·)]	0	0
	119	EBIN	S(·)		D(·)		二进制浮点转换二进制浮点;[S(·)]转换为二进制浮点→[D(·)]	0	0
	120	EADD	S1(·)	S2(·)		D(·)	二进制浮点加法;[S1(·)]+[S2(·)]→[D(·)]	0	0
	121	ESUB	S1(·)	S2(·)		D(·)	二进制浮点减法;[S1(·)]-[S2(·)]→[D(·)]	0	0
	122	EMUL	S1(·)	S2(·)		D(·)	二进制浮点乘法;[S1(·)]×[S2(·)]→[D(·)]	0	0
	123	EDIV	S1(·)	S2(·)		D(·)	二进制浮点除法;[S1(·)]÷[S2(·)]→[D(·)]	0	0
	127	ESOR	S(·)		D(·)		开方;[S(·)]开方→[D(·)]	0	0
	129	INT	S(·)		D(·)		二进制浮点→BIN 整数转换;[S(·)]转换 BIN 整数→[D(·)]	0	0
	130	SIN	S(·)		D(·)		浮点 SIN 运算;[S(·)]角度的正弦→[D(·)]。0°≤角度<360°	0	0
	131	COS	S(·)		D(·)		浮点 COS 运算;[S(·)]角度的余弦→[D(·)]。0°≤角度<360°	0	0
	132	TAN	S(·)		D(·)		浮点 TAN 运算;[S(·)]角度的正切→[D(·)]。0°≤角度<360°	0	0

分类	指令编号 FNC	指令助记符	指令格式、操作数（可用软元件）					指令名称及功能简介	D命令	P命令
数据处理	147	SWAP	S(·)					高低位变换；16 位时，低 8 位与高 8 位交换；32 位时，各个低 8 位与高 8 位交换	0	0
时钟运算	160	TCMP	S1(·)	S2(·)	S3(·)	S(·)	D(·)	时钟数据比较；指定时刻[S(·)]与时钟数据[S1(·)]时[S2(·)]分[S3(·)]秒比较，比较结果在[D(·)]显示。[D(·)]占有 3 点		0
	161	TZCP	S1(·)	S2(·)		S9(·)	D(·)	时钟数据区域比较；指定时刻[S(·)]与时钟数据区域[S1(·)]～[S2(·)]比较，比较结果在[D(·)]显示。[D(·)]占有 3 点。[S1(·)]≤[S2(·)]		0
	162	TADD	S1(·)		S2(·)		D(·)	时钟数据加法；以[S2(·)]起始的 3 点时刻数据加上存入[S1(·)]起始的 3 点时刻数据，其结果存入以[D(·)]起始的 3 点中		0
	163	TSUB	S1(·)		S2(·)		D(·)	时钟数据减法；以[S1(·)]起始的 3 点时刻数据减去存入以[S2(·)]起始的 3 点时刻数据，其结果存入以[D(·)]起始的 3 点中		0
	166	TWR	D(·)					时钟数据读出；将内藏的实时计算器的数据在[D(·)]占有的 7 点读出		0
	167	TWR	S(·)					时钟数据写入；将[S(·)]占有的 7 点数据写入内藏的实时计算器		0
格雷码转换	170	GRY	S(·)		D(·)			格雷码转换；将[S(·)]格雷码转换为二进制值，存入[D(·)]	0	0
	171	GBIN	S(·)		D(·)			格雷码逆变换；将[S(·)]二进制值转换为格雷码，存入[D(·)]	0	0
接点比较	224	LD=	S1(·)		S2(·)			触点形比较指令；连接母线形接点，当[S1(·)]=[S2(·)]时接通	0	
	225	LD>	S1(·)		S2(·)			触点形比较指令；连接母线形接点，当[S1(·)]>[S2(·)]时接通	0	
	226	LD<	S1(·)		S2(·)			触点形比较指令；连接母线形接点，当[S1(·)]<[S2(·)]时接通	0	

续表

分类	指令编号 FNC	指令助记符	指令格式、操作数（可用软元件）		指令名称及功能简介	D命令	P命令
接点比较	228	LD<>	S1(·)	S2(·)	触点形比较指令；连接母线形接点，当[S1(·)]<>[S2(·)]时接通	0	
	229	LD≤	S1(·)	S2(·)	触点形比较指令；连接母线形接点，当[S1(·)]≤[S2(·)]时接通	0	
	230	LD≥	S1(·)	S2(·)	触点形比较指令；连接母线形接点，当[S1(·)]≥[S2(·)]时接通	0	
	232	AND=	S1(·)	S2(·)	触点形比较指令；串联形接点,当[S1(·)]=[S2(·)]时接通	0	
	233	AND>	S1(·)	S2(·)	触点形比较指令；串联形接点,当[S1(·)]>[S2(·)]时接通	0	
	234	AND<	S1(·)	S2(·)	触点形比较指令；串联形接点,当[S1(·)]<[S2(·)]时接通	0	
	236	AND<>	S1(·)	S2(·)	触点形比较指令；串联形接点,当[S1(·)]<>[S2(·)]时接通	0	
	237	AND≤	S1(·)	S2(·)	触点形比较指令；串联形接点,当[S1(·)]≤[S2(·)]时接通	0	
	238	AND≥	S1(·)	S2(·)	触点形比较指令；串联形接点,当[S1(·)]≥[S2(·)]时接通	0	
	240	OR=	S1(·)	S2(·)	触点形比较指令；并联形接点,当[S1(·)]=[S2(·)]时接通	0	
	241	OR>	S1(·)	S2(·)	触点形比较指令；并联形接点,当[S1(·)]>[S2(·)]时接通	0	
	242	OR<	S1(·)	S2(·)	触点形比较指令；并联形接点,当[S1(·)]<[S2(·)]时接通	0	
	244	OR<>	S1(·)	S2(·)	触点形比较指令；并联形接点,当[S1(·)]<>[S2(·)]时接通	0	

续表

分类	指令编号 FNC	指令助记符	指令格式、操作数（可用软元件）		指令名称及功能简介	D命令	P命令
接点比较	245	OR≤	S1(·)	S2(·)	触点形比较指令；并联形接点，当[S1(·)]≤[S2(·)]时接通	0	
	246	OR≥	S1(·)	S2(·)	触点形比较指令；并联形接点，当[S1(·)]≥[S2(·)]时接通	0	

注：表中 D 命令栏中有 0 的表示可以是 32 位；P 命令栏中有 0 的表示可以是脉冲执行型的指令。

在表 6-60 中，表示各操作数可用元件类型的范围符号是：B、B′、W1、W2、W3、W4、W1′、W2′、W3′、W4′、W1″、W4″，其表示范围如图 6-85 所示。

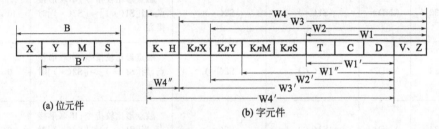

图 6-85　操作数可用元件类型的范围符号

第7章

FX₂ₙ 系列 PLC 的特殊功能模块及应用

在现代工业控制系统中，其控制对象除了开关量，还有可能是模拟量，例如温度、流量、压力、物位等都是模拟量。因此，PLC 厂商开发了许多特殊功能模块，以适应模拟量控制的需要。这些特殊功能模块具有较强的 PID 控制能力，以完成各种复杂的模拟控制要求。由于篇幅所限，本章主要介绍模拟量输入/输出控制功能模块和 PID 控制模块。

7.1 FX₂ₙ 系列 PLC 的特殊功能模块概述

7.1.1 特殊功能模块分类

PLC 主机（也称基本单元）通过扩展总线最多可带八个特殊功能模块，一般接在 FX₂ₙ 基本单元或扩展单元的右端，并按 No. 0～No. 7 顺序排列，如图 7-1 所示。需要说明的是，在编程时注意扩展功能模块与主机基本单元的位置。

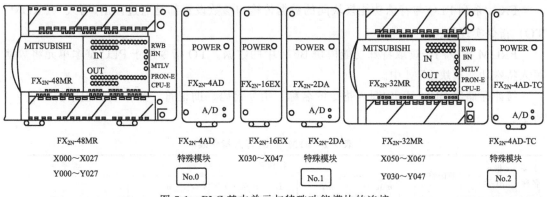

图 7-1 PLC 基本单元与特殊功能模块的连接

FX₂ₙ 系列 PLC 的特殊功能模块可分为模拟量输入/输出模块、过程控制模块、脉冲输出模块、高速计数器模块、可编程凸轮控制器等。

(1) 模拟量输入模块

模拟量输入模块用于将温度、压力、流量等传感器输出的模拟量电压或电流信号转换成数字信号供 PLC 基本单元使用。FX_{2N} 系列 PLC 的模拟量输入模块主要有：FX_{2N}-2AD 型 2 通道模拟量输入模块、FX_{2N}-4AD 型 4 通道模拟量输入模块、FX_{2N}-4AD-PT 型 4 通道热电阻传感器用模拟量输入模块、FX_{2N}-4AD-TC 型 4 通道热电偶传感器用模拟量输入模块等。

(2) 模拟量输出模块

模拟量输出模块主要用于将 PLC 运算输出的数字信号转换为可以直接驱动模拟量执行器的标准模拟电压或电流信号。FX_{2N} 型 PLC 的模拟量输出模块主要有：FX_{2N}-2DA 型 2 通道模拟量输出模块、FX_{2N}-4DA 型 4 通道模拟量输出模块等。

(3) 过程控制模块

过程控制模块用于生产过程中模拟量的闭环控制。使用 FX_{2N}-2LC 过程控制模块可以实现过程参数的 PID 控制。FX_{2N}-2LC 模块的 PID 控制程序由 PLC 生产厂家设计并存储在模块中，用户使用时只需设置其缓冲寄存器中的一些参数，使用非常方便，一般应用在大型的过程控制系统中。

(4) 脉冲输出模块

脉冲输出模块可以输出脉冲串，主要用于对步进电动机或伺服电动机的驱动，实现多点定位控制。与 FX_{2N} 系列 PLC 配套使用的脉冲输出模块有 FX_{2N}-1PG、FX_{2N}-10GM、FX_{2N}-20GM 等。

(5) 高速计数器模块

利用 FX_{2N} 系列 PLC 内部的高速计数器可进行简易的定位控制，对于更高精度的点位控制，可采用 FX_{2N}-1HC 型高速计数器模块。利用 PLC 的外部输入或 PLC 的控制程序可以对 FX_{2N}-1HC 计数器进行复位和启动控制。

(6) 可编程凸轮控制器

可编程凸轮控制器 FX_{2N}-IRM-SET，是通过主要旋转角传感器 F7-720-RSV 实现高精度角度、位置检测和控制的专用功能模块，可以代替机械凸轮开关，实现角度控制。

7.1.2　PLC 与特殊功能模块间的读写操作

FX_{2N} 系列 PLC 与特殊功能模块间的数据传输和参数设置都是通过读出/写入（FROM/TO）指令实现的。

FROM 指令用于读取特殊功能模块 BFM 中的数据。TO 指令用于 PLC 基本单元将数据写入特殊功能模块 BFM 中。

缓冲存储器 BFM 读出/写入指令的名称、指令代码、助记符、操作数、程序步如表 7-1 所示。

表 7-1　BFM 读出/写入指令表

指令名称	指令代码	助记符	操作数				程序步
			$m1$	$m2$	D(·)/S(·)	n	
BFM 读出	FNC 78 (16/32)	FROM FROM(P)	K,H $m1=0\sim31$ 特殊单元,特殊模块号	K,H $m2=0\sim31$ (BFM)号	KnY、KnM、KnS、T、C、D、Z	K,H $n=1\sim32$(16 位) $n=1\sim16$(32 位) 传送字点数	FROM、FROMP…9 步 DFROM、DFROMP…17 步
BFM 写入	FNC 79 (16/32)	TO TO(P)			K、H、KnX、KnY、KnM、KnS、T、C、D、Z		TO、TOP…9 步 DTO、DTOP…17 步

　　FX$_{2N}$ 系列可编程控制器最多可连接 8 个增设的特殊（功能）模块，并且赋予模块编号，模块编号从最靠近基本单元开始顺序编为 No. 0～No. 7，模块编号可供 FROM/TO 指令指定哪个模块工作。有些增设的特殊模块中内含 32 个 16 位 RAM（例如 4 通道 12 位模拟量输入、输出转换模块 FX$_{2N}$-4AD、FX$_{2N}$-4DA），称为缓冲存储器（BFM），缓冲存储器编号范围为♯0～♯31，其内容根据各模块的控制目的而设定。

　　FROM 指令具有将增设的特殊模块号中的缓冲存储器（BFM）的内容读到可编程控制器的功能。16 位 BFM 读出指令梯形图如图 7-2(a) 所示。当驱动条件 X000＝ON 时，指令根据 m1 指定的 No.1 特殊模块，对 m2 指定的♯29 缓冲寄存器（BFM）内 16 位数据读出并传送到可编程控制器的 K4M0 中。若 X000＝OFF 时，不执行传送，传送地点的数据不变，脉冲型指令 FROM(P) 执行后也同样。

　　TO 指令具有可编程控制器对特殊模块缓冲存储器（BFM）写入数据的功能。32 位 BFM 写入指令梯形图如图 7-2(b) 所示。当驱动条件 X000＝ON 时，指令将 S(·) 指定的 (D1、D0) 中 32 位数据写入 m1 指定的 No.1 特殊模块中♯13、♯12 缓冲存储器（BFM）。若 X000＝OFF 时，不执行写入传送，传送地点的数据不变，脉冲型指令 TO(P) 执行后也同样。

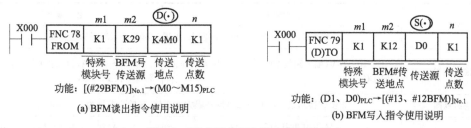

图 7-2　FROM 和 TO 指令使用说明

　　应该注意：

　　① 若为 16 位指令对 BFM 处理时，传送的点数 n 是点对点的单字传送。图 7-3(a) 是 16 位指令 n＝5 的传送示意图；若用 32 位指令对 BFM 处理时，指令中 m2 指定的起始号是低 16 位的 BFM 号，其后续号为高 16 位的 BFM，传送点数 n 是对与对之间的双字传送。图 7-3(b) 是 32 位指令 n＝2 的传送示意图。若 16 位指令的 n＝2，32 位指令的 n＝1，具有相同的意义。

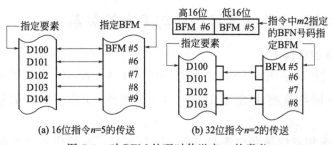

图 7-3　对 BFM 处理时传送点 n 的意义

　　② FROM/TO 指令的执行受中断允许继电器 M8028 的约束，当 M8028＝OFF 时，FROM/TO 指令执行过程中，为自动中断禁止状态，输入中断、定时中断不能执行。此期

间程序发生的中断，只有在 FROM/TO 指令执行完毕后才能立即执行。当 M8028＝ON 时，FROM/TO 指令执行过程中，中断发生时，立即执行中断。

7.2 模拟量输入模块 FX$_{2N}$-4AD

7.2.1 FX$_{2N}$-4AD 的功能简介

模拟量输入模块 FX$_{2N}$-4AD 是 12 位 4 通道 A/D 转换模块，是一种具有高精度的直接接在扩展总线上的模拟量输入单元。

FX$_{2N}$-4AD 模拟量输入模块的功能是将模拟量信号转换为最大分辨率为 12 位的数字量，并以二进制补码方式存入内部 16 位缓冲寄存器中，通过扩展总线与 FX$_{2N}$ 的基本单元进行数据交换。

FX$_{2N}$-4AD 模拟量输入模块的技术指标如表 7-2 所示。

表 7-2　FX$_{2N}$-4AD 技术指标

项目	电压输入	电流输入
	四通道模拟量电压或电流的输入，可通过对其输入端子的选择实现	
模拟量输入范围	DC-10～10V(输入阻抗 200kΩ)(绝对最大量程±15VDC)	DC-20～20mA(输入阻抗 250Ω)(绝对最大量程±32mA)
数字量输出范围	12 位转换结果，以 16 位二进制补码方式存储，其输出范围为－2048～2047	
分辨率	5mV(10V 默认范围:1/2000)	20μA(20mA 默认范围:1/1000)
综合精度	±1%(在－10～10V 的范围)	±1%(在－20～20mA 的范围)
转换速度	常速:15ms/通道;高速:6ms/通道	
外接输入电源	24(1±10%)V,55mA,可由 PLC 基本单元或扩展单元内部供电:5V,30mA	
模拟量用电源	－10～10V	－4～20mA 或－20～20mA
I/O 占有点数	8 个输入或输出点均可	
隔离方式	模拟与数字之间为光电隔离;4 个模拟通道之间没有隔离	

7.2.2 FX$_{2N}$-4AD 的接线图及输入与输出的关系

(1) FX$_{2N}$-4AD 的接线图

FX$_{2N}$-4AD 通过扩展总线与 FX$_{2N}$ 基本指令单元连接。而 4 个通道的外部则根据输入量的电压或电流的不同与该模块的 V、I、V－/I－等相连。FX$_{2N}$-4AD 的接线原理如图 7-4 所示。

模拟输入信号采用双绞屏蔽电缆与 FX$_{2N}$-4AD 连接，电缆应远离电源线或其他可能产生电气干扰的导线，见图 7-4 中①。

如果输入有电压波动，或在外部接线中有电气干扰，可以接一个 0.1～0.47μF、25V 的电容器，见图 7-4 中②。

如果是电流输入，应将端子 V＋和 I＋连接，见图 7-4 中③。

如果存在过多的电气干扰，需将电缆屏蔽层与 FG 端连接，并连接到 FX$_{2N}$-4AD 的电源接地端 GND，见图 7-4 中④。

连接 FX$_{2N}$-4AD 接线端与 PLC 主单元接地端，在主单元使用 3 级接地，见图 7-4 中⑤。

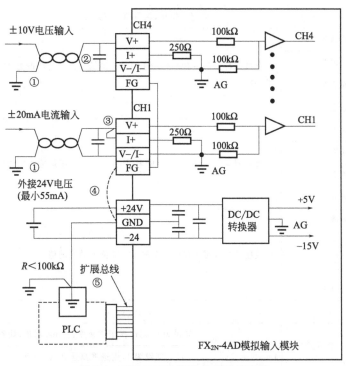

图 7-4　FX$_{2N}$-4AD 模块外部线路连线

（2）FX$_{2N}$-4AD 模拟量输入与输出的关系

A/D 转换有三种设置方式，如图 7-5 所示。

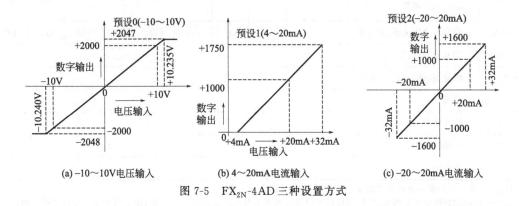

(a) -10～10V电压输入　　(b) 4～20mA电流输入　　(c) -20～20mA电流输入

图 7-5　FX$_{2N}$-4AD 三种设置方式

7.2.3　FX$_{2N}$-4AD 缓冲寄存器（BFM）

可编程控制器基本单元与 FX$_{2N}$-4AD 之间的数据通信是由 FROM/TO 指令来执行的。FROM 是基本单元从 FX$_{2N}$-4AD 读数据的指令。TO 是基本单元将数据写到 FX$_{2N}$-4AD 的指令。实际上读写操作都是对 FX$_{2N}$-4AD 的缓冲寄存器 BFM 的操作。缓冲区由 32 个 16 位的寄存器组成，编号为 BFM#0～#31。FX$_{2N}$-4AD 缓冲器分配见表 7-3 所示。

表 7-3　FX$_{2N}$-4AD 的 BFM 编号分配及含义

BFM	内容								
＊#0	通道初始化,缺省值＝H0000								
＊#1	通道 1	存放采样值(1～4096),用于得出平均结果。缺省值设为 8(正常速度),高速操作可选择 1							
＊#2	通道 2								
＊#3	通道 3								
＊#4	通道 4								
#5	通道 1	缓冲器#5～#8,分别存储通道 CH1～CH4 平均输入采样值							
#6	通道 2								
#7	通道 3								
#8	通道 4								
#9	通道 1	这些缓冲区用于存放每个输入通道读入的当前值							
#10	通道 2								
#11	通道 3								
#12	通道 4								
#13、#14	保留								
#15	选择 A/D 转换速度	如设为 0,则选择正常速度,15ms/通道(缺省)							
		如设为 1,则选择高速,6ms/通道							
#16～#19	保留								
＊#20	复位到缺省值和预设,缺省值＝0								
＊#21	偏移/增益值禁止调整(1,0);缺省值为 (0,1),允许调整	b7	b6	b5	b4	b3	b2	b1	b0
＊#22	指定通道的偏移、增益修改	G4	O4	G3	O3	G2	O2	G1	O1
＊#23	偏移值,缺省值＝0								
＊#24	增益值,缺省值＝5000								
#25～#28	保留								
#29	错误状态								
#30	识别码 K2010								
#31	不使用								

注:1. 不带＊号的缓冲存储器的数据可以使用 FROM 指令读入 PLC。
2. 在从特殊功能模块读出数据之前,确保这些设置已经送入特殊功能模块中。否则,将使用模块里面以前保存的数据。
3. 偏移:当数字输出为 0 时的模拟输入值。
4. 增益:当数字输出为＋1000 时的模拟输入值。

① BFM#0:用于 A/D 模块 4 个通道的初始化。通道的初始化由 4 位 16 进制数 H□□□□控制。最低位数字控制通道 1,最高位数字控制通道 4,数字的含义如下:

□＝0:预设范围为－10～10V。

□＝2：预设范围为－20～20mA。

□＝3：通道关闭 OFF。

② BFM＃1～＃4：BFM＃1～＃4 分别用于设置＃1～＃4 通道的平均采样次数。以 BFM＃4 为例，BFM＃4 的采样次数设为 2，＃4 通道对输入的模拟量转换两次得平均值，存入 BFM＃8 中。采样次数越多，得到平均值的时间就越长。

③ BFM＃5～＃8：BFM＃5～＃8 分别用于存储＃1～＃4 通道的数字量平均值。

④ BFM＃9～＃12：BFM＃9～＃12 分别用于存储＃1～＃4 通道在当前扫描周期转换来的数字量。

⑤ BFM＃15：BFM＃15 用于设置所有通道的 A/D 转换速度。当 BFM＃15＝0，转换速度为普通速度 15ms；当 BFM＃15＝1，转换速度为高速 6ms。

⑥ BFM＃20：当 BFM＃20 中写入 1 时，所有参数恢复到出厂设置值。

⑦ BFM＃21：BFM＃21 用来禁止/允许偏移值和增益的调整。当 BFM＃21 的 b1＝1、b0＝0 时，禁止调整偏移值和增益；当 b1＝0、b0＝1 时，允许调整。

⑧ BFM＃22：BFM＃22 使用低 8 位来指定增益和偏移调整的通道。

⑨ BFM＃23：BFM＃23 用来存放偏移值，该值可由 TO 指令写入。

⑩ BFM＃24：BFM＃24 用来存放增益值，该值可由 TO 指令写入。

⑪ BFM＃29：BFM＃29 以位状态来反映模块错误信息。BFM＃29 各位错误含义如表 7-4 所示。

⑫ BFM＃30：BFM＃30 用来存放 FX₂ₙ-4AD 模块的 ID 号，ID 号为 2010。PLC 通过读取 BFM＃30 的值来判断模块是否为 FX₂ₙ-4AD 模块。

表 7-4　BFM＃29 各位错误含义

BFM＃29 的位信息	开 ON	关 OFF
b0：错误	b1～b4 中任何一个为 ON 如果 b2～b4 中任何一个为 ON,所有通道的 A/D 转换停止	无错误
b1：偏移/增益错误	在 EEPROM 中的偏移/增益数据不正常或调整错误	偏移/增益数据正常
b2：电源故障	24V DC 电源故障	电源正常
b3：硬件错误	A/D 转换器或其他硬件故障	硬件正常
b10：数字范围错误	数字输出值小于－2048 或大于＋2047	数字输出值正常
b11：平均采样错误	平均采样数不小于 4097,或不大于 0(使用缺省值 8)	平均正常(在 1～4096)
b12：偏移/增益调整禁止	禁止 BFM＃21 的(b1,b0)设为(1,0)	允许 BFM＃21 的(b1,b0)设为(1,0)

7.2.4　FX₂ₙ-4AD 的应用

图 7-6 是 FX₂ₙ-4AD 的基本应用控制梯形图。由图可知，FX₂ₙ-4AD 设置在"0"号位置，输入通道 1、2 开放，电压输入，输入通道 3、4 关闭。输入电压模拟量，设置平均值的次数为 4，并把通道 1、2 平均输入采样值送入到 PLC 基本单元 D0、D1 中。

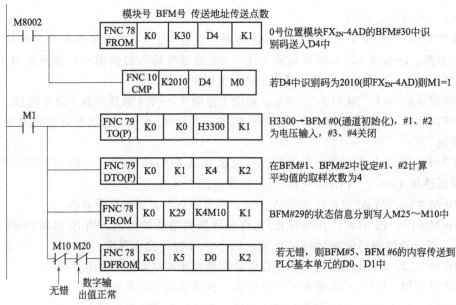

图 7-6 FX$_{2N}$-4AD 基本应用程序

7.3 模拟量输出模块 FX$_{2N}$-4DA

7.3.1 FX$_{2N}$-4DA 的功能简介

模拟量输出模块 FX$_{2N}$-4DA 是 12 位 4 通道 D/A 转换模块，是一种具有高精度的直接接在扩展总线上的模拟量输出模块。

模拟量输出模块 FX$_{2N}$-4DA 的功能是把 PLC 中的数字量转换成模拟量，将 12 位数字量转换成 2 点模拟输出，以便控制现场设备。

FX$_{2N}$-4DA 模拟量输出模块的技术指标如表 7-5 所示。输出的模拟电压范围为 $-10\sim$ 10V 时，分辨率为 5mV。电流范围为 $0\sim20$mA 时，分辨率为 20μA。

表 7-5 FX$_{2N}$-4DA 技术指标

项目	电压输出	电流输出
模拟量输出范围	DC $-10\sim10$V(外部负载阻抗:2kΩ$\sim$1MΩ)	DC $0\sim20$mA(外部负载阻抗:500Ω)
数字输入范围	带符号 16 位二进制数(数值有效位为 11 位,符号位 1 位)	
分辨率	5mV(10V×1/2000)	20μA(20mA×1/1000)
综合精度	±1%(满量程 10V)	±1%(满量程+20mA)
转换速度	4 个通道:2.1ms(使用的通道数变化不影响转换速度)	
隔离方式	模拟和数字电路之间用光电耦合器隔离,与基本单元间是 DC/DC 转换器隔离,模拟通道之间没有隔离	
外接输入电源	24(1±10%)V DC,200mA,基本单元或扩展单元内部供电:5V,30mA。	
I/O 占有点数	占用 8 个 I/O 点	

7.3.2　FX$_{2N}$-4DA 的接线图及输入与输出的关系

(1) FX$_{2N}$-4DA 的接线图

FX$_{2N}$-4DA 的外部连线及内部电路原理如图 7-7 所示。应用时注意以下几点：

① 双绞屏蔽电缆模拟输出，电缆应远离电源线或其他可能产生电气干扰的电线。

② 使用三级一点接地。

③ 如果输出有电压波动，或在外部接线中有外部干扰，可以接一个电容器，0.1～0.4μF、25V。

④ 当电气干扰过多时，设备的外壳地端和 FX$_{2N}$-4AD 的接地端相连。

⑤ 电压输出端或者电流输出端，若短路的话，可能会损坏 FX$_{2N}$-4DA。

⑥ 需要 DC 24V 电源。

⑦ 不要连接任何不用的端子到电源上。

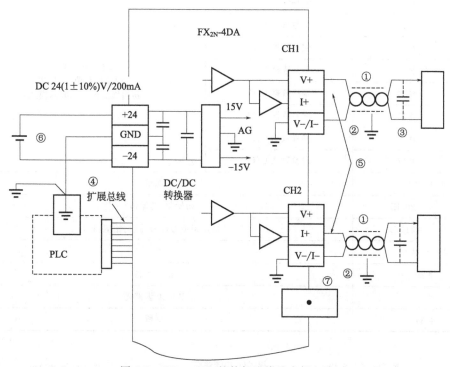

图 7-7　FX$_{2N}$-4DA 的外部连线及内部电路

(2) FX$_{2N}$-4DA 模拟量输入与输出的关系

FX$_{2N}$-4DA 有三种模式输出特性，如图 7-8 所示，应用 PLC 指令可以改变输出设置。选择了输出电压/电流模式就决定了所有输出端子。

7.3.3　缓冲寄存器 (BFM)

可编程控制器基本单元与 FX$_{2N}$-4DA 之间的数据通信也是由 FROM/TO 指令来执行的。读写操作是对 FX$_{2N}$-4DA 的缓冲寄存器 BFM 进行操作的，缓冲器区由 32 个 16 位寄存器组成，编号为 BFM#0～#31，FX$_{2N}$-4DA 的 BFM 分配见表 7-6。

表 7-6　FX_{2N}-4DA 的 BFM 编号分配及含义

BFM		内容
W	#0(E)	输出模式选择,出厂设置为 H0000
	#1	输出通道 CH1～CH4 的数据
	#2	
	#3	
	#4	
	#5(E)	数据保持模式,出厂设置 H0000
#6、#7		保留
W	#8(E)	CH1、CH2 的偏移/增益设定命令,初始数 H0000
	#9(E)	CH3、CH4 的偏移/增益设定命令,初始数 H0000
	#10	偏移数据 CH1
	#11	增益数据 CH1
	#12	偏移数据 CH2
	#13	增益数据 CH2
	#14	偏移数据 CH3
	#15	增益数据 CH3
	#16	偏移数据 CH4
	#17	增益数据 CH4
#18、#19		保留
W	#20(E)	初始化,初始值＝0
	#21(E)	禁止调整 I/O 特性(初始值:1)
#22～#28		保留
#29		错误状态
#30		K3020 识别码
#31		保留

（#10～#17 跨列说明：单位:mV 或 µA　初始偏移值:0,输出　初始增益值:＋5000,模式 0）

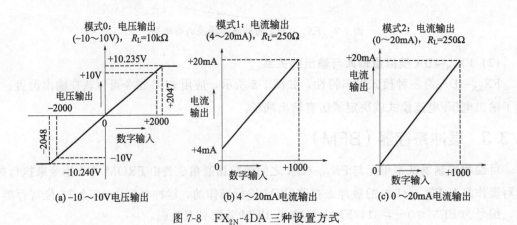

图 7-8　FX_{2N}-4DA 三种设置方式

(a) −10～10V电压输出　(b) 4～20mA电流输出　(c) 0～20mA电流输出

① BFM♯0：用于 D/A 模块 4 个通道模拟量输出形式的设置。通道的设置由 4 位 16 进制数 H□□□□控制。最低位数字控制通道 1，最高位数字控制通道 4，数字的含义如下：

□＝0：预设范围为−10～10V。

□＝1：预设范围为 4～20mA。

□＝2：预设范围为 0～20mA。

② BFM♯1～♯4：BFM♯1～♯4 分别用于存储 4 个通道的待转换数字量。这些 BFM 中的数据由 PLC 用 TO 指令写入。

③ BFM♯5：BFM♯5 分别用于 4 个通道由 RUN 转为 STOP 时数据保持模式的设置。设置形式依然采用十六进制形式，当某位为 0 时，RUN 模式下对应通道最后输出值将被保持输出；当某位为 1 时，对应通道最后输出值为偏移量；其余三个通道保持为 RUN 模式下的最后输出值不变。

④ BFM♯8、♯9：BFM♯8、♯9 分别用于允许/禁止调整偏移/增益设置。BFM♯8 针对的是通道 1、2；BFM♯9 针对的是通道 3、4；数据形式依然采用十六进制。

⑤ BFM♯10～♯17：可以设置偏移值和增益值。注意，BFM♯10～♯17 的偏移值和增益值改变时，BFM♯8～♯9 的相应值也需做相应调整，否则 BFM♯10～♯17 的偏移值和增益值设置无效。

⑥ BFM♯20：用于初始化所有的 BFM。当 BFM♯20＝1 时，所有的 BFM 中的值都恢复到出厂设置值。

⑦ BFM♯21：BFM♯21 用来禁止/允许偏移值和增益值的调整；当 BFM♯21＝1 时，允许调整偏移值和增益；当 BFM♯21＝0 时，禁止调整偏移值和增益值。

⑧ BFM♯29：BFM♯29 以位状态来反映模块错误信息。BFM♯29 各位错误含义如表 7-7 所示。

⑨ BFM♯30：BFM♯30 用来存放 FX₂ₙ-4DA 模块的 ID 号，ID 号为 3020，PLC 通过读取 BFM♯30 的值来判断模块是否为 FX₂ₙ-4DA 模块。

表 7-7　BFM♯29 各位错误含义

BFM♯29 的位信息	开 ON	关 OFF
b0：错误	b1～b4 中任何一个为 ON	无错误
b1：O/G 错误	在 EEPROM 中的偏移/增益数据不正常或发生设置错误。	偏移/增益数据正常
b2：电源错误	24V DC 电源故障	电源正常
b3：硬件错误	D/A 转换器或其他硬件故障	硬件正常
b10：范围错误	数字输入或模拟输出值超出指定范围	输入或输出值在指定范围内
b12：G/O 调整禁止状态	BFM♯21 没有设为"1"	可调整状态（BFM♯21＝1）

7.3.4　FX₂ₙ-4DA 的应用

图 7-9 是 FX₂ₙ-4DA 的基本应用控制梯形图，由图可知，FX₂ₙ-4DA 设置在"1"号位置，输出为 4 通道，CH3、CH4 为电流输出，CH1、CH2 为电压输出。当 M1 为 ON 时，将数据寄存器 D1、D0、D3、D2 的数据转换为模拟量，从 CH4、CH3、CH2、CH1 输出。

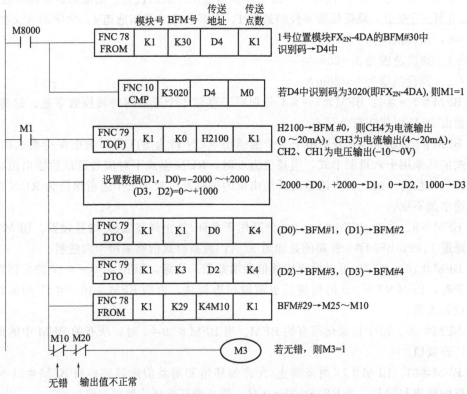

图 7-9　FX$_{2N}$-4DA 基本应用程序

7.4　PID 控制

7.4.1　PID 的闭环控制

(1) PID 控制概述

PID 控制又称比例积分微分控制，它属于闭环控制。下面以炉温控制系统为例，对 PID 控制进行介绍。

炉温控制系统的示意图如图 7-10 所示。在炉温控制系统中，热电偶为温度检测元件，其信号传至变送器转换为标准电压或电流信号，标准信号再送至 A/D 模块，经 A/D 转换后的数字量与 CPU 设定值比较，二者的差值进行 PID 运算，将运算结果送给 D/A 模块，D/A 模块输出相应的电压或电流信号对电动阀进行控制，从而实现了温度的闭环控制。

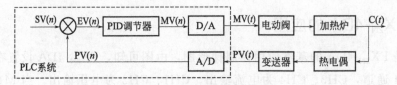

图 7-10　炉温控制系统示意图

图 7-10 中，SV(n) 为给定量；PV(n) 为反馈量，A/D 已经把此反馈量转换为数字量；MV(t) 为控制输出量。令 $\Delta X = SV(n) - PV(n)$，如果 $\Delta X > 0$，表明反馈量小于给定量，则控制器输出量 MV(t) 将增大，使电动阀开度变大，进入加热炉的天然气流量增大，进而炉温上升；如果 $\Delta X < 0$，表明反馈量大于给定量，则控制器输出量 MV(t) 将减小，使电动阀开度变小，进入加热炉的天然气流量变小，进而炉温降低；如果 $\Delta X = 0$，表明反馈量等于给定量，则控制器输出量 MV(t) 不变，使电动阀开度不变，进入加热炉的天然气流量不变，进而炉温不变。

PID 控制包括比例控制、积分控制和微分控制。比例控制将偏差信号按比例放大，提高控制灵敏度；积分控制对偏差信号进行积分处理，缓解比例放大量过大引起的超调和振荡；微分控制对偏差信号进行微分处理，提高控制的迅速性。

（2）PID 指令

PID 指令格式如图 7-11 所示。图中，S1 为目标值，即设定值；S2 为测定值或当前值、实际值；S3 为 PID 参数存储区的首地址，参数区共 25 个字，其各字的含义如表 7-8 所示；D 为执行 PID 指令计算后得到的输出值或控制输出。

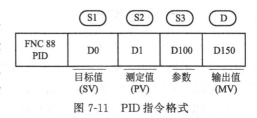

图 7-11　PID 指令格式

本指令可多次调用，不受限制，但所有的数据区不能重复。在子程序、步进指令中也可使用，但用前要清除 S3+7 的数据。

表 7-8　参数区各字的含义

地址	名称	说明
S3	采用时间（T_s）	1～32767ms（但比运算周期短的时间数值无法执行）
S3+1	动作方向（ACT）	b0 0：正动作　　　　　1：逆动作 b1 0：输入变化量报警无效　1：输入变化量报警有效 b2 0：输出变化量报警无效　1：输出变化量报警有效 b3 不使用 b4 0：自动调谐不动作　　1：执行自动调谐 b5 0：输出值上下限设定无效　1：输出值上下限设定有效 b6～b15 不使用 b2 和 b5 不要同时处于 ON
S3+2	输入滤波常数（α）	0%～99%，0 时没有输入滤波
S3+3	比例增益（K_p）	1%～32767%
S3+4	积分时间（T_i）	0～32767（×100ms），0 时作为 ∞ 处理（无积分）
S3+5	微分增益（K_d）	0%～100%，0 时无微分增益
S3+6	微分时间（T_d）	0～32767（×10ms），0 时无微分处理
S3+7～S3+19		PID 运算的内部处理占用
S3+20	输入变化量（增侧）报警设定值	0～32767（S3+1<ACT>的 b1=1 时有效）
S3+21	输入变化量（减侧）报警设定值	0～32767（S3+1<ACT>的 b1=1 时有效）
S3+22	输出变化量（增侧）报警设定值 输出上限设定值	0～32767（S3+1<ACT>的 b2=1、b5=0 时有效） −32768～32767（S3+1<ACT>的 b2=0、b5=1 时有效）

地址	名称	说明
S3+23	输出变化量(减侧)报警设定值 输出下限设定值	0～32767(S3+1＜ACT＞的 b2＝1、b5＝0 时有效) －32768～32767(S3+1＜ACT＞的 b2＝0、b5＝1 时有效)
S3+24	报警输出	b0 输入变化量(增侧)溢出 b1 输入变化量(减侧)溢出 b2 输出变化量(增侧)溢出(S3+1＜ACT＞的 b1＝1 或 b2＝1时有效) b3 输出变化量(减侧)溢出 S3+20～S3+24 在 S3+1＜ACT＞的 b1＝1、b2＝1 或 b5＝1 时被占用

7.4.2　PID 控制实例

　　系统配置如图 7-12 所示，使用 PID 指令进行温度控制。温度槽由电加热器加热，而温度由温度传感器检测。所检测的温度值送给特殊功能模块 FX_{2N}-4AD-TC，PLC 的主机为 FX_{2N}-48MR。用 X010 控制自动调谐，X011 控制 PID 指令执行。Y0 用以显示 PID 计算故障，Y1 周期以 ON-OFF 方式控制加热器工作，周期为 2s。Y1 为 ON 的时间为 0～2s，以得到不同的控制输出。

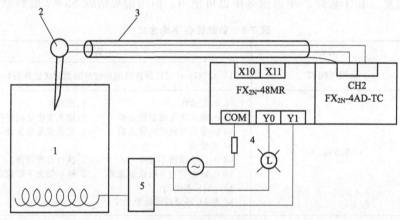

图 7-12　PID 控制系统

1—温度槽；2—温度传感器；3—电缆；4—故障指示灯；5—电加热控制器

　　自动调谐及 PID 控制的有关设定见表 7-9。

表 7-9　自动调谐及 PID 控制设定

设定内容			自动调谐中	PID 控制中
目标值		＜S1＞	(500±50)℃	(500±50)℃
参数	采样时间 T_s	＜S3＞	3000ms	500ms
	输入滤波(α)	＜S3+2＞	70%	70%
	微分增益 K_d	＜S3+5＞	0%	0%
	输出值上限	＜S3+22＞	2000(2s)	2000(2s)
	输出值下限	＜S3+23＞	0	0

	设定内容			自动调谐中	PID 控制中
参数	动作方向（ACT）	输入变化量报警	＜S3＋1　b1＞	无	无
		输出变化量报警	＜S3＋1　b2＞	无	无
		输出值上下限设定	＜S3＋1　b5＞	有	有
输出值	＜D＞			1800	根据运算

自动调谐控制程序及程序注解如图 7-13 所示。

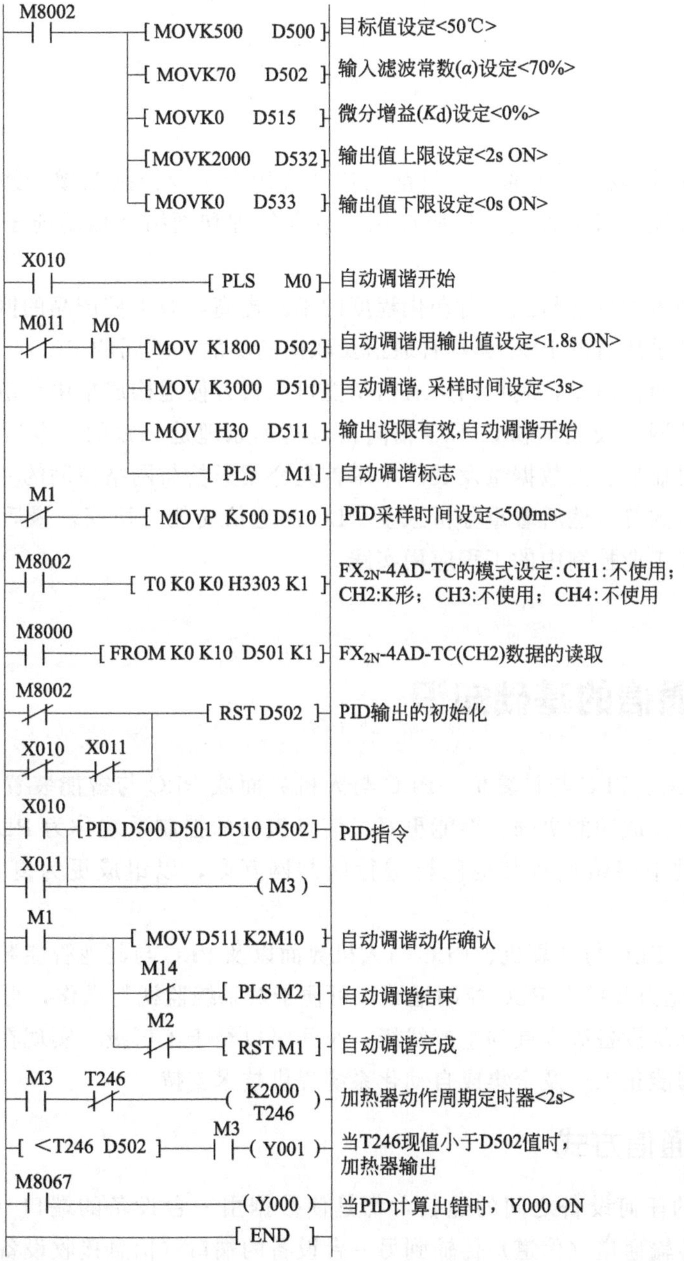

图 7-13　PID 指令应用控制程序

第8章

PLC 的通信、网络及应用

由于 PLC 的高性能和高可靠性，目前已广泛应用于工业控制领域，并从单纯的逻辑控制发展为集逻辑控制、过程控制、伺服控制、数据处理和网络通信功能于一体的多功能控制器。

计算机网络技术的发展与工厂自动化程度的不断提高，对工控产品的网络通信功能要求越来越高，现在几乎所有的 PLC 都具有通信及联网的功能。不同的 PLC 厂家还各自开发出专用的网络系统与通信协议，利用网络通信功能可以很方便地构成集中分散式控制系统。现在各厂家所采用的网络及通信协议不尽相同，但基本原理是一致的，今后的趋势是向开放式、多层次、高可靠性、大数据量发展。本章首先介绍通信与网络控制的一些基本概念及所采用的数据传送方式等，然后着重分析三菱 PLC 的通信功能与协议，最后介绍其通信与网络的基本构成及在工业控制中的工程应用实践。

8.1 数据通信的基础知识

把 PLC 与 PLC、PLC 与计算机、PLC 与人机界面或 PLC 与智能装置通过信道连接起来，实现通信，以构成功能更强、性能更好、信息流畅的控制系统称为 PLC 联网。PLC 联网之后，还可通过中间站点或其他网桥进行网与网互联，以组成更为复杂的网络与通信系统。

PLC 与 PLC、PLC 与计算机、PLC 与人机界面以及 PLC 与其他智能装置间的通信，可提高 PLC 的控制能力及扩大 PLC 控制地域，可便于对系统监视与操作，可简化系统安装与维修，可使自动化从设备级发展到生产线级、车间级以至于工厂级，实现在信息化基础上的自动化，为实现智能化工厂及全集成自动化系统提供技术支持。

8.1.1 数据通信方式

PLC 网络中的任何设备之间的通信，都是使数据由一台设备的端口（信息发送设备）发出，经过信息传输通道（信道）传输到另一台设备的端口（信息接收设备）进行接收。一般通信系统由信息发送设备、信息接收设备和通信信道构成，依靠通信协议和通信软件指挥、协调和运作该通信系统硬件的信息传送、交换和处理。数据通信系统的构成框图如图 8-1 所示。

PLC 与计算机除了作为信息发送与接收设备外，也是系统的控制设备。为确保信息发送和接收的正确性和一致性，控制设备必须按照通信协议和通信软件的要求对信息发送和接收过程进行协调。

图 8-1 数据通信系统的构成框图

信息通道是数据传输的通道。选用何种信道媒介应视通信系统的设备构成不同以及在速度、安全、抗干扰性等方面要求的不同而确定。PLC 数据通信系统一般采用有线信道。

通信软件是人与通信系统之间的一个接口，使用者可以通过通信软件了解整个通信系统的运作情况，进而对通信系统进行各种控制和管理。

8.1.1.1 并行通信和串行通信

按照数据时钟的控制方式，通信传输可以通过两种方式进行：并行通信和串行通信。

（1）并行通信

并行通信是指以字节或字为单位，同时将多个数据在多个并行信道上进行传输的方式，如图 8-2 所示。

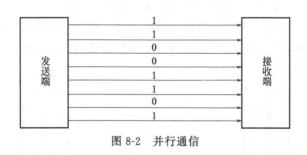

图 8-2 并行通信

并行通信传输时，传送几位数据就需要几根线，传输速率较高，但是硬件成本也较高。

并行通信数据传输的特点是：各数据位同时传输，传输速率快、效率高，多用在实时、快速的场合。

并行通信传输的数据宽度可以是 1～128 位，甚至更宽，但是有多少位数据就需要多少条数据线，因此传输的成本高。在集成电路芯片的内部、同一插件板上各部件之间、同一机箱内各插件板之间的数据传输都是并行的。

并行通信数据传输只适用于近距离的通信，通常小于 30m。

（2）串行通信

串行通信是指以二进制的位（bit）为单位，对数据一位一位地顺序成串传输的通信传输方式。图 8-3 是 8 位数据串行传输示意图。

串行通信时，无论传输多少位的数据，只需要一根数据线即可，硬件成本较低，但是需要并/串转换器配合工作。

串行数据传输的特点是：数据的传输是按位顺序进行，最少只需要一根传输线即可完成，节省传输线。与并行通信相比，串行通信还有较为显著的优点：传输距离长，可以从几米到几千米；在长距离内串行数据传输速率会比并行数据传输速率快；串行通信的通信时钟频率容易提高；串行通信的抗干扰能力十分强，其信号间的相互干扰完全可以忽略。

图 8-3 8 位数据串行传输示意图

正是由于串行通信的接线少、成本低，因此它在数据采集和控制系统中得到了广泛的应用，产品也多种多样。计算机和 PLC 间都采用串行通信方式。

8.1.1.2 单工、半双工、全双工

通过单线传输信息是串行数据通信的基础。数据通常是在两个站（点对点）之间进行传送，按照数据流的方向可分成三种传送模式。

(1) 单工形式

单工形式的数据传送是单向的。通信双方中，一方固定为发送端，另一方则固定为接收端，信息只能沿一个方向传送，使用一根传输线，如图 8-4 所示。

单工形式一般用在只向一个方向传送数据的场合。例如计算机与打印机之间的通信是单工形式，因为只有计算机向打印机传送数据，而没有相反的数据传送；还有在某些通信信道中，如单工无线发送等。

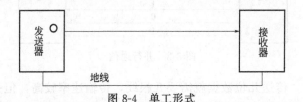

图 8-4 单工形式

(2) 半双工形式

半双工通信使用同一根传输线，既可发送数据又可接收数据，但不能同时发送和接收。在任何时刻只能由其中的一方发送数据，另一方接收数据。因此，半双工形式既可以使用一条数据线，也可以使用两条数据线，如图 8-5 所示。

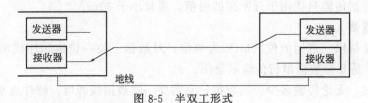

图 8-5 半双工形式

半双工通信中每端需有一个收/发切换电子开关，通过切换来决定数据向哪个方向传输。因为有切换，所以会产生时间延迟，信息传输效率低些。

(3) 全双工形式

全双工数据通信有两根传输线，可以在两个不同的站点同时发送和接收数据，通信双方

能在同一时刻进行发送和接收操作，如图 8-6 所示。

图 8-6 全双工形式

在全双工方式中，每一端都有发送器和接收器，有两根传输线，可在交互式应用和远程监控系统中使用，信息传输效率较高。

8.1.1.3 异步传输与同步传输

串行传输中，数据是一位一位按照到达的顺序依次传输的，每位数据的发送和接收都需要时钟来控制。发送端通过发送时钟确定数据位的开始和结束，接收端则需要在适当的时间间隔对数据流进行采样来正确地识别数据。接收端和发送端的步调必须保持一致，否则数据传输出现差错。为了解决以上问题，串行传输可采用以下两种方法：异步传输和同步传输。

（1）异步传输

异步传输方式中，字符是数据传输单位。在通信的数据流中，字符间异步，字符内部各位间同步。异步通信方式的"异步"主要体现在字符与字符之间通信没有严格的定时要求。异步传送中，字符可以是连续地、一个个地发送，也可以是不连续地、随机地单独发送。在一个字符格式的停止位之后，立即发送下一个字符的起始位，开始一个新的字符的传输，这叫作连续的串行数据发送，即帧与帧之间是连续的。断续的串行数据传送是指在一帧结束之后维持数据线的"空闲"状态，新的起始位可在任何时刻开始。一旦传送开始，组成这个字符的各个数据位将被连续发送，并且每个数据位持续的时间是相等的。接收端根据这个特点与数据发送端保持同步，从而正确地恢复数据。收/发双方则以预先约定的传输速率，在时钟的作用下，传送这个字符中的每一位。

在串行通信中，数据是以帧为单位传输的，帧有大帧和小帧之分，小帧包含一个字符，大帧含有多个字符。异步通信采用小帧传输，一帧中有 10～12 个二进制数据位。每一帧有一个起始位、7～8 个数据位、1 个奇偶校验位（可以没有）和停止位（1 位或 2 位）组成。被传送的一组数据相邻两个字符停顿时间不一致，如图 8-7 所示。

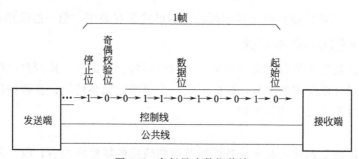

图 8-7 串行异步数据传输

（2）同步传输

同步传输方式中，比特块以稳定的比特流的形式传输，数据被封装成更大的传输单位，称为帧。每个帧含有多个字符代码，而且字符代码与字符代码之间没有间隙以及起始位和停止位。和异步传输相比，数据传输单位的加长容易引起时钟漂移。为了保证接收端能够区分数据流中的每个数据位，收发双方必须通过某种方法建立起同步的时钟。可以在发送器和接收器之间提供一条独立的时钟线路，由线路的一端（发送器或者接收器）定期地在每个比特时间中向线路发送一个短脉冲信号，另一端则将这些有规律的脉冲作为时钟。

同步通信采用大帧传输数据。同步通信的多种格式中，常用的为 HDLC（高级数据链路控制）帧格式，其每一帧中有 1 个字节的起始标志位、2 个字节的收发方地址位、2 个字节的通信状态位、多个字符的数据位和 2 个字节的循环冗余校验位，如图 8-8 所示。

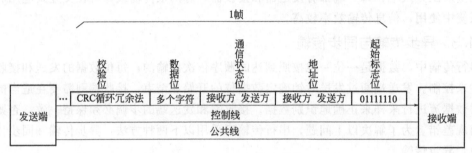

图 8-8　串行同步数据传输

8.1.1.4　基带传输与频带传输

基带传输是按照数字信号原有的波形（以脉冲形式）在信道上直接传输，它要求信道具有较宽的通频带。基带传输不需要调制解调，设备花费少，适用于较小范围的数据传输。基带传输时，通常对数字信号进行一定的编码。常用的数据编码方法有非归零码 NRZ、曼彻斯特编码和差动曼彻斯特编码等。后两种编码不含直流分量、包含时钟脉冲，便于双方自同步，所以应用广泛。

频带传输是一种采用调制解调技术的传输形式。发送端采用调制信号，对数字信号进行变换，将代表数据的二进制"1"和"0"变换成具有一定频带范围的模拟信号，以适应在模拟信道上传输；接收端通过解调手段进行相反变换，把模拟的调制信号复原为"1"或"0"。常用的调制方法有频率调制、振幅调制和相位调制。具有调制、解调功能的装置称为调制解调器，即 Modem。频带传输较复杂，传送距离较远，若通过市话系统配备 Modem，则传送距离可不受限制。

PLC 通信中，基带传输和频带传输两种传输形式都有采用，但一般采用基带传输。

8.1.1.5　串行通信的基本参数

串行通信方式是将字节拆分成一个接一个的位后再传送出去。接到此电位信号的一方再将一个一个的位组合成原来的字节，如此形成一个字节的完整传送。在数据传送时，应在通信端口的初始化时设置几个通信参数。

(1) 波特率

串行通信的传输受到通信双方配备性能及通信线路的特性所左右，收、发双方必须按照同样的速率进行串行通信，即收、发双方采用同样的波特率。我们通常将传输速率称为波特率，指的是串行通信中每秒所传送的数据位数，单位是 bps。我们经常可以看到仪器或 Modem 的规格书上写着 19200bps、38400bps 等，所指的就是传输速率。例如，在某异步串行通信中，每传送一个字符需要 8 位，如果采用波特率 4800bps 进行传送，则每秒可以传送 600 个字符。

（2）数据位

当接收设备收到起始位后，紧接着就会收到数据位，数据位的个数可以是 5～8 位数据。在字符数据传送的过程中，数据位从最低有效位开始传送。

（3）起始位

在通信线上，没有数据传送时处于逻辑"1"状态。当发送设备要发送一个字符数据时，首先发出一个逻辑"0"信号，这个逻辑低电平就是起始位。起始位通过通信线传向接收设备，当接收设备检测到这个逻辑低电平后，就开始准备接收数据位信号。因此，起始位所起的作用就是表示字符传送的开始。

（4）停止位

在奇偶校验位或者数据位（无奇偶校验位时）之后是停止位。它可以是 1 位、1.5 位或2 位，停止位是一个字符数据的结束标志。

（5）奇偶校验位

数据位发送完之后，就可以发送奇偶校验位。奇偶校验用于有限差错检验，通信双方在通信时约定一致的奇偶校验方式。就数据传送而言，奇偶校验位是冗余位，它表示数据的一种性质，这种性质用于检错，虽然有限但很容易实现。

8.1.2　通信介质

通信介质就是在通信系统中位于发送端与接收端之间的物理通路。通信介质一般可分为导向性介质和非导向性介质两种。导向性介质有双绞线、同轴电缆和光纤等，这种介质将引导信号的传播方向；非导向性介质一般通过空气传播信号，它不为信号引导传播方向，如短波、微波和红外线通信等。

以下仅简单介绍几种常用的导向性介质。

（1）双绞线

双绞线是一种廉价而又广为使用的通信介质，它由两根彼此绝缘的导线按照一定规则以螺旋状绞合在一起，如图 8-9 所示。这种结构能在一定程度上减弱来自外部的电磁干扰及相邻双绞线引起的串音干扰。但双绞线在传输距离、带宽和数据传输速率等方面仍有其一定的局限性。

双绞线常用于建筑物内局域网数字信号传输。这种局域网所能实现的带宽取决于所用导线的质量、长度及传输技术。只要选择、安装得当，在有限距离内数据传输速率达到 10Mbps。当距离很短且采用特殊的电子传输技术时，传输速率可达 100Mbps 甚至1000Mbps。

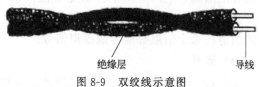
图 8-9　双绞线示意图（绝缘层、导线）

在实际应用中，通常将许多对双绞线捆扎在一起，用起保护作用的塑料外皮将其包裹起来制成电缆。采用这种方法制成的电缆就是非屏蔽双绞线电缆，如图 8-10 所示。为了便于识别导线和导线间的配对关系，双绞线电缆中每根导线使用不同颜色的绝缘层。为了减少双绞线间的相互串扰，电缆中相邻双绞线一般采用不同的绞合长度。非屏蔽双绞线电缆价格便宜、直径小（节省空间）、使用方便灵活、易于安装，是目前最常用的通信介质。

美国电器工业协会（EIA）规定了6种质量级别的双绞线电缆，其中1类线档次最低，只适于传输语音；6类线档次最高，传输频率可达到250MHz。网络综合布线一般使用3、4、5类线。3类线传输频率为16MHz，数据传输速率可达10Mbps；4类线传输频率为20MHz，数据传输速率可达16Mbps；5类线传输频率为100MHz，数据传输速率可达100Mbps。

非屏蔽双绞线易受干扰，缺乏安全性，因此往往采用金属包皮或金属网包裹以进行屏蔽，这种双绞线就是屏蔽双绞线。屏蔽双绞线抗干扰能力强，有较高的传输速率，100m内可达到155Mbps。但其价格相对较贵，需要配置相应的连接器，使用时不是很方便。

（2）同轴电缆

如图8-11所示，同轴电缆由内、外层两层导体组成。

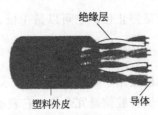 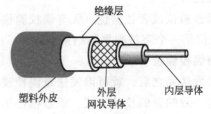

图8-10　非屏蔽双绞线电缆　　　　图8-11　同轴电缆

内层导体是一层绝缘体包裹的单股实心线或绞合线（通常是铜制的），位于外层导体的中轴上；外层导体是由绝缘层包裹的金属包皮或金属网。同轴电缆的最外层是能够起保护作用的塑料外皮。同轴电缆的外层导体不仅能够充当导体的一部分，而且还起到屏蔽作用。这种屏蔽层一方面能防止外部环境造成的干扰，另一方面能阻止内层导体的辐射能量干扰其他导线。

与双绞线相比，同轴电线抗干扰能力强，能够应用于频率更高、数据传输速率更快的情况。对其性能造成影响的主要因素来自衰损和热噪声，采用频分复用技术时还会受到交调噪声的影响。虽然目前同轴电缆大量被光纤取代，但它仍广泛应用于有线电视和某些局域网中。

目前得到广泛应用的同轴电缆主要有50Ω电缆和75Ω电缆这两类。50Ω电缆用于基带数字信号传输，又称基带同轴电缆。电缆中只有一个信道，数据信号采用曼彻斯特编码方式，数据传输速率可达10Mbps，这种电缆主要用于局域以太网。75Ω电缆是CATV系统使用的标准电缆，它既可用于传输宽带模拟信号，也可用于传输数字信号。对于模拟信号而言，其工作频率可达400MHz。若在这种电缆上使用频分复用技术，则可以使其同时具有大量的信道，每个信道都能传输模拟信号。

（3）光纤

光纤是一种传输光信号的传输媒介。光纤的结构如图8-12所示，处于光纤最内层的纤芯是一种横截面积很小、质地脆、易断裂的光导纤维，制造这种纤维的材料可以是玻璃也可

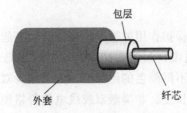

图8-12　光纤的结构

以是塑料。纤芯的外层裹有一个包层，它由折射率比纤芯小的材料制成。正是由于在纤芯与包层之间存在着折射率的差异，光信号才得以通过全反射在纤芯中不断向前传播。在光纤的最外层则是起保护作用的外套。通常都是将多根光纤扎成束并裹以保护层制成多芯光缆。

从不同的角度考虑，光纤有多种分类方式。根据制作

材料的不同，光纤可分为石英光纤、塑料光纤、玻璃光纤等；根据传输模式不同，光纤可分为多模光纤和单模光纤；根据纤芯折射率的分布不同，光纤可以分为突变型光纤和渐变型光纤；根据工作波长的不同，光纤可分为短波长光纤、长波长光纤和超长波长光纤。

单模光纤的带宽最宽，多模渐变光纤次之，多模突变光纤的带宽最窄；单模光纤适于大容量远距离通信，多模渐变光纤适于中等容量、中等距离的通信，而多模突变光纤只适于小容量的短距离通信。

在实际光纤传输系统中，还应配置与光纤配套的光源发生器件和光检测器件。目前最常见的光源发生器件是发光二极管（LED）和注入激光二极管（ILD）。光检测器件是在接收端能够将光信号转化成电信号的器件，目前使用的光检测器件有光敏二极管（PIN）和雪崩光敏二极管（APD），光敏二极管的价格较便宜，然而雪崩光敏二极管却具有较高的灵敏度。

与一般的导向性通信介质相比，光纤具有很多优点：

① 光纤支持很宽的带宽，其范围在 $10^{14} \sim 10^{15}\,\mathrm{Hz}$ 之间，这个范围覆盖了红外线和可见光的频谱。

② 具有很快的传输速率，当前限制其所能实现的传输速率的因素来自信号生成技术。

③ 光纤抗电磁干扰能力强，由于光纤中传输的是不受外界电磁干扰的光束，而光束本身又不向外辐射，因此它适用于长距离的信息传输及安全性要求较高的场合。

④ 光纤衰减较小，中继器的间距较大。采用光纤传输信号时，在较长距离内可以不设置信号放大设备，从而减少了整个系统中继器的数目。

当然光纤也存在一些缺点，如系统成本较高、不易安装与维护、质地脆易断裂等。

8.1.3　串行通信的接口标准

串行通信应用十分广泛，串口已成为计算机的必需部件和接口之一。串行接口一般包括 RS-232C/422A/485，其技术简单成熟、性能可靠、价格低廉，所要求的软硬件环境或条件都很低，广泛应用于计算机及相关领域，遍及调制解调器（Modem）、各种监控模块、PLC、摄像头云台、数控机床、单片机及相关智能设备。PLC 通信主要采用串行异步通信。

(1) RS-232C

RS-232C 是美国电子工业协会 EIA 于 1969 年公布的通信协议，它的全称是"数据终端设备（DTE）和数据通信设备（DCE）之间串行二进制数据交换接口技术标准"。RS-232C 接口标准是目前计算机和 PLC 中最常用的一种串行通信接口。

RS-232C 采用负逻辑，用 $-15 \sim -5\mathrm{V}$ 表示逻辑 1，用 $+5 \sim +15\mathrm{V}$ 表示逻辑 0。噪声容限为 2V，即要求接收器能识别低至 $+3\mathrm{V}$ 的信号作为逻辑"0"，高到 $-3\mathrm{V}$ 的信号作为逻辑"1"。RS-232C 只能进行一对一的通信。RS-232C 可使用 9 针或 25 针的 D 形连接器。表 8-1 列出了 RS-232C 接口各引脚信号的定义以及 9 针与 25 针引脚的对应关系。PLC 一般使用的是 9 针连接器。

表 8-1　RS-232C 接口各引脚信号的定义

引脚号(9 针)	引脚号(25 针)	信号	方向	功能
1	8	DCD	IN	数据载波检测
2	3	RxD	IN	接收数据

引脚号(9 针)	引脚号(25 针)	信号	方向	功能
3	2	TxD	OUT	发送数据
4	20	DTR	OUT	数据终端装置(DTE)准备就绪
5	7	GND	—	信号公共参考地
6	6	DSR	IN	数据通信装置(DCE)准备就绪
7	4	RTS	OUT	请求传送
8	5	CTS	IN	清除传送
9	22	CI(RI)	IN	振铃指示

图 8-13(a) 所示为两台计算机都使用 RS-232C 直接进行连接；图 8-13(b) 所示为通信距离较近时只需 3 根连接线。

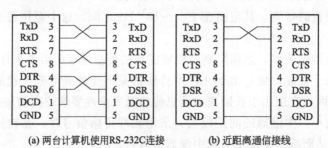

(a) 两台计算机使用RS-232C连接　　　(b) 近距离通信接线

图 8-13　两个 RS-232C 数据终端设备的连接

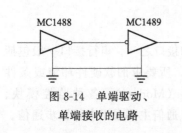

图 8-14　单端驱动、单端接收的电路

如图 8-14 所示，RS-232C 的电气接口采用单端驱动、单端接收的电路，容易受到公共地线上的电位差和外部引入的干扰信号的影响，同时还存在以下不足之处：

① 传输速率较低，最高传输速率为 20Kbps。

② 传输距离短，最大通信距离为 15m。

③ 接口的信号电平值较高，易损坏接口电路的芯片，又因为与 TTL 电平不兼容，故需使用电平转换电路方能与 TTL 电路连接。

(2) RS-422A

针对 RS-232C 的不足，EIA 于 1977 年推出了串行通信标准 RS-499，对 RS-232C 的电气特性做了改进，RS-422A 是 RS-499 的子集。

如图 8-15 所示，由于 RS-422A 采用平衡驱动、差分接收电路，从根本上取消了信号地线，大大减少了地电平所带来的共模干扰。平衡驱动器相当于两个单端驱动器，其输入信号相同，两个输出信号互为反相信号，图中的小圆圈表示反相。外部输入的干扰信号是以共模方式出现的，两传输线上的共模干扰信号相同，因接收器是差分输入，共模信号可以互相抵消。只要接收器有足够的抗共模干扰能力，就能从干扰信号中识别出驱动器输出的有用信号，从而克服外部干扰的影响。

RS-422A 在最大传输速率 10Mbps 时，允许的最大通信距离为 12m。传输速率为 100Kbps 时，最大通信距离为 1200m。一台驱动器可以连接 10 台接收器。

(3) RS-485

RS-485 是 RS-422A 的变形，RS-422A 是全双工，两对平衡差分信号线分别用于发送和接收，所以采用 RS-422A 接口通信时最少需要 4 根线。RS-485 为半双工，只有一对平衡差分信号线，不能同时发送和接收，最少只需 2 根连线。

如图 8-16 所示，使用 RS-485 通信接口和双绞线可组成串行通信网络，构成分布式系统，系统最多可连接 128 个站。

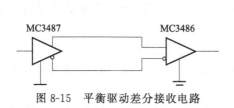

图 8-15　平衡驱动差分接收电路　　　　图 8-16　采用 RS-485 的网络

RS-485 的逻辑"1"以两线间的电压差为＋(2～6)V 表示，逻辑"0"以两线间的电压差为－(2～6)V 表示。接口信号电平比 RS-232C 降低了，就不易损坏接口电路的芯片，且该电平与 TTL 电平兼容，可方便与 TTL 电路连接。由于 RS-485 接口具有良好的抗噪声干扰性、高传输速率（10Mbps）、长传输距离（1200m）和多站能力（最多 128 站）等优点，所以在工业控制中广泛应用。

RS-422A/RS-485 接口一般采用使用 9 针的 D 形连接器。普通微机一般不配备 RS-422A 和 RS-485 接口，但工业控制微机

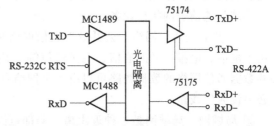

图 8-17　RS-232C/RS-422A 转换器的电路原理图

基本上都有配置。图 8-17 所示为 RS-232C/RS-422A 转换器的电路原理图。

8.2　网络

8.2.1　网络概述

8.2.1.1　网络技术的产生与发展

(1) 通信与网络

PLC 网络系统从本质上说是计算机网络系统的一种，通过线路为计算机或外部（终端）设备提供数据交换的信号通路，实现了计算机与终端设备间的数据交换。随着计算机与通信技术的同步、高速发展，通信从最初的计算机与终端发展成为通过各种手段使众多功能独立的计算机有机地连接在一起，组成了规模更大、功能更强、可靠性更高的综合信息管理系统，这就是计算机网络系统。

随着信息技术的迅猛发展，网络技术在社会各领域的应用越来越广泛，在工业自动化控制领域也同样如此，PLC 网络就是其中的代表。当前，自动控制系统正在向着集中管理、

多级分散控制的方向发展，实现系统内部，或在更大范围内实现系统与外部的数据交换与资源共享，是建立现代网络系统的根本目的所在。

网络与通信的实质相同，只不过其数据交换的范围更广。一般而言，"通信"是常指PLC 与外设之间的数据交换，而网络则是指 PLC 与多台外设或主机间的数据交换。

(2) 网络技术的发展

计算机的网络技术发展可以分为两个阶段。

① 面向终端的网络　面向终端的网络是由一台计算机与若干远程终端按照"点到点"的方式进行连接，计算机负责管理数据通信与对数据的加工处理。这种通信方式的特点是计算机负担重，线路的利用率低。

② 计算机-计算机网络　早期的计算机-计算机网络是将分布在不同地点的多台主机直接利用通信线路进行连接，以实现彼此间的数据交换，各计算机独立处理、完成各自的任务。

(3) 常用的网络系统

① 计算机通信网络　计算机通信网络的发展后期，网络功能从逻辑上被分为通信处理与数据处理两大部分。网络由通信子网与资源子网组成，通信子网为内层，主要用于通信处理，它由通信控制处理器（CCP）以及配套的软件、高速通信线路组成，负责全网络的数据传输、转接和通信处理。资源子网为外层，主要用于数据处理，它包括了网络中的全部计算机、终端与通信子网接口设备。

② 公共数据通信网络　公共数据通信网络是计算机-计算机网络系统的一种。其特点是借用了电话、电报、微波通信、卫星通信等公共通信手段，实现了计算机网络的通信联系。公共数据通信网络的数据线路可以由多个网络共用，用户只需要将自己的网络连入数据网，不必另设通信线路。

③ 局域网　局域网是一种近距离、局部范围的计算机网络。其特点如下：

a. 覆盖面较小，传输距离短。局域网一般只能覆盖一个单位，实现单位内部的计算机网络互联，传输距离一般在几百米到 10km 的范围内，通常不超过 25km。

b. 传输速率快，网络响应时间短，可靠性高。局域网的传输速率一般在 10Mbps 以上，差错率在 $10^{-11} \sim 10^{-6}$。

c. 网络连接方便，投资少。局域网一般不需要中央处理器，不需要前端处理器与集中器，可以使用双绞线、同轴电缆、光缆进行连接。

局域网一般可以分为通用局域网（LAN）、高速局域网（HSLN）、计算机分支交换网（CBX）三种。局域网中一般采用的是 Ethernet(以太网)网络，在 PLC 系统的信息网中一般也都使用 Ethernet 网。

8.2.1.2　计算机网络系统功能

计算机网络系统一般具有如下功能。

(1) 数据传送

数据传送是网络的基本功能之一，其目的是实现计算机与终端设备，计算机与计算机之间的数据交换。

(2) 数据共享

计算机网络可以将大量分散的数据迅速集中，并进行分析与处理，网络中的全部计算机都能够相互交换信息，利用网络内部其他计算机上的数据资源，各计算机不必再重复设置大容量的数据库，避免了重复投资。

(3) 软件共享

计算机网络内的各种共享软件如语言处理程序、服务程序、应用程序可以相互调用。

8.2.2　网络的结构与组成

8.2.2.1　网络结构

(1) 基本术语

① 节点与链路　从拓扑的角度，网络中的计算机、终端等称为"节点"，节点间的通信线路称为"链路（Link）"。

② 转接节点与访问节点　节点可以分为转接节点与访问节点两类。承担分组传输、存储转发、路径选择、差错处理的称为转接节点，如通信处理器、中继站等均为转接节点。访问节点也称端点，一般为主机。

③ 报文与路径　信息的传送单位在网络中一般称为"报文"（Message），报文发送源节点到目标节点的途径叫"路径"或通路、信道。

(2) 网络的拓扑结构

网络中"节点"与"链路"的连接形式称为网络拓扑结构。

① 总线型结构　总线型结构的特点是各节点利用公共传送介质——总线进行连接，所有节点都通过接口与总线相连。总线型结构的数据传送方式一般为"广播轮询方式"，即一个节点发送的信息，所有节点均可以接收，任何节点都可以发送或接收数据。这种传送方式的缺点是存在总线控制权的争用问题，从而降低传送效率。

② 环型结构　环型结构的特点是网络中的各个节点都是通过"点-点"进行连接，并构成环状。信息传送按照点到点的方式进行，一个节点发送的信息只能传递到下一个节点，下一个节点如果不是传送的目标，再传送到后一个节点，直到目标节点。环型结构的缺点是当某一个节点发生故障时，可能会引起信息通路的阻塞，影响正常的传输。环型结构又可以分为单环与多环结构。单环结构的信息流一般是单向的，多环结构允许信息流在两个方向传输。环与环之间可以通过若干交连的节点互连，使得网络得以进一步延伸。

③ 星型结构　星型结构的特点是具有中心节点，它是网络中唯一的中断节点，网络中的各节点分别连接到中心节点上。中心节点负责数据转接、数据处理与数据管理，网络的可靠性与效率决定于中心节点，中心节点如果出现故障，整个网络将不能工作。

④ 分支（树型）结构　分支（树型）结构可以分为两种，一种是由总线结构派生的，通过多条总线按照分支（树型）连接的结构；另一种是由星型结构派生的，按照层次延伸构成的结构，同一层次有多个中断节点（中心节点），最高层只有一个中断节点。

⑤ 网状结构　网状结构的特点是各节点间的物理信道连接成不规则的形状。如果任何两节点间均有物理信道相连，则称为"全相连网状结构"。

大型网络一般需要采用上述基本结构中的若干组合。例如，通信子网的基本框架为网状结构，局部采用星型结构与总线型结构等。

8.2.2.2　网络的硬件组成

(1) 主机

负责数据处理的计算机称为主机，主机应具有实时与交互式分时处理的能力，并具有相关的通信部件与接口。

（2）通信处理器

通信处理器是在主机或者终端与网络间进行通信处理的专用处理器，也称为接口信息处理器（IMP），是一种可以编程的通信控制部件，除可以进行通信控制外，还可以完成部分网络管理和数据处理任务。通信处理器的主要功能如下。

① 字符处理　所谓字符处理是将字符分解成二进制位（bit）的形式，然后进行发送；相反，接收的数据通过通信处理器重新组合为字符。在处理的同时，还要进行串行/并行的转换、字符的编码等。

② 报文处理　报文是信息传送的长度单位。报文处理是进行报文的编辑处理，形成"报头"与"报尾"标志符号。报文处理完成后在缓冲存储器中暂存，当主机或线路存在空闲时，按照顺序进行发送。同时，通信处理器还按照一定的算法，对报文进行差错校验，出错时产生错误标记、重发报文等情况。

③ 网络接口　提供主机与通信处理器、通信处理器与线路的连接接口。

④ 执行通信协议　为了对传输过程与通信设备进行有效的控制，通信双方必须共同遵守的约定叫网络通信协议或网络协议。这些约定包括字符、报文、通信线路的状态查询、通信路径的选择、信息流量的控制等。

（3）集中器

集中器的作用是将若干终端通过本地线路集中起来，连接到1～2条高速线路中，以提高信道效率，降低通信费用。集中器以微处理器为核心，具有差错控制、代码转换、报文缓冲、电路转接等功能。

（4）终端

终端是人与计算机网络进行联系的接口。其作用是将外部的输入信号转换成为计算机网络通信的信号，或将计算机网络通信的信号转换成为外部设备所需要的信号。

（5）调制解调器

调制解调器是调制器与解调器的总称，其作用是进行信号的变换，调制器可以将发送的数据与载频进行合成，转换成为网络传送信号；解调器的作用是将网络传送信号的数据与载频分离。

（6）通信线路

通信线路是网络传送数据的载体。通信线路可以采用电线、同轴电缆、光缆等。

8.2.3　网络协议

在工业局域网中，由于各节点的设备型号、通信线路类型、连接方式、同步方式、通信方式有可能不同，会给网络中各节点的通信带来不便，有时会影响整个网络的正常运行，因此在网络系统中，必须有相应的通信标准来规定各部件在通信过程中的操作，这样的标准称为网络协议。

8.2.3.1　网络体系结构

国际标准化组织 ISO(International Standard Organization) 于 1978 年提出了开放式系统互联模型 OSI(Open Systems Interconnection)，作为通信网络国际标准化的参考模型。该模型所用的通信协议一般为七层，如图 8-18 所示。

① 在 OSI 模型中，底层为物理层，物理层的下面是物理互连媒介，如双绞线、同轴电缆等。实际通信就是通过物理层在物理互连媒介上进行的，如 RS-232C、RS-422A、RS-485

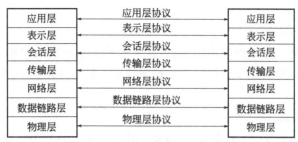

图 8-18　OSI 开放式系统互联模型

就是在物理层进行通信的。通信过程中，OSI 模型其余层都以物理层为基础，对等层之间可以实现开放系统互连。

② 在通信过程中，数据以帧为单位进行传送，每一帧包含一定数量的数据和必要的控制信息，如同步信息、地址信息、差错控制和流量控制等。数据链路层可以在两个相邻节点间进行差错控制、数据成帧、同步控制等操作。

③ 网络层用来对报文包进行分段，当报文包阻塞时进行相关处理，在通信子网中选择合适的路径。

④ 传输层用来对报文进行流量控制、差错控制，还向上一层提供一个可靠的端到端的数据传输服务。

⑤ 会话层的功能是将运行通信管理和实现最终用户应用进行同步，按正确的顺序发数据，进行各种对话。

⑥ 表示层用于应用层信息内容的形式变换，如数据加密/触密、信息压缩/解压和数据兼容，把应用层提供的信息变成能够理解的形式。

⑦ 应用层为用户的应用服务提供信息交换，为应用接口提供操作标准。

OSI 模型的数据传送是网络数据传输中最为重要的概念是：在层与层的对等进程通信中，实际数据传输是垂直进行的，但反映到各层上都被认为数据是水平传输的。

在 OSI 模型中，数据的传送过程如下：

① 发送的数据首先输入应用层，应用层对数据进行必要的处理（如增加报头等），然后将数据连同报头一起传送到表示层。

② 表示层将来自应用层的全部数据进行必要的变换（格式、编码转换，数据的压缩、加密等），也可能增加报头，然后传送到会话层。在表示层，并不能分清来自应用层的数据哪些是报头，哪些是用户数据。

③ 如此垂直往下，直到物理层，只有在物理层数据才能被实际传送。

④ 在数据接收侧，接收到来自物理层的数据后，信息垂直向上流动，报头在对应层中被层层剥离，最终到达接收应用层。

8.2.3.2　TCP/IP 协议

OSI 仅仅是建立网络用的参考模型，结构过于复杂。我们常用的网络模型为 TCP/IP 模型，即传输控制/网络协议，也叫作网络通信协议，它是在网络中使用的最基本的通信协议。TCP/IP 传输协议对互联网中各部分进行通信的标准和方法进行了规定，是保证网络数据信息及时、完整传输的两个重要的协议。TCP/IP 传输协议严格来说是一个四层的体系结构，分别是应用层、传输层、网络层和网络接口层。现在的 TCP/IP 已经成为在 Internet 上通信的国际标准。

8.2.3.3 网络访问协议

网络访问协议也称"介质访问控制方式"，它实质上是使网络中的一个节点能够知道另一个节点的存在，并且与其建立数据通信的控制规范。目前常用的网络访问协议有如下两大类共三种。

（1）CSMA/CD 协议

CSMA/CD 是 Carrier Sense Multiple Access with Collision Detection 的英文缩写，中文全称为"带冲突检测的载波侦听多路访问协议"，在国际网络标准 IEEE 802 中属于 IEEE 802.3。

CSMA/CD 网络访问的原则是"只要可能就发送"。网络访问方法很简单，如果网络中的某一节点需要占用传输介质进行数据发送，它首先需要"侦听"网络中是否有其他节点正在进行数据传输，如没有，可以立即发送数据，如果有，代表传输"冲突"，节点就必须等待，再经过一定的时间后，继续进行"侦听"，直到出现"空闲"。在数据传输过程中，节点仍然需要继续"侦听"网络是否有其他设备发送数据。如果有，必须中断发送，进行等待。这一过程要一直持续到所有的数据均被发送，并保证数据不被其他节点发送的数据所破坏。

CSMA/CD 网络访问是一种竞争的、随机的访问方式，存在数据竞争发送的现象，发送等待的时间不确定。而且，如果节点在数据发送过程中"侦听"到有"冲突"，全部数据都必须重新发送，故而传输数据的实际可用率较低（30%～50%），不适合用于业务量大的大型网络系统。

（2）令牌协议

所谓令牌（Token），事实上是一组在网络中传输的特殊"位"组合数据。令牌协议访问网络的原则是"只有拿到令牌才能发送"。它通过在网络中传送唯一的令牌，做到"有序"、无竞争地网络访问。

令牌协议可以适用于总线型拓扑结构与环型拓扑结构的网络系统。适用于总线型拓扑结构的称为令牌总线协议，适用于环型拓扑结构的称为令牌环协议。在国际网络标准 IEEE 802 中，分别属于 IEEE 802.4 与 IEEE 802.5。

环型网络的特点是网络本身的物理结构封闭、组成环型，因此，令牌环协议访问网络时可以直接从某节点开始，在环型网络的各节点中依次传递令牌，并回到该节点。如图 8-19 所示。

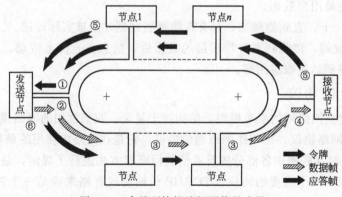

图 8-19　令牌环协议访问网络的步骤

对于总线型结构，令牌总线协议首先要仿照令牌环的方法，从数据传送逻辑的角度连接总线型网络的各物理节点，利用数据发送与接收的逻辑回路构成环型，如图 8-20 所示。然后通过对各节点依次传递令牌，使得获得令牌的节点有权发送数据。

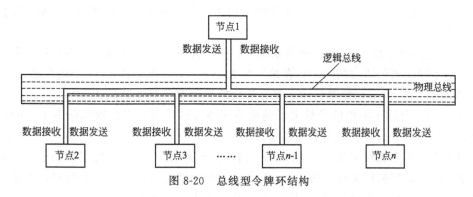

图 8-20 总线型令牌环结构

令牌环协议与令牌总线协议的区别在于数据的传送过程。在令牌环中，"数据传输帧"或"应答帧"事实上需要经过环状网络的每一节点才能返回到发送节点。而在令牌总线协议中，获得了令牌的节点可以直接将数据发送在总线上，经由总线直接传送到目的地。同样，"应答帧"也可以直接向总线发送，并直接到达发送节点，因此不需要像令牌环那样经过网络中的其他无关节点的中转。

令牌网络访问是一种时间可以确定的访问方式，只有拿到令牌的节点才可以发送数据，而网络中的令牌是唯一的，不存在数据竞争发送的现象，因此是一种发送时间可以确定的无竞争网络访问方式。

8.2.4 三菱 PLC 的网络体系与结构

8.2.4.1 基本术语

① 站 在 PLC 网络系统中，将可以进行数据通信、连接外部输入/输出的物理设备称为"站"。

② 主站 在 PLC 网络系统中能够对数据传输进行控制（发布传输命令）的站，称为"主站"。主站上设置有控制整个网络的参数，每一网络系统必须至少有一个主站，主站的站号固定为"0"。在 PLC 控制系统中，主站一般由 PLC、编程器（PG）、人机交互界面（HWI）、上位计算机等担任。

③ 从站 网络中除主站以外的其他站均称为从站。从站只能响应主站的通信命令，按照主站的要求接收与发送数据。

④ 远程 I/O 站 在 PLC 网络系统中，仅能够处理二进制位（点）的从站。如开关量 I/O 模块、电磁阀、传感器接口等，它只占用 1 个内存站。

⑤ 远程设备站 在 PLC 网络系统中，能够同时处理二进制位（点）、字的从站，如模拟量输入/输出模块、数字量输入/输出模块、传感器接口等，它占用 1～4 个内存站。

⑥ 本地站 在 PLC 网络系统中，带有 CPU 模块并可以与主站以及其他本地站进行循环传输或瞬时传输的站，它占用 1～4 个内存站。本地站通常情况下由 PLC 承担。

⑦ 智能设备站 在 PLC 网络系统中，可以与主站进行循环传输或瞬时传输的站，它占用 1～4 个内存站点。网络中带有 CPU 的控制装置，如伺服驱动器等，均可以作为智能

设备站。

⑧ 站数 连接在同一个网络中，所有物理设备（站）所占用的"内存站"的总和。为了进行数据通信，在网络主站中需要建立数据通信缓冲区。PLC 网络的通信缓冲区一般以 32 点输入、32 点输出，4 字的读入、4 字的写出为一个基本单位，这样的一个基本单位被称为一个"内存站"。

⑨ 占用的内存站数 在 PLC 网络系统中，一个物理从站所使用的"内存站"数。根据从站性质的不同，通信所占用的"内存站"数大小不一，一般占用 1～4 个内存站。

⑩ 模块数 在 PLC 网络系统中，实际连接的物理设备的数量。

⑪ 中继器 是用于网络信号放大、调整的网络互联设备，对传输线路中引起的信号衰减起到放大作用，从而延长网络的连接长度。

一般来说，对于通用 Ethernet 网，正常的传输距离为 500m，其覆盖范围较小。但在使用了中继器以后，根据标准规定的 5-4-3 原则（一个网络可以使用 4 个中继器，连接 5 段网络，其中 3 段网络可以连接节点），其传输距离便可以扩大到 2.5km。

中继器工作于网络的物理层，只能处理（转发）二进制位数据（比特），且不管帧的格式如何，它总是将一端输入的信号经过放大后从另一端输出。中继器两侧的网络类型、传输速率必须相同。

同样用于延长网络连接长度的常用网络设备还有"网桥"。与中继器相比，网桥的功能更强，它作用于 OSI 模型的第二层，具有将输入的二进制位数据（比特）组织成为字节或字段，并将其集成为一个完整的帧的功能，其智能化程度比中继器更高。

当网络需要在更大范围进行连接时，还需要使用路由器、交换机等设备，其智能化程度与功能比网桥更强。它们不仅可以连接不同类型、不同传输速率的网络，还具有路径选择等更为高级的功能。

⑫ 循环传输 数据传输方式的一种，它是在同一网络内进行的周期性数据通信的方式。

⑬ 扩展循环传输 循环传输方式的一种，是通过对数据进行分割，以增加每一内存站进行循环通信的实际点数（链接容量）的循环传输方式。

⑭ 广播轮询方式 数据传输方式的一种，是在同一时间内，同时把数据传送给网络中所有站点的通信方式。

8.2.4.2 三菱 PLC 的网络结构

三菱 PLC 提供了管理层、控制层、设备层的三层网络结构，分别用于信息管理的以太网（Ethernet），控制管理的局域网［MELSECNET/10（H）］，设备管理的开放式现场总线 CC-Link 网，其网络结构如图 8-21 所示。

在三菱 PLC 的网络结构中，以太网（Ethernet）作为 PLC 网络系统中的顶层网络，主要是在 PLC、设备控制器以及生产管理用 PC 间传输生产管理信息、质量管理信息及设备的运转情况等数据。以太网不仅能够连接 Windows 系统的 PC、UNIX 系统的工作站等，而且还能连接各种 FA 设备。Q 系列 PLC 系列的 Ethernet 模块具有日益普及的因特网电子邮件收发功能，使用户无论在世界的任何地方都可以方便地收发生产信息邮件，构筑远程监视管理系统。同时，利用因特网的 FTP 服务器功能及 MELSECNET 专用协议可以很容易地实现程序的上传/下载和信息的传输。

MELSECNET/10（H）是三菱 PLC 网络系统中的中间层网络，它是在 PLC、CNC 等控制设备之间方便、高速地进行数据处理、互传的控制网络。作为 MELSEC 控制网络的

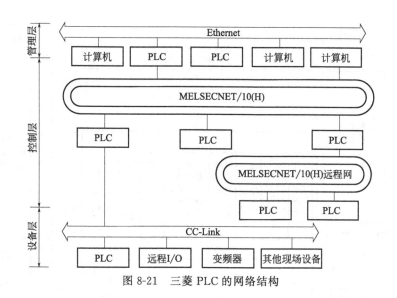

图 8-21　三菱 PLC 的网络结构

MELSECNET/10，以它良好的实时性、简单的网络设定、无程序的网络数据共享概念，以及冗余回路等特点获得了很高的市场评价。而 MELSECNET/H 不仅继承了 MELSECNET/10 优秀的特点，还使网络的实时性更好，数据容量更大，进一步适应市场的需要。但目前 MELSECNET/H 只有 Q 系列 PLC 才可使用。

CC-Link 网是三菱 PLC 网络系统中最底层的网络，它是把 PLC 等控制设备和传感器以及驱动设备连接起来的现场网络。采用 CC-Link 现场总线连接，布线数量大大减少，提高了系统可维护性。而且，CC-Link 不只是 ON/OFF 等开关量数据的通信，它还可连接 ID 系统、条形码阅读器、变频器、人机界面等智能化设备，从完成各种数据的通信到终端生产信息的管理均可实现，加上对机器动作状态的集中管理，使维修保养的工作效率也大有提高。

8.2.4.3　三菱 PLC 以太网

(1) 三菱 PLC 以太网体系结构

三菱 PLC 以太网是企业级网络（工厂局域网），提供 100M/10Mbps 的传输速度，用于工厂各部分之间的通信。它与 OSI 开放式系统互联模型对应层的关系以及网络体系结构、PLC 与网络模块的功能划分如图 8-22 所示。

从图 8-22 可以看出，PLC 以太网虽然在硬件（物理结构）上属于 PLC 网络系统的最顶层，但是从 OSI 模型的角度看，网络本身使用了模型的物理层、数据链路层、网络层、传输层以及应用层。其中，模型中物理层、数据链路层、网络层的功能由 PLC 网络模型实现，而应用层的功能由 PLC 的 CPU 来承担。模型中的网络层使用的通信协议为 ICMP、ARP，传输层使用的通信协议为 TCP、UDP。

套接字（Socket）是支持 TCP/IP 网络通信的基本操作单元，可以看作是不同主机之间的进程进行双向通信的端点，简单地说就是通信的两方的一种约定，用套接字中的相关函数来完成通信的过程。

TCP 协议是用于计算机/工作站、网络链接的 PLC 之间数据传输控制的协议。该协议的功能主要有：

① 通过创建逻辑连接，可以在通信设备间建立一条假想的专用的通信线路；

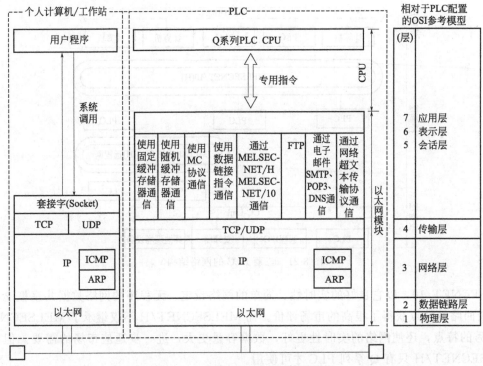

图 8-22 三菱 PLC 以太网体系结构

② 最多可以建立 16 个连接，并且可以同时与多个缓冲存储器进行通信；

③ 使用"序号""数据再次传送"等功能与校验保证数据的可靠性；

④ 可以利用 Windows 的操作来控制通信数据流。

UDP 协议称为用户数据帧协议，作用与 TCP 协议类似，其特点是可以进行高速传输，但不能保证计算机/工作站、网络链接的 PLC 之间数据传输的可靠性。UDP 协议用于未完成的数据传送，不具备再次传送功能，一般不宜用于可靠性要求高的场合。

IP 协议称为网际协议，该协议以数据帧的格式发送与接收数据，并且可以分割和重新汇编通信数据，但不支持路由功能。

ICMP 协议称为互联网控制信息协议，该协议的作用主要有：

① 交换 IP 网络上的错误与连接方面的信息；

② 提供 IP 出错信息；

③ 提供其他选项支持的信息。

ARP 协议称为地址解析协议，该协议可以用来从 IP 地址中获得以太网的物理地址。

FTP 协议称为文件传送协议，用于上传与下载 PLC CPU 中的文件。

SMTP 协议称为邮件传送协议，可以用于简单邮件的传送。

POP3 协议称为邮局协议，它可以将邮件服务器收到的邮件传送给本地计算机。

DNS 为域名系统，它将 IP 地址翻译成用户容易记住的名字。

HTTP 协议称为超文本传送协议，该协议可以用于全球网络数据通信。

(2) 三菱 PLC 以太网

三菱 PLC 以太网具有连接多个外设、多 CPU 系统的功能。

① 三菱 PLC 以太网连接多个外设。三菱 PLC 以太网通过 TCP/IP 通信协议或 UDP/IP

通信协议，可以连接多个 MELSOFT 产品（如安装有 GX Developer、GT-Soft GOT 的外部设备）或 GOT（人机界面），如图 8-23 所示。

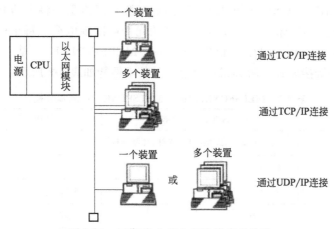

图 8-23　三菱 PLC 以太网连接多个外设

如果启动个人计算机中的两个或多个 MELSOFT 产品以执行与以太网模块的 TCP/IP 通信和 UDP/IP 通信时，可以使用相同的站号。GT-Soft GOT 和 GOT 只支持 UDP/IP 通信。

② 三菱 PLC 以太网连接多 CPU 系统。三菱 PLC 以太网可以与多 CPU 的 Q 系列 PLC 进行连接，并指定其中需要访问的 CPU，与其进行数据通信，如图 8-24 所示。三菱 PLC 以太网对多 CPU 系统中指定 CPU 的访问由以下方式进行：

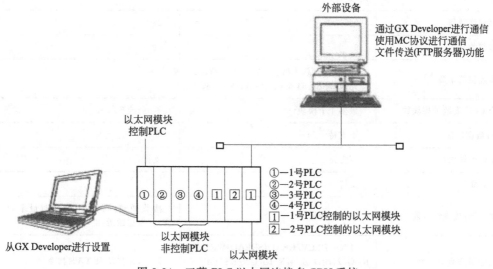

图 8-24　三菱 PLC 以太网连接多 CPU 系统

a. 使用 MELSEC 专用通信协议进行数据通信；
b. 使用 GX Developer 工具软件进行 PLC 通信；
c. 利用文件传输功能进行通信；
d. 在固定缓冲存储器通信方式中，可以进行专用指令通信与电子邮件收发；
e. 从非控制 CPU 中读取缓冲存储器参数；

f. 利用互联网访问控制 CPU 与非控制 CPU。

8.2.4.4　三菱 PLC 局域网

　　三菱 PLC 的 MELSECNET/10(H)（H 为更新版）网络是一种大容量、高速、性能优良的网络，速度可达 25Mbps 或 10Mbps，可使用光纤或同轴电缆，每个网络中最大可连接 64 个站，总距离可达 30km。MELSECNET/10 与 MELSECNET/H 是三菱 PLC 目前常用的两种 PLC 局域网链接模式，两者相互兼容，其基本性能如表 8-2 所示。

表 8-2　**MELSECNET/10 与 MELSECNET/H 基本性能**

项目	MELSECNET/10 模式	MELSECNET/H 模式
传输介质/网络结构	同轴电缆，总线型结构；光纤，环型结构	
LX/LY 最大链接点数	8192	
链接继电器 LB	8192 点	16383 点
链接寄存器 LW	8192 点	16383 点
每个站的最多链接点数	LB+LW+LY≤2000 字节	
瞬时传送数据容量	最高 960 字节/帧	最高 1920 字节/帧
通信速率	25M/10Mbps 通过开关设置	10Mbps
网络访问协议	令牌总线（总线型）/令牌环（环型）	
总距离	同轴电缆，总线型：500m；当连接 4 个中继器时可以达到 2.5km。光纤，环型：30km	
站之间的距离	同轴电缆，总线型：500m/300m； 光缆，环型（通信速率 100Mbps）：1km（使用 QSI/宽带 H-PCF/H-PCE 时），500m（使用 SI 时）	
最多网络数目	255	239
最多组数	9	32
最多连接的站数	同轴电缆，总线型：32 个（1 个主站，31 个从站）； 光缆，环型：64 个（1 个主站，63 个从站）	
每个 CPU 安装的模块数	最多 4 个模块	
32 位数据保证	不支持	支持
每个站的块保证	不支持	支持
N∶N 通信	支持	
数据发送/接收通道数	固定 8 通道	接收通道：64（同时使用时最多为 8 通道）。发送通道：8
可以使用的通信指令	SEND/RECV/READ/SREAD/WRITE/REQ/ZNRD/ZNWR/RRUN/RSTOP/RTMRD/RTMWR	同左，还支持 RECVS 指令
低速循环传送功能	不能使用	可以使用
可以设置的最多刷新参数	3 个/模块（除 SB/SW 外）	64 个/模块（除 SB/SW 外）
适用的 CPU	QCPU（Q 模式），QCPU-A（A 模式），QnCPU-A，ACPU	QCPU（Q 模式）

（1）MELSECNET/10

三菱 PLC 的 MELSECNET/10 是控制级局域网络，使用大、中型 PLC，提供 10Mbps 的传输速率，网络总距离可达 30km。可使用光纤或同轴电缆，MELSECNET/10 网络使用光纤时，系统具有不受环境噪声影响和传输距离长等优点；使用同轴电缆时则具有低成本的优点。

光纤系统的双环型网络拓扑结构提供传输光纤的冗余。如果一根光纤突然断裂或发生连接故障，系统仍可以继续运行。除光纤冗余外，MELSECNET/10 网的令牌通信方法提供一种浮动主站功能，用此功能，当一个 PLC 站停止运行时，网络系统仍能让所有挂网的 PLC 继续正常运行。

MELSECNET/10 网具有较高的灵活性，一个单 A2AS PLC 系统最多可插装 4 个 MELSECNET/10 网络组件，光纤或同轴电缆可以任意混合使用。作为一个大型的网络系统，最多可挂连 255 个网区，每个网区的最大 PLC 数可达 64 个（1 个主站，63 个从站）。在这些网络中的任何节点均可传送/接收任何数据。MELSECNET/10 网中可供网络全局通信使用的位软元件和字软元件各有 8192 点。

MELSECNET/10 具有自诊断功能，由于网络分散安装在一个很大的区域内，因此，在选择网络形式时很重要的一个因素是易于查寻故障。MELSECNET/10 系统的网络监控功能可提供所有为查寻故障所需的必要信息。

（2）MELSECNET/H

MELSECNET/H 网络系统是在三菱 MELSECNET/10 网络系统的基础上发展起来的高速、高性能 PLC 互连网络系统。MELSECNET/H 的 PLC 到 PLC 网络系统比 MELSECNET/10 常规的 PLC 到 PLC 网络系统具有更多的功能、更快的处理速度和更大的容量，其最大传输速率可达 25Mbps，网络总距离可达 30km。

MELSECNET/H 系统包括 PLC 与 PLC 间的链接网络系统（简称互联网）、PLC 与远程 I/O 站的链接网络系统（简称远程网）两部分，如图 8-25 所示。但是，配置 PLC 远程网对 CPU 功能有一定的要求，部分 PLC 产品（如三菱 Q 系列采用精简型 Q00J、基本型 Q00/Q01CPU 时）不能构建 PLC 远程网。图中的控制站即为主站，普通站为从站。

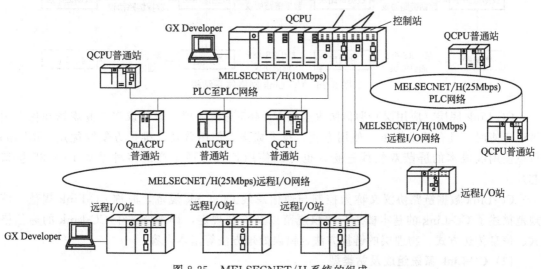

图 8-25　MELSECNET/H 系统的组成

8.2.4.5 三菱 PLC 现场总线 CC-Link

CC-Link 是 Control & Communication Link 的缩写，即控制与通信链接的简称，属于设备级网络（设备层）。它是三菱公司开发的现场总线，采用屏蔽双绞线将一些工业设备（如变频器、触摸屏、电磁阀门、限位开关等）组成设备层的总线网络，而这个网络也可以与其他网络（如以太网和 MELSECNET/H 等）方便地连接。这种简单的总线不仅解决了工业现场配线复杂的问题，大幅度地降低了工程的成本，提高了可靠性和稳定性，还拥有了非常重要的网络侦听功能，使系统维护更加简单。目前，CC-Link 现场总线包括了 CC-Link 与 CC-Link/LT 两个层次，可以满足不同规模的现场控制系统需要。

CC-Link 现场总线应用于过程自动化和制造自动化最底层的现场仪表或现场设备互连的网络，不仅可以构建以 Q、QnA、A 系列大、中型 PLC 为主站的 CC-Link 系统（FX 系列小型 PLC 可作为其远程设备站连接），还可以构建以 FX 系列小型 PLC 为主站的 CC-Link 系统。CC-Link 在实时性、分散控制、与智能设备通信、RAS 功能等方面在同行业中具有最新和最高功能。同时，它可以与各种现场机器制造厂家的产品相连，为用户提供多厂商的使用环境。CC-Link 网络最高传输速率可以达到 10Mbps，最远传输距离达到 1200m，网络可以通过中继器进行扩展，并支持高速循环通信与大容量数据的瞬时通信。

(1) CC-Link 网络体系结构

CC-Link 网络体系参照计算机网络进行设计，并对 OSI 模型进行简化与改进，它保留了 OSI 模型的物理层、数据链路层和应用层，省略了模型的其余层，其网络体系结构如图 8-26 所示。

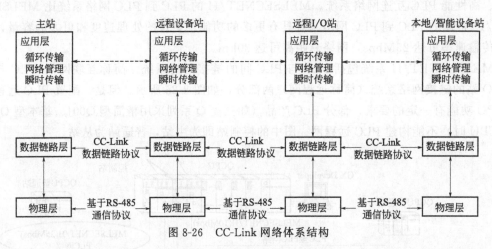

图 8-26 CC-Link 网络体系结构

CC-Link 底层（应用层）通信协议遵循 RS-485 总线协议，该协议在工业现场和仪表中被广泛使用，具有开发简单、使用方便、技术成熟、使用普及、维护方便等优点。RS-485 可以使用低成本的屏蔽双绞线连接，也可以使用各大公司生产的多种常规 EIA485 接口芯片。

CC-Link 数据链路协议又称为控制与通信总线 CC-Link 规范，简称 CC-Link 规范。该规范描述了 CC-Link 的基本概念与协议规范以及安装规定，详细阐述了 CC-Link 的通信格式、信息传送方式、物理层的链接方法、错误处理方法等基本内容。

(2) CC-Link 系统组成及站类型

CC-Link 不仅支持处理位信息的远程 I/O 站，还支持以字为单位进行数据交换的远程设备站，以及可进行信息通信的智能设备站，此外它还支持众多生产厂家制造的现场设备。
CC-Link 系统组成如图 8-27 所示，具体包括主站、本地站、智能设备站、远程 I/O 站、远程设备站等，这些站的类型如表 8-3 所示。用户可根据在不同的工厂自动化环境中的应用，选择各种合适的设备。不论如何选择，系统中必须存在 1 个主站来对整个 CC-Link 进行控制，且系统中最多有 64 个站。

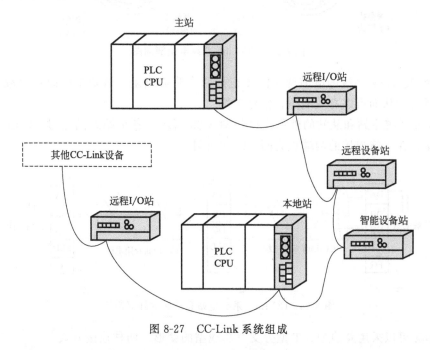

图 8-27　CC-Link 系统组成

表 8-3　CC-Link 站的类型

CC-Link 站类型	说　　明
主站	控制 CC-Link 上全部站，并需设定参数的站，每个系统中必须有 1 个主站，如 A/QnA/Q 系列 PLC 等
本地站	具有 CPU 模块，可以与主站及其他本地站进行通信的站，A/QnA/Q 系列 PLC 等
远程 I/O 站	只能处理位信息的站，如远程 I/O 模块、电磁阀等
远程设备站	可处理位信息及字信息的站，如 A/D、D/A 转换模块及变频器等
智能设备站	可处理位信息及字信息，而且也可完成不定期数据传送的站，如 A/QnA/Q 系列 PLC、人机界面等

(3) CC-Link 连接

主站与其他站之间的数据通信是通过三菱公司的专用现场总线（CC-Link 总线）电缆来完成的，该专用电缆是一种三芯屏蔽双绞线电缆，剖面如图 8-28 所示，其内部红、黄、蓝三色分别是两根数字信号线和一根地线，外部有接地线、屏蔽线以及最外部的护套。图中两种电缆的唯一区别就是屏蔽线的不同，左图采用多股线的方式屏蔽，右图采用束线的方式屏蔽。

CC-Link 总线电缆每个端子有 4 个接头，分别是红色 DA、黄色 DB、蓝色 DG、接地线 SLD，通过这 4 个接头可与每个站的 CC-Link 端口进行连接。

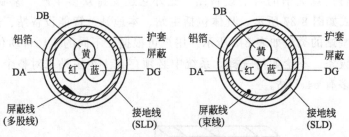

图 8-28　CC-Link 总线电缆剖面图

在整个 CC-Link 系统的电缆两端需要连接两个终端电阻，这两个电阻可以减轻终端部分的信号反射，从而可以有效地防止信号干扰。

CC-Link 系统主站和从站的外部连接如图 8-29 所示。各个站之间通过 CC-Link 专用电缆进行连接，在串行连接的两端连有两个终端电阻。

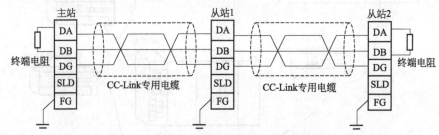

图 8-29　CC-Link 系统主站和从站的外部连接

CC-Link 可以采用总线型、T 型分支（总线型的变形）两种连接方式。

总线型连接方式如图 8-30 所示，图中最大传输距离指总线连接两端的电缆长度。站间的电缆长度指各站与邻接站之间的电缆长度。

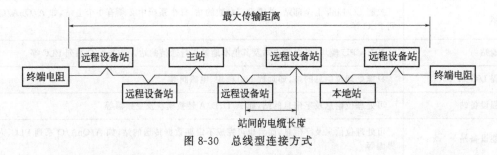

图 8-30　总线型连接方式

T 型分支连接方式如图 8-31 所示，图中主干指两端装有终端电阻的电缆；最大主干长度指终端电阻之间的电缆长度，不包含分支长度；分支指从主干分支出来的电缆，如果不使用中断器，分支将不允许再带分支；分支长度指每一个分支的电缆长度；分支总长度指各分支长度的总和。

（4）CC-Link/LT

CC-Link/LT 是建立在 CC-Link 基础上，专门为小规模 I/O 系统设计的开放式现场总线，它可以连接分散的传感器、执行器，实现设备对 I/O 的控制。CC-Link/LT 的连接方式与 CC-Link 基本相同，一般采用如图 8-32 所示的 T 型分支结构。

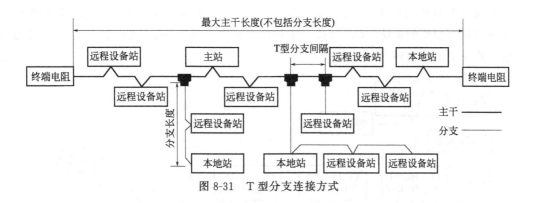

图 8-31 T 型分支连接方式

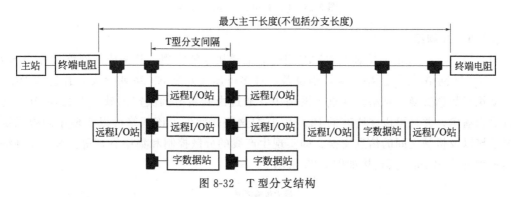

图 8-32 T 型分支结构

8.2.4.6 FX 系列 PLC 网络

FX 系列 PLC 网络属于设备级网络（设备层），主要有 CC-Link 网络、CC-Link/NT 网络、N∶N 网络、并行链接、计算机链接等类型。

(1) CC-Link 网络

FX 系列 CC-Link 网络系统是以 FX 系列 PLC 为主站，通过总线电缆将分散的 I/O 模块、特殊功能模块（如 FX-16CCL、FX-32CCL 等）连接起来，并且通过 PLC 的 CPU 来控制这些相应模块的系统。网络总距离可达 1200m，可以连接 7 个远程 I/O 站、8 个远程设备站，其连接如图 8-33 所示。该网络用于生产线的分散控制和集中管理、与上位网络之间的数据交换等。

图 8-33 CC-Link 网络连接

(2) CC-Link/NT 网络

FX 系列 CC-Link/NT 网络系统是以 FX 系列 PLC 为主站，通过总线电缆将分散的 I/O

模块、特殊功能模块（如 FX-64CL-M、FX-32CCL 等）连接起来，并且通过 PLC 的 CPU 来控制这些相应模块的系统。CC-Link/NT 网络总距离可达 560m，可以最多连接 64 个远程 I/O 站，其连接如图 8-34 所示。

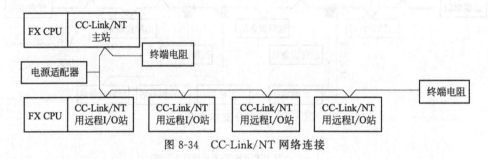

图 8-34　CC-Link/NT 网络连接

(3) N∶N 网络

PLC 与 PLC 之间的通信必须通过专用的通信模块才能实现，其构成的网络又称为 N∶N 网络。N∶N 网络是通过 RS-485 通信设备，最多可连接 8 个 FX 系列 PLC，在这些 PLC 之间自动执行数据交换的网络。在这个网络中，通过由刷新范围决定的软元件在各 PLC 之间执行数据通信，并且可以在所有的 PLC 中监控这些软元件。该网络可以实现小规模系统的数据链接以及机械之间的信息交换，即实现生产线的分散控制和集中管理等。N∶N 网络总距离最大可达 500m，其连接如图 8-35 所示。

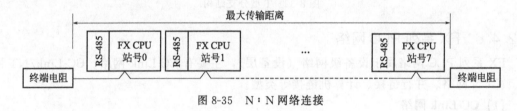

图 8-35　N∶N 网络连接

(4) 并行链接

并行链接又称为并联链接，是通过 RS-485 通信设备连接，在 FX 系列 PLC 1∶1 之间，通过位软元件 M(M0～M99) 和数据寄存器 D(D0～D9) 进行自动数据交换的网络。该链接可以执行 2 台 FX 系列 PCL 之间的信息交换，即实现生产线的分散控制和集中管理等。并行链接的数据可以在两台 PLC 之间自动更新，传输距离最大可达 500m，如图 8-36 所示。

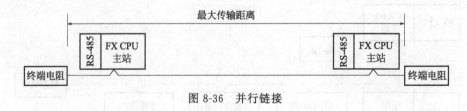

图 8-36　并行链接

(5) 计算机链接

计算机链接是通过专用协议进行数据传输，并可以从计算机直接指定的软元件进行数据交换的网络。使用计算机链接时，计算机作为上位机，而 PLC 作为下位机，可实现生产的集中管理和库存管理等。当使用 RS-232C/485 转换接口和 RS-485(422) 通信适配器时，一台计算机最多可以连接 16 台 FX 系列 PLC，这种链接称为 1∶N 链接；当使用 RS-232C 通信适配器时，一台计算机最多可连接 1 台 FX 系列 PLC，这种链接称为 1：1 链接，如图 8-37 所示。

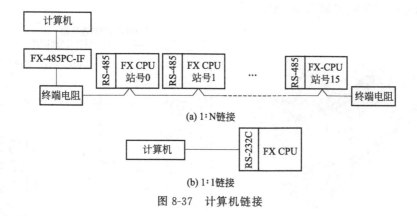

图 8-37　计算机链接

8.3　FX$_\text{2N}$ 系列 PLC 的通信接口设备

在 FX 系列 PLC 中，可以利用各种通信模块、通信功能扩展板、通信特殊功能模块等通信接口设备在 FX 系列 PLC 间构建简易数据连接和与 RS-232C、RS-485 设备的通信功能，还能根据控制内容，以 FX 系列 PLC 为主站，构建 CC-Link 的高速现场总线网络。

本节讲述以 FX$_\text{2N}$ 系列 PLC 为主的通信模块、通信功能扩展板以及通信特殊功能模块等通信接口设备。

8.3.1　RS-232C 通信接口设备

（1）FX$_\text{2N}$-232-BD 通信功能扩展板

用于 RS-232C 的通信功能扩展板 FX$_\text{2N}$-232-BD（简称 232BD），可连接到 FX$_\text{2N}$ 系列 PLC 的基本单元上。232BD 连接到 FX$_\text{2N}$ 系列 PLC 的基本单元上时，可作为以下应用端口使用：

① 与带有 RS-232C 接口的计算机、条形码阅读机等外设进行无协议数据通信。

② 与带有 RS-232C 接口的计算机等外设进行专用协议的数据通信。

③ 连接带有 RS-232C 接口的编程器、触摸屏等标准外部设备。

232BD 的主要性能参数如表 8-4 所示。

表 8-4　232BD 的主要性能参数

项目	性能参数	项目	性能参数
接口标准	RS-232C	通信方式	半双工通信、全双工通信
传输距离	最大 15m	通信协议	无协议通信、编程协议通信、专用协议通信
连接器	9 芯 D-SUB 型	模块指示	RxD、TxD 发光二极管指示
隔离	无隔离	电源消耗	DC 5V/60mA，来自 PLC 基本单元

232BD 的外形和端子如图 8-38 所示,其 9 芯连接器 (D-SUB) 的引脚布置、输入/输出信号连接名称和含义与标准 RS-232C 接口基本相同,但接口无 RS、CS 连接信号,具体信号名称、信号作用与功能如表 8-5 所示。

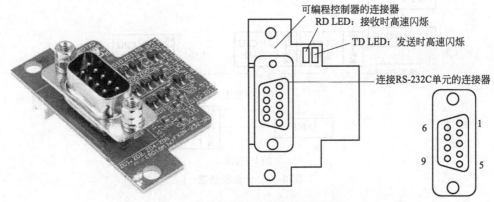

图 8-38 FX$_{2N}$-232-BD 的外形和端子

表 8-5 FX$_{2N}$-232-BD 引脚名称和含义

引脚	信号名称	信号作用	信号功能
1	CD 或 DCD(Data Carrier Detect)	载波检测	接收到 Modem 载波信号时为 ON
2	RD 或 RxD(Received Data)	数据接收	接收来自 RS-232C 设备的数据
3	SD 或 TxD(Transmitted Data)	数据发送	发送传输数据到 RS-232C 设备
4	ER 或 DTR(Data Terminal Ready)	终端准备好(发送请求)	数据发送准备好,可作为请求发送信号
5	SG 或 SGND(Signal Ground)	信号地	—
6	DR 或 DSR(Data Set Ready)	终端准备好(发送使能)	数据接收准备好,可作为数据发送请求回答信号
7~9	空(未使用)	—	—

(2) FX$_{0N}$-232ADP/FX$_{2NC}$-232ADP 通信模块

FX$_{0N}$-232ADP/FX$_{2NC}$-232ADP 通信模块是可以与计算机通信的绝缘型特殊适配器。若与 FX$_{2N}$-CNV-BD 一起使用,就能够与 FX$_{2N}$ 系列 PLC 连接。

FX$_{0N}$-232ADP/FX$_{2NC}$-232ADP 连接到 FX$_{2N}$ 系列 PLC 的基本单元上时,可做以下应用端口使用:

① 用于以计算机为主机的计算机链接 (1:1) 专用协议的数据通信。

② 与计算机、条形码阅读机、打印机和测量仪表等配备 RS-232C 接口的设备进行 1:1 无协议数据通信。

③ 连接带有 RS-232C 接口的编程器、触摸屏等标准外部设备。

FX$_{0N}$-232ADP/FX$_{2NC}$-232ADP 的主要性能参数如表 8-6 所示。

表 8-6 FX$_{0N}$-232ADP/FX$_{2NC}$-232ADP 的主要性能参数

项目	性能参数	项目	性能参数
接口标准	RS-232C	连接器	25 芯 D-SUB 型 (FX$_{0N}$-232ADP);9 芯 D-SUB 型 (FX$_{2NC}$-232ADP)

续表

项目	性能参数	项目	性能参数
传输距离	最大 15m	通信协议	无协议通信、编程协议通信、专用协议通信
通信方式	全双工通信	模块指示	RxD、TxD、POWER 发光二极管指示
隔离	光电耦合隔离	电源	DC 5V，来自 PLC 基本单元

FX$_{0N}$-232ADP 的端子如图 8-39（a）所示，它采用 25 芯连接器（D-SUB）的引脚布置；FX$_{2NC}$-232ADP 的外形如图 8-39（b）所示，端子如图 8-39（c）所示，它采用 9 芯连接器（D-SUB）的引脚布置。

(a) FX$_{0N}$-232ADP端子　　(b) FX$_{2NC}$-232ADP外形　　(c) FX$_{2NC}$-232ADP端子

图 8-39　FX$_{0N}$-232ADP/FX$_{2NC}$-232ADP 的外形和端子

（3）FX$_{2N}$-CNV-BD 连接板

FX$_{2N}$-CNV-BD 连接板是将 FX 系列绝缘型特殊适配器连接到 FX$_{2N}$ 系列 PLC 上的连接用板。

（4）FX-485PC-IF 接口单元

对于计算机的通信连接而言，FX-485PC-IF 接口单元能够完成 RS-232C 和 RS-485（422）的信号转换。在计算机连接功能中，一台计算机通过 FX-485PC-IF 接口单元最多可连接 16 台 PLC。

8.3.2　RS-422 通信接口设备

RS-422-BD 为 RS-422 的通信扩展板，可以安装在 FX$_{2N}$ 系列 PLC 的基本单元中，用于 RS-422 通信。RS-422-BD 的外形如图 8-40 所示，它可以连接 PLC 的外部设备以及数据存储单元（DU）、人机界面（GOT）等。RS-422 的主要性能参数如表 8-7 所示。

图 8-40　RS-422-BD 的外形

表 8-7　RS-422 的主要性能参数

项目	性能参数
接口标准	RS-422

续表

项目	性能参数
传输距离	最大 50m
通信方式	半双工双向
绝缘方式	非绝缘
连接器	8 芯 MINI-DIN 型
通信协议	编程协议通信、专用协议通信
消耗电流	DC 5V/30mA(由 PLC 供电)

8.3.3 RS-485 通信接口设备

(1) FX$_{2N}$-485-BD 通信功能扩展板

用于 RS-485 的通信功能扩展板 FX$_{2N}$-485-BD(简称 485BD),可以连接到 FX$_{2N}$ 系列 PLC 的基本单元上。485BD 连接到 FX$_{2N}$ 系列 PLC 的基本单元上时,可作为以下应用端口使用:

① 通过 RS-485/RS-232C 接口转换器,可以与带有 RS-232C 接口的计算机、条形码阅读机等外设进行无协议数据通信。

② 与外设进行专用协议的数据通信。

③ 进行 PLC 与 PLC 的并行链接。

④ 进行 PLC 的网络链接。

如表 8-8 所示,其外形和端子如图 8-41 所示。

表 8-8 485BD 的主要性能参数

项目	性能参数	项目	性能参数
接口标准	RS-485	通信方式	半双工通信、全双工通信
传输距离	最大 50m	通信协议	专用协议通信
连接器	8 芯 MINI-DIN 型	模块指示	SD、RD 发光二极管指示
隔离	无隔离	电源消耗	DC 5V/60mA,来自 PLC 基本单元

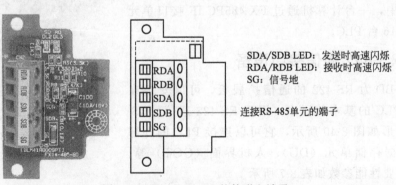

SDA/SDB LED:发送时高速闪烁
RDA/RDB LED:接收时高速闪烁
SG:信号地

连接 RS-485 单元的端子

图 8-41 FX$_{2N}$-485-BD 的外形和端子

(2) FX$_{0N}$-485ADP/FX$_{2NC}$-485ADP 通信模块

FX$_{0N}$-485ADP/FX$_{2NC}$-485ADP 通信模块是能够与计算机通信的绝缘型特殊适配器,如

果与 FX_{2N}-CNV-BD 连接板一起使用，可以与 FX_{2N} 系列 PLC 连接。

FX_{0N}-485ADP/FX_{2NC}-485ADP 通信模块可作为以下应用端口使用：

① 与 PLC 之间实现 N∶N 数据通信。

② 进行 PLC 与 PLC 的并行链接。

③ 通过 RS-485/RS-232C 接口转换器，可以与带有 RS-232C 接口的计算机、条形码阅读机等外设进行 1∶1 无协议数据通信。

④ 以计算机为主机的计算机链接（1∶1）专用协议数据通信。

8.3.4 CC-Link 网络连接设备

CC-Link 网络系统是通过使用专用的电缆将分散的 I/O 模块、特殊功能模块等连接起来，并且通过 PLC 的 CPU 来控制这些模块的系统。

(1) FX_{2N}-16CCL-M 型 CC-Link 系统主站模块

CC-Link 主站模块 FX_{2N}-16CCL-M 是特殊功能扩展模块。PLC 通过 FROM/TO 指令可以与 FX_{2N}-16CCL-M 的缓冲存储区 BFM 进行数据交换。通过 FX_{2N}-16CCL-M，可以将 FX_{2N} 系列 PLC 作为 CC-Link 主站，在主站上最多可连接 8 个远程设备和 7 个远程 I/O 站。

FX_{2N}-16CCL-M 的主要性能参数如表 8-9 所示，其外形如图 8-42 所示。

表 8-9　FX_{2N}-16CCL-M 的主要性能参数

项目	性能参数
功能	主站功能(无本地站、备用主站功能)
CC-Link 版本	V1.10
传输距离	电缆最大总延长距离：1200m(因传输速率而异)
最多连接台数	远程 I/O 站最多 7 个站；远程设备站最多 8 个站
每个系统的最大输入/输出点数	FX_{2N} 系列 PLC 为：(PLC 的实际 I/O 点数)＋(特殊模块和主站模块占用点数)＋(32×远程 I/O 站台数)≤256 点
每个站的连接点数	远程 I/O 站：远程输入/输出(RX，RY)32 点； 远程设备站：远程输入/输出(RX，RY)32 点； 远程寄存器写入区(RW$_W$)4 点(主站→远程设备站)； 远程寄存器读出区(RW$_t$)4 点(远程设备站→主站)
与 PLC 的通信	使用 FROM/TO 指令访问 BFM
控制电源	DC 5V(自供电,不能使用 PLC 的 DC 5V 电源)
驱动电源	DC 24V/150mA(由外部终端模块供电)

(2) FX_{2N}-32CCL 型 CC-Link 系统接口模块

CC-Link 系统接口模块 FX_{2N}-32CCL 可以用来将 FX_{2N} 系列 PLC 连接到 CC-Link 的接口模块，并将连接的 FX_{2N} 系列 PLC 作为 CC-Link 系统的远程设备站。PLC 通过 FROM/TO 指令，可以与 FX_{2N}-32CCL 的缓冲存储区 BFM 进行数据交换。FX_{2N}-32CCL 与 FX_{2N}-16CCL-M 主站模块一起，使用 FX_{2N} 系列 PLC 就可以构建 CC-Link 系统。

图 8-42　FX_{2N}-16CCL-M 的外形图

8.4 FX$_{2N}$ 系列 PLC 的通信网络的应用

8.4.1 N:N 通信网络的应用

FX$_{2N}$ 系列 PLC 的 N：N 通信符合 RS-485 通信传输标准，最大通信距离为 500m，网络中站点最多可连接 8 台，采用单双工通信方式，其数据长度、奇偶校验、停止位、开始位、终止符和校验是固定的，传输速率固定 38400bps。

在 FX$_{2N}$ 系列 PLC 的 N：N 网络中，会使用一些特殊辅助继电器（如表 8-10 所示）和特殊数据寄存器（如表 8-11 所示）。

表 8-10   N：N 网络特殊辅助继电器

特殊辅助继电器	站号	描述	响应站类型	读/写
M8038		设置 N：N 网络参数	主/从	
M8183		当主站通信错误时为 ON	从	
M8184	从站 1	当从站 1 通信错误时为 ON	主/从	
M8185	从站 2	当从站 2 通信错误时为 ON	主/从	
M8186	从站 3	当从站 3 通信错误时为 ON	主/从	
M8187	从站 4	当从站 4 通信错误时为 ON	主/从	只读
M8188	从站 5	当从站 5 通信错误时为 ON	主/从	
M8189	从站 6	当从站 6 通信错误时为 ON	主/从	
M8190	从站 7	当从站 7 通信错误时为 ON	主/从	
M8191		当与其他站点通信时为 ON	主/从	

表 8-11   N：N 网络特殊数据寄存器

特殊数据寄存器	站号	描述	响应站类型	读/写
D8173		存储本站的站点号	主/从	只读
D8174		存储从站点的总数	主/从	只读
D8175		存储通信模式	主/从	只读
D8176		定义本站的站号	主/从	可写
D8177		设置从站点的总数	主	可写
D8178		设置通信模式	主	可写
D8179		设置重试次数	主	读/写
D8180		设置通信超时	主	读/写
D8201		存储当前网络扫描时间	主/从	
D8202		存储网络最大扫描时间	主/从	
D8203		主站通信错误数目	从	
D8204	从站 1	从站 1 通信错误数目	主/从	

续表

特殊数据寄存器	站号	描述	响应站类型	读/写
D8205	从站 2	从站 2 通信错误数目	主/从	
D8206	从站 3	从站 3 通信错误数目	主/从	
D8207	从站 4	从站 4 通信错误数目	主/从	
D8208	从站 5	从站 5 通信错误数目	主/从	
D8209	从站 6	从站 6 通信错误数目	主/从	只读
D8210	从站 7	从站 7 通信错误数目	主/从	
D8211		主站通信错误代码	从	
D8212	从站 1	从站 1 通信错误代码	主/从	
D8213	从站 2	从站 2 通信错误代码	主/从	
D8214	从站 3	从站 3 通信错误代码	主/从	
D8215	从站 4	从站 4 通信错误代码	主/从	
D8216	从站 5	从站 5 通信错误代码	主/从	
D8217	从站 6	从站 6 通信错误代码	主/从	
D8218	从站 7	从站 7 通信错误代码	主/从	

在 N∶N 网络的每个站点，位软元件 M(0～64 点) 和字软元件 D(4～8 点) 被自动数据链接，通过被分配到各站点的软元件地址，在其中的任一站点可以知道其他各站点的 ON/OFF 状态和数据寄存器中的数据。

各站点用于 N∶N 通信的软元件点数和地址范围为链接模式，在 FX$_{2N}$ 系列 PLC 的 N∶N 网络中通信链接模式有 3 种：当 D8178 为 0 时，定义链接模式为 0；当 D8178 为 1 时，定义链接模式为 1；当 D8178 为 2 时，定义链接模式为 2。各链接模式下，其共享资源如表 8-12 所示。

表 8-12　FX$_{2N}$ 系列 PLC 的 N∶N 网络链接模式及共享资源

站号		链接模式 0		链接模式 1		链接模式 2	
		位元件	字元件	位元件	字元件	位元件	字元件
		0 点	每站 4 点	每站 32 点	每站 4 点	每站 64 点	每站 8 点
主站	站号 0	—	D0～D3	M1000～M1031	D0～D3	M1000～M1063	D0～D7
从站	站号 1	—	D10～D13	M1064～M1095	D10～D13	M1064～M1127	D10～D17
	站号 2	—	D20～D23	M1128～M1159	D20～D23	M1128～M1191	D20～D27
	站号 3	—	D30～D33	M1192～M1223	D30～D33	M1192～M1255	D30～D37
	站号 4	—	D40～D43	M1256～M1287	D40～D43	M1256～M1319	D40～D47
	站号 5	—	D50～D53	M1320～M1351	D50～D53	M1320～M1383	D50～D57
	站号 6	—	D60～D63	M1384～M1415	D60～D63	M1384～M1447	D60～D67
	站号 7	—	D70～D73	M1448～M1479	D70～D73	M1448～M1511	D70～D77

【例 8-1】　使用 3 台 FX$_{2N}$ 系列 PLC 实现 N∶N 网络通信。这 3 台 FX$_{2N}$ 系列 PLC 组

成的 N：N 网络连接如图 8-43 所示，完成的功能如表 8-13 所示，编写的部分程序如图 8-44、图 8-45 所示。

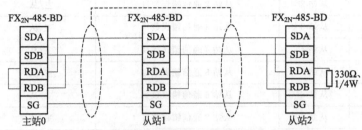

图 8-43　3 台 FX$_{2N}$ 系列 PLC 组成的 N：N 网络连接

表 8-13　控制功能软元件分配表

站号	输入	输出
主站 0	X010 启动从站 1 的 Y-△ 控制单元	Y010 主站电机输出控制
	X011 停止从站 1 的 Y-△ 控制单元	
	D100 定义从站 1 的 Y-△ 延时时间	
从站 1	X012 启动从站 2 电动机的正转控制	Y011 从站 1 电动机主输出控制
	X013 启动从站 2 电动机的反转控制	Y012 从站 1 电动机 Y 输出控制
	X014 停止从站 2 电动机的正/反转控制	Y013 从站 1 电动机△输出控制
从站 2	X015 点动控制主站 0 电动机	Y014 从站 2 电动机正转输出控制
	X016 启动主站 0 电动机运行	Y015 从站 2 电动机反转输出控制
	X017 停止主站 0 电动机运行	
	D101 定义主站电动机运行时间	

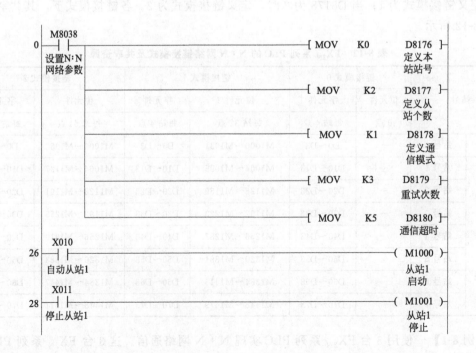

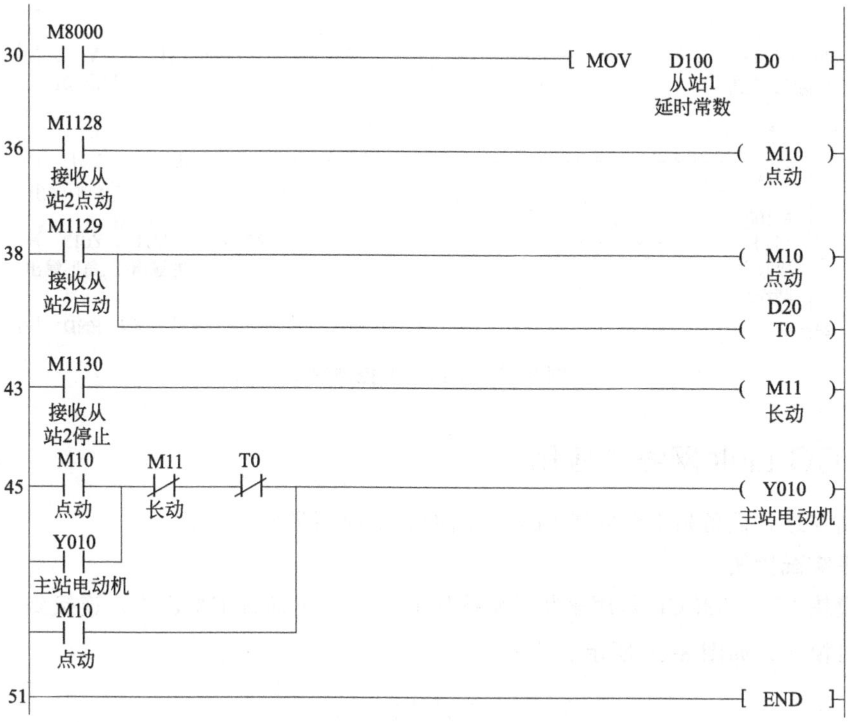

图 8-44　主站 0 的控制程序

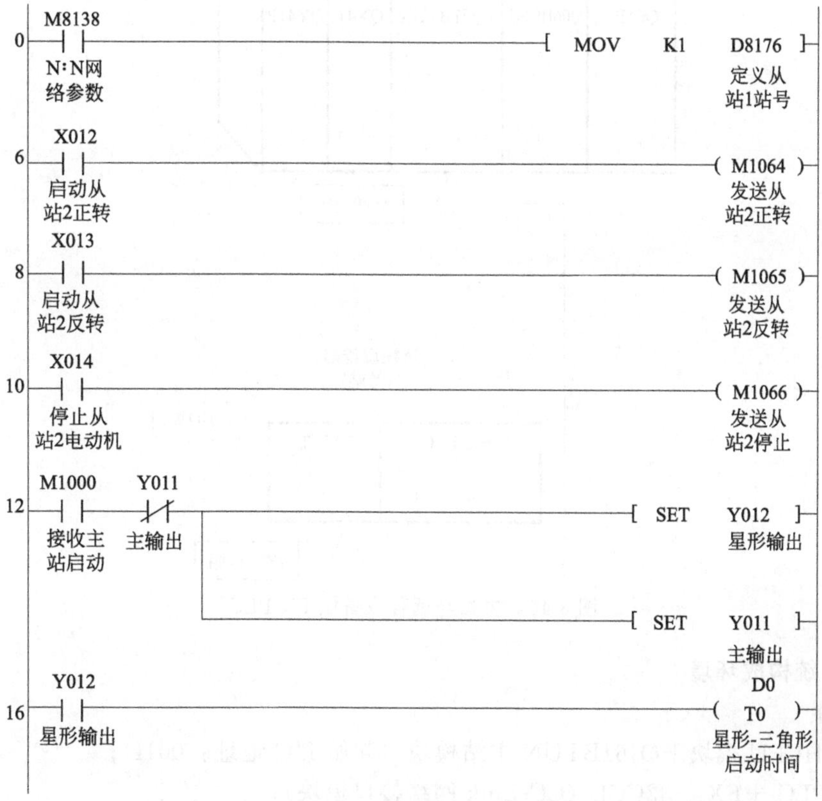

图 8-45

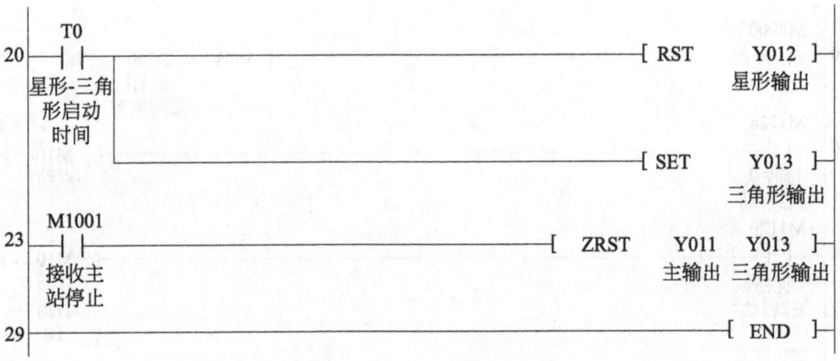

T0
20
星形-三角形启动时间
RST Y012
星形输出
SET Y013
三角形输出
M1001
23
接收主站停止
ZRST Y011 Y013
主输出 三角形输出
29
END

图 8-45 从站 1 的控制程序

8.4.2 CC-Link 网络的应用

以主站与远程设备站 FX 系列 PLC 之间的通信应用举例如下。

(1) 系统配置图

接口模块 FX_{2N}-32CCL 是用来将 FX 系列 PLC（以下简称 FX PLC）连接到 CC-Link 网络中的接口模块。如图 8-46 所示。

主站
Q61P
Q06HCPU
QJ61BTUN
QX41
QY41P
终端电阻
远程设备站
(1号站)
占用1站
FX PLC
32CCL
终端电阻

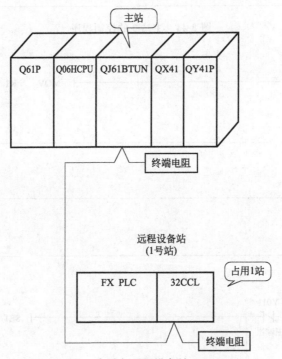

图 8-46 主站与远程设备站 FX PLC

(2) 系统构成环境

① 硬件

- Q06HCPU 模块＋QJ61BTUN 主站模块（起始 I/O 地址：00H）；
- FX PLC ＋FX_{2N}-32CCL（CC-Link 网络接口模块）；
- CC-Link 专用电缆以及终端电阻（110Ω、1/2W）。

② 软件 GX Developer 8.52C。

(3) 模块设置

① 主站的设置 主站开关设置：站号设置开关 "00"，传输速率/模式设置开关 "0"。

② 远程设备站的设置 FX$_{2N}$-32CCL 模块的站号设置开关 "01"，占用站数设置为 "0"，传输速率设定开关设为 "0"。如图 8-47 所示。

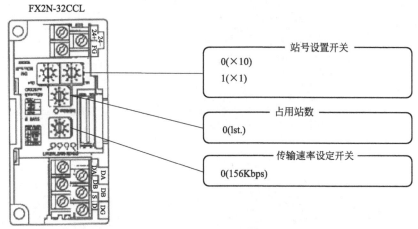

图 8-47 FX$_{2N}$-32CCL 模块的开关设置

(4) 线路连接

① 用 CC-Link 专用电缆连接模块，在两端加上终端电阻，在连接前一定要断开电源。

② FX$_{2N}$-32CCL 模块使用直流 24V 电源供电，可用 PLC 的内置直流 24V 电源连接，连接前一定要断开电源，注意正负极性。

(5) 软件设定步骤

① 网络参数/自动刷新参数 在工程数据列表窗口中依次选择【参数】/【网络参数】/【CC-Link】，在显示的对话框中的【模块数】中选择 "1" 块；【起始 I/O 号】输入 "0000"；【类型】为 "主站"；【模式设置】为 "远程网络-Ver.2 模式"；【总连接个数】为 "1"；【远程输入（RX）刷新软元件】为 "X100"；【远程输出（RY）刷新软元件】为 "Y100"；【远程寄存器（RWr）刷新软元件】为 "D100"；【远程寄存器（RWw）刷新软元件】为 "D0"；【特殊继电器（SB）刷新软元件】为 "SB0"；【特殊继电器（SW）刷新软元件】为 "SW0"。如图 8-48 所示。

② 站信息 单击 "站信息" 按钮，在对话框中【站数/站号】设置为 "1/1"，【站点类型】为 "Ver.1 远程设备站"，【占有站数】为 "占用 1 站"；【远程站点数】为 "32 点"；【预约/无效站指定】为 "未设"。之后单击【结束设置】按钮，如图 8-49 所示。最后将参数下载到 Q CPU。

(6) 编程

① FX$_{2N}$-32CCL 缓冲存储器（BFM）的分配 FX$_{2N}$-32CCL 接口模块通过 16 位 RAM 存储支持的内置缓冲存储器（BFM）在 FX PLC 与 CC-Link 系统的主站之间传输数据。缓冲存储器由写专用和读专用存储器组成。♯0～♯31 被分配给每个缓冲存储器。通过 TO 指令，FX PLC 可将数据写入写专用 BFM，然后将数据传送给主站。通过 FROM 指令，FX PLC 可以从读专用 BFM 中读出由主站传来的数据。

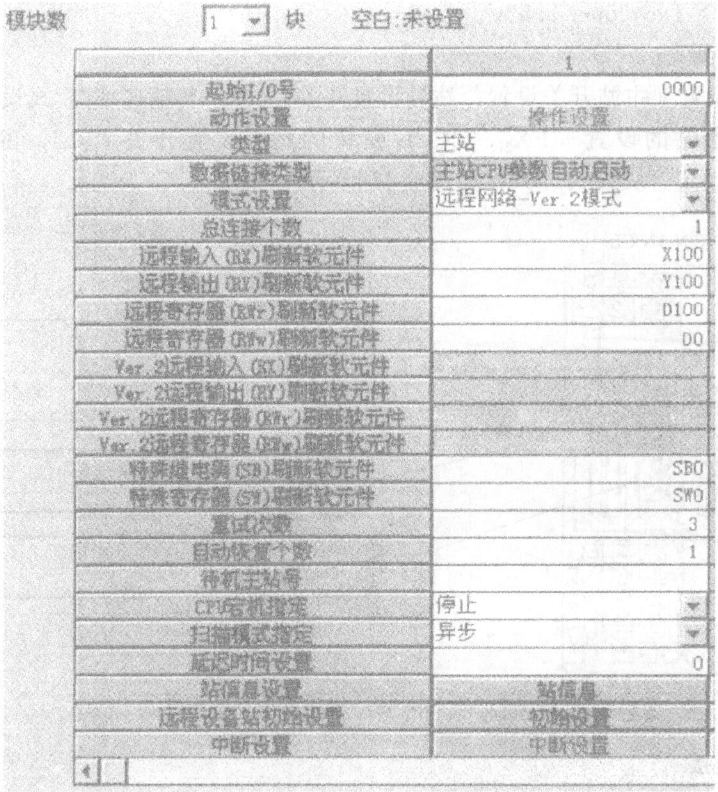

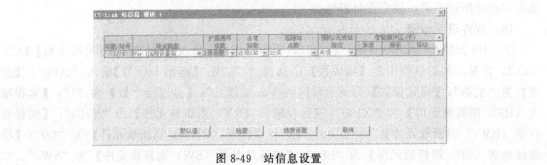

图 8-48 网络参数/自动刷新参数设置

图 8-49 站信息设置

a. 读专用 BFM（FX PLC——主站）见表 8-14。

表 8-14 读专用 BFM

BFM 编号	说明	BFM 编号	说明
♯0	远程输出 RY00～RY0F（设定站）	♯5	远程输出 RY50～RY5F（设定站+2）
♯1	远程输出 RY10～RY1F（设定站）	♯6	远程输出 RY60～RY6F（设定站+3）
♯2	远程输出 RY20～RY2F（设定站+1）	♯7	远程输出 RY70～RY7F（设定站+3）
♯3	远程输出 RY30～RY3F（设定站+1）	♯8	远程寄存器 RWw0（设定站）
♯4	远程输出 RY40～RY4F（设定站+2）	♯9	远程寄存器 RWw1（设定站）

BFM 编号	说明	BFM 编号	说明
#10	远程寄存器 RWw2(设定站)	#21	远程寄存器 RWwD(设定站＋3)
#11	远程寄存器 RWw3(设定站)	#22	远程寄存器 RWwE(设定站＋3)
#12	远程寄存器 RWw4(设定站＋1)	#23	远程寄存器 RWwF(设定站＋3)
#13	远程寄存器 RWw5(设定站＋1)	#24	波特率设定值
#14	远程寄存器 RWw6(设定站＋1)	#25	通信状态
#15	远程寄存器 RWw7(设定站＋1)	#26	CC-Link 模块代码
#16	远程寄存器 RWw8(设定站＋2)	#27	本站的编号
#17	远程寄存器 RWw9(设定站＋2)	#28	占用站数
#18	远程寄存器 RWwA(设定站＋2)	#29	出错代码
#19	远程寄存器 RWwB(设定站＋2)	#30	FX 系列模块代码(K7040)
#20	远程寄存器 RWwC(设定站＋3)	#31	保留

b. 写专用 BFM（FX PLC——主站）见表 8-15。

表 8-15　写专用 BFM

BFM 编号	说明	BFM 编号	说明
#0	远程输入 RX00～RX0F(设定站)	#16	远程寄存器 RWr8(设定站＋2)
#1	远程输入 RX10～RX1F(设定站)	#17	远程寄存器 RWr9(设定站＋2)
#2	远程输入 RX20～RX2F(设定站＋1)	#18	远程寄存器 RWrA(设定站＋2)
#3	远程输入 RX30～RX3F(设定站＋1)	#19	远程寄存器 RWrB(设定站＋2)
#4	远程输入 RX40～RX4F(设定站＋2)	#20	远程寄存器 RWrC(设定站＋3)
#5	远程输入 RX50～RX5F(设定站＋2)	#21	远程寄存器 RWrD(设定站＋3)
#6	远程输入 RX60～RX6F(设定站＋3)	#22	远程寄存器 RWrE(设定站＋3)
#7	远程输入 RX70～RX7F(设定站＋3)	#23	远程寄存器 RWrF(设定站＋3)
#8	远程寄存器 RWr0(设定站)	#24	未定义(禁止写)
#9	远程寄存器 RWr1(设定站)	#25	未定义(禁止写)
#10	远程寄存器 RWr2(设定站)	#26	未定义(禁止写)
#11	远程寄存器 RWr3(设定站)	#27	未定义(禁止写)
#12	远程寄存器 RWr4(设定站＋1)	#28	未定义(禁止写)
#13	远程寄存器 RWr5(设定站＋1)	#29	未定义(禁止写)
#14	远程寄存器 RWr6(设定站＋1)	#30	未定义(禁止写)
#15	远程寄存器 RWr7(设定站＋1)	#31	保留

② 数据的刷新　Q CPU 主站的缓冲存储器和远程设备站的刷新之间的关系有如下两种。

a. 远程输入（RX）和远程输出（RY）的关系如图 8-50 所示。

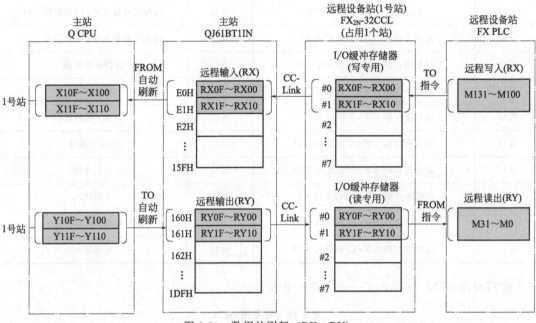

图 8-50　数据的刷新（RX、RY）

b. 远程寄存器（RWw、RWr）的关系如图 8-51 所示。

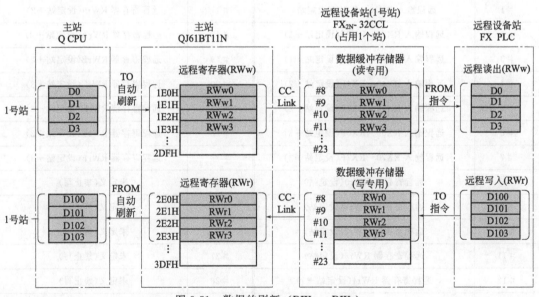

图 8-51　数据的刷新（RWw、RWr）

③ 顺控程序的创建示例如下。

a. 主站程序示例如下所示。

```
                                         < 主站X20 ON时从站M0 ON >
        X20
    0 ──┤├──────────────────────────────────────────( Y100 )──
        │                                                (RY0)
        │
        │                                < 主站X20 ON时从站M2 ON >
        │
        └─────────────────────────────────────────────( Y102 )──
                                                         (RY2)

                                         <从站M101 ON时主站Y41 ON>
        X101
   37 ──┤├──────────────────────────────────────────( Y41 )──
        (RX1)

                                         < 向从站发送数据3030 >
        SM400
   57 ──┤├──┬───────────────────────────[ MOV  K3030   D0 ]──
           │                                         3030
           │                                        (RWw0)
           │                             < 从从站接收数据到D1000 >
           │
           └───────────────────────────[ MOV  D100   D1000 ]──
                                             1010    1010
                                            (RWr0)

   96 ──────────────────────────────────────────────[ END ]──
```

b. 从站程序示例如下所示。

```
        X000
    0 ──┤├──────────────────────────────────────────( M101 )──

                                        ● <  向主站发送位数据  >
        M8000
    2 ──┤├──┬───────────────────[ TO   K0   K0   K4M100  K1 ]──
           │                                          2
           │                                         (RX0)
           │                            ● <   从主站接收位数据   >
           │
           └───────────────────[ FROM K0   K0   K4M0    K2 ]──
                                                          5
                                                        (RY0)
        X000
   21 ──┤├──────────────────────────────[ MOV  K1010   D100 ]──
                                                       1010
                                                      (RWr0)
                                        ● <   向主站发送字数据   >
        M8000
   27 ──┤├──┬───────────────────[ TO   K0   K8   D100   K4 ]──
           │                                     1010
           │                            ● <   从主站接收字数据   >
           │
           └───────────────────[ FROM K0   K8   D0     K4 ]──
                                                 3030
                                                (RWw0)

   46 ──────────────────────────────────────────────[ END ]──
```

第**9**章

触摸屏和变频器

随着信息技术与计算机技术的迅速发展，人机界面在工业控制中已得到了广泛的应用。工业控制领域通常所说的人机界面包括触摸屏和组态软件。触摸屏又称图形操作终端（Graphic Operation Terminal，GOT），是目前工业控制领域应用较多的一种人机交互设备。变频器（Variable-frequency Drive，VFD）是应用变频技术与微电子技术，通过改变电动机工作电源频率方式来控制交流电动机的电力控制设备。触摸屏与变频器在 PLC 控制系统中应用非常广泛。

9.1 触摸屏

触摸屏与 PLC 组成的控制系统，具有操作直观、控制功能强大、使用方便等优点，现已广泛应用于各类电气控制设备中。

9.1.1 触摸屏的特点与功能

触摸屏人机界面具有坚固、防振、防潮、防尘、耐高温、多插槽和易于扩充等特点，是各种工业控制、交通控制、环保控制和自动化领域中其他各种应用的最佳平台。触摸屏是一种电子操作面板，用来代替鼠标、键盘和控制屏上的开关和按钮等输入设备。

触摸屏的基本原理是用手指或其他物体触摸安装在显示器前端的触摸屏，所触摸的位置（以坐标形式）由触摸屏控制器检测，并通过接口（如 RS-232C 串行口）送到 CPU，然后CPU 根据触摸的图标或菜单来定位并选择信息输入。

按照触摸屏的工作原理和传输信息的介质不同，触摸屏分为电阻式、电容式、红外线式以及表面声波式 4 类。

① 电阻式触摸屏是利用压力感应进行控制。电阻式触摸屏的主要部分是一块与显示器表面非常配合的电阻薄膜屏，这是一种多层的复合薄膜，它以一层玻璃或硬塑料平板作为基层，两面涂有一层透明氧化金属（透明的导电电阻）导电层，上面再盖有一层外表面硬化处理、光滑防摩擦的塑料层，它的内表面也有一涂层，在它们之间有许多细小的透明隔离点把两层导电层隔开绝缘。当手指触摸屏幕时，两层导电层在触摸点位置就有了接触，电阻发生

变化，在 X 和 Y 两个方向上产生信号，然后将这两个信号送到触摸屏控制器。控制器侦测到这一接触并计算出（X，Y）的位置，再模拟鼠标的方式动作，这就是电阻式触摸屏的基本原理。

② 电容式触摸屏是利用人体的电流感觉进行工作。电容式触摸屏是一块四层复合玻璃屏，玻璃屏的内表面和夹层各涂有一层 ITO（纳米铟锡金属氧化物），最外层是一层薄的硅土玻璃保护层，夹层 ITO 涂层作为工作面，四个角上引出四个电极，内层 ITO 为屏蔽层以保证良好的工作环境。当手指触摸在玻璃保护层上时，由于人体电场，用户和触摸屏表面形成一个耦合电容，对于高频电流来说，电容是直接导体，于是手指从接触点分走一个很小的电流。电流分别从触摸屏的四角上的电极中流出，并且流经这四个电极的电流与手指到四角的距离成正比，控制器通过对这四个电流比例的精确计算，得出触摸点的位置。

③ 红外线式触摸屏是利用 X、Y 方向上密布的红外线矩阵来检测并定位用户的触摸。红外线触摸屏在显示器的前面安装一个电路板外框，电路板在屏幕四边排布红外发射管和红外接收管，一一对应形成横竖交叉的红外线矩阵。用户在触摸屏幕时，手指就会挡住经过该位置的横竖两条红外线，所以可以判断出触摸点在屏幕的位置。任何触摸物体都可改变触点上的红外线而实现触摸屏操作。

④ 表面声波是超声波的一种，它是在介质（如玻璃或金属等刚性材料）表面进行浅层传播的机械能量波。通过楔形三角基座（根据表面波的波长严格设计）可以做到定向、小角度的表面声波能量发射。表面声波性能稳定、易于分析，并且在横波传递过程中具有非常尖锐的频率特性。表面声波式触摸屏的触摸屏可以是一块平面、球面或柱面的玻璃板，安装在 CRT、LED、LCD 或等离子显示器屏幕的前面。这块玻璃板只是一块纯粹的强化玻璃，没有任何贴膜和覆盖层。玻璃层的左上角和右下角各固定了竖直和水平方向的超声波发射换能器，右上角则固定了两个相应的超声波接收换能器。玻璃屏的四条边刻有 45° 由疏到密间隔非常精密的反射条纹。在没有触摸的时候，接收信号的波形与参照波形安全一样。当手指触摸屏幕时，手指吸收了一部分声波能量，控制器侦测到接收信号在某一时刻上的衰减，由此可以计算出触摸点的位置。除了一般触摸屏都能响应的 X、Y 坐标外，表面声波触摸屏的突出特点是它能感知第三轴（Z 轴）的坐标，用户触摸屏幕的力量越大，接收信号波形上的衰减缺口就越宽越深，可以由接收信号衰减处的衰减量计算出用户触摸压力的大小。

9.1.2 三菱触摸屏的型号及参数

(1) 三菱触摸屏类型

常用的三菱触摸屏（人机界面）主要有三大系列，分别为 GOT-A900 系列触摸屏、GOT-F900 系列触摸屏和 GOT1000 系列触摸屏。GOT1000 系列触摸屏又分为 GT10、GT11 系列触摸屏和 GT15 系列触摸屏。其中，GT10 是基本型号，外形尺寸较小；GT11 触摸屏为标准机型；GT15 触摸屏为高性能机型。它们均采用 64 位 RISC 处理器，内置有 USB 接口。在此基础上，最新的 GT1000 系列又增加了 GT12 及 GT16 系列。GT12 系列整合了标准型及基本浓缩型触摸屏功能，内置以太网通信接口及 2 通道连接方式。GT16 相对于 GT15 增加了内置以太网连接功能及视频输入输出功能。现今三菱最高性能的人机界面是 GOT2000 系列，与传统的人机界面相比，GOT2000 具有以太网等通信功能，简单方便的多点触摸和手势操作，可实现多台机器批量备份及自动备份，针对 PLC 的梯形图监视和编辑功能，强大的报警功能及简便的搜索报警原因功能，通过日志功能可简便地收集数据，通过以太网可远程操作，软件具有丰富的部件库。

三菱触摸屏画面设计软件为 GT Designer 软件，最新的版本 GT Designer3 支持三菱全系列的触摸屏的画面设计。下面以 GOT1000 系列触摸屏为例说明其型号与参数。

(2) GOT1000 系列触摸屏的型号和参数

GOT1000 触摸屏目前常用的有以下几种型号。

图 9-1　GT1020 触摸屏

① GT10 系列　GT10 系列包括 GT1020 和 GT1030 两种型号，GT1020 触摸屏如图 9-1 所示。GT10 系列只有两色，外形尺寸较小，如 3.7in 和 4.5in（1in＝25.4mm，下同），功能比较简单，主要有数值设置和监控功能，具有良好的信息显示功能，以及一般的开关信号输入和显示功能。

② GT11 系列　GT11 系列包括 GT1155 和 GT1150 两种型号（5.7in），如图 9-2 所示，有蓝白双色和 256 色，是应用比较多的型号。GT11 是一种具有高级显示功能、操作设置、报警处理能力、维护和自我诊断功能、系统监视及 PLC 顺序程序编辑功能的人机界面。

③ GT15 系列　GT15 系列是三菱 GOT1000 系列触摸屏的高性能机型，是图形操作终端产品，被广泛应用于网络环境或单机环境中。三菱触摸屏 GT15 系列型号众多，用户可根据其功能、尺寸和特性来选择最适合自身设备的型号。如图 9-3 所示是 GT1595-XTBA/D（15in 显示屏）。

图 9-2　GT1155 触摸屏

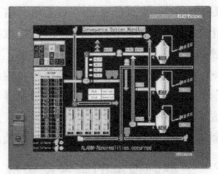

图 9-3　GT1595-XTBA/D

(3) GT1000 的型号参数

GT1000 型号参数提供的信息如下：

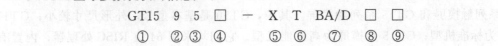

GT15　9　5　□　－　X　T　BA/D　□　□
①　②③④　　　⑤　⑥　⑦　　⑧　⑨

其中①～⑨的含义如下：

① 机型：GT15 是从单机到网络，涵盖广泛应用领域的高性能机型；GT11 作为单机使用，是充实了基本功能的标准机型；GT10 是外形小巧的基本机型。

② 尺寸：2—3.7in；3—4.5in；5—5.7in；6—8.4in；7—10.4in；8—12.1in；9—15in。

③ 显示屏颜色：0—单色；2—16 色；5—256 色。

④ 安装形式：V—视频/RGB；无—面板型；HS—手持式。

⑤ 分辨率：X—XGA(1024×768)；S—SVGA(800×600)；V—VGA(640×480)；Q—QVGA(320×240)；无—280×96 或 160×64。

⑥ 显示设备：T—TFT 彩色（高亮度、宽视角）；N—NTN 彩色；S—STN 彩色；L—STN 黑白。

⑦ 电源规格：A—AC 100～200V；D—DC 24V；L—DC 5V。

⑧ 背光灯（GT10）：W—白色；无—绿色。

⑨ 通信接口：Q—Q 系列内置总线接口；A—A 系列内置总线接口；2—内置 RS-232；无—内置 RS-422。

9.1.3　三菱触摸屏 GT Designer 软件的使用

GT Works 是一个集成的触摸屏开发套装软件，目前最新版本为 GT Works3。GT Works3 是 GT1000 系列的画面设计与制作软件包，包括了 GT Designer3、GT Simulator3，GT SoftGOT1000 的一个产品集。GT Designer3 是用于 GT1000 系列图形操作终端的画面制作软件，并且集成有 GT Simulator3 仿真软件，具有仿真模拟功能。GT Designer3 是可以进行工程和画面创建、图形绘制、对象配置和设置、公共设置以及数据传输等的软件；GT Simulator3 是可以在计算机上模拟 GOT 运行的仿真软件。下面以 GT Designer3 为例，讲述触摸屏软件的使用。

(1) 新建工程

安装了 GT Designer3 软件后，执行【开始】/【程序】/【MELSOFT 应用程序】/【GT Works3】/【GT Designer3】，即可启动 GOT 编程软件。

启动 GT Designer3 软件后，将弹出如图 9-4 所示的工程选择对话框。在此对话框中，若选择【新建】，将创建新的 GOT 工程；选择【打开】，将打开已创建的 GOT 工程。在此单击【新建】按钮，将进入如图 9-5 所示的【新建工程向导】对话框。

在图 9-5 中，用户 GOT 的设置主要包括三个步骤，在此直接单击【下一步】按钮，将弹出如

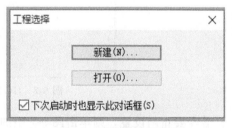

图 9-4　工程选择对话框

图 9-5　新建工程向导对话框

图 9-6 所示的 GOT 系统设置对话框。此对话框中的【机种】中，通过下拉列表可以选择 GOT 的系列及型号；【颜色设置】下拉列表中，可以设置 GOT 的颜色。设置好后，单击 【下一步】按钮，将弹出如图 9-7 所示的 GOT 系统设置的确认对话框。

图 9-6　GOT 系统设置对话框

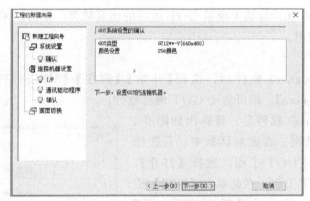

图 9-7　GOT 系统设置的确认对话框

若需要重新设置，则单击图 9-7 中的【上一步】按钮，否则单击【下一步】按钮，弹出 如图 9-8 所示的连接机器设置对话框。在【制造商】下拉列表中，可以选择触摸屏工作时连 接的控制设备的厂商；在【机种】下拉列表中，可以选择机种的系列。设置好后，单击【下

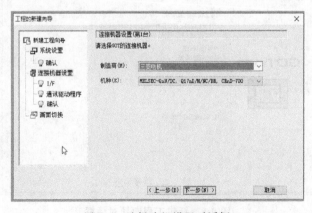

图 9-8　选择连机设置对话框

一步】按钮，将弹出如图 9-9 所示的连接机器设备端口设置对话框。

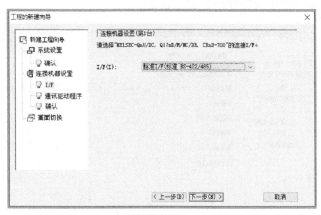

图 9-9　连接机器设备端口设置对话框

在图 9-9 对话框的【I/F】下拉列表中，可以选择触摸屏与外部被控设备所使用的端口。设置好后，单击【下一步】按钮，将弹出如图 9-10 所示的通信驱动程序选择对话框。

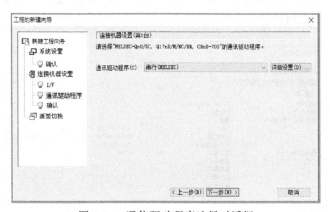

图 9-10　通信驱动程序选择对话框

在图 9-10 中，可以选择通信驱动程序。选择好后，单击【下一步】按钮，系统会自动安装驱动程序，并弹出如图 9-11 所示的连接机器设置的确认对话框。

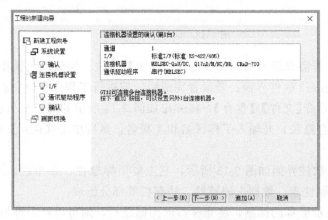

图 9-11　连接机器设置的确认对话框

若需要重新设置，则单击图 9-11 中的【上一步】按钮，否则单击【下一步】按钮，弹出如图 9-12 所示的画面切换软元件的设置对话框。

图 9-12　画面切换软元件的设置对话框

在图 9-12 中，设置画面切换时使用的软元件后，单击【下一步】按钮，将弹出如图 9-13 所示的向导结束对话框。

图 9-13　向导结束对话框

在图 9-13 中，若需重新设置，则单击【上一步】按钮；确认以上操作，则单击【结束】按钮进入 GT Designer3 软件界面。若设置完成后，需进行工程保存时，在 GT Designer3 软件界面中执行菜单命令【文件】/【保存】，将弹出如图 9-14 所示的【工程另存为】对话框。在此对话框中选择保存路径，并输入工作区名和工程名，然后单击【保存】即可。

(2) 软件界面

GT Designer3 软件界面如图 9-15 所示，它主要由标题栏、菜单栏、工具栏、画面编辑器、工程管理器、属性表、数据表浏览器、状态栏等部分组成。

① 标题栏　显示屏幕的标题，将光标移动到标题栏，则可以将屏幕拖动到希望的位置，在 GT Designer3 中，具有屏幕标题栏和应用窗口标题栏。

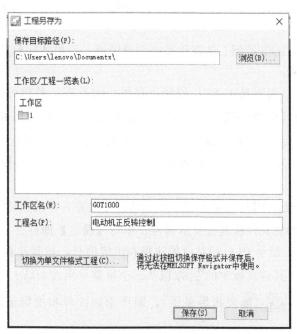

图 9-14 工程另存为对话框

② 菜单栏 显示 GT Designer3 可使用的菜单名称，单击某个菜单，就会出现一个下拉菜单，然后可以从下拉菜单中选择执行各种功能，GT Designer3 具有自适应菜单。

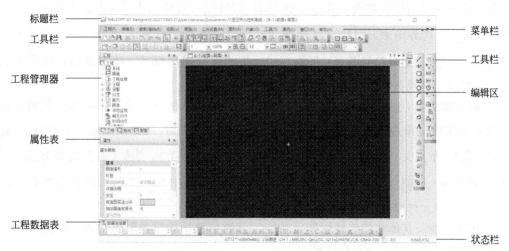

图 9-15 GT Designer3 软件界面

③ 工具栏 工具栏包括主工具栏、视图工具栏、图形/对象工具栏、编辑工具栏等。工具栏以按钮形式显示，将光标移动到任意按钮，然后单击，即可执行相应的功能，在菜单栏中，也有相应工具栏按钮所具有的功能。

④ 画面编辑器 制作图形画面的区域。

⑤ 工程管理器 显示画面的信息，进行编辑两面切换，实现各种设置功能。

⑥ 属性表 显示工程中图形、对象的属性，如图形、对象的位置坐标及使用的软元件、状态、填充色等。

⑦ 工程数据表　显示画面中已有的图形、对象，也可以在数据表中选择图形、对象，并进行属性设置。

⑧ 状态栏　显示 GOT 类型、连接设备类型及图形、对象坐标和光标坐标等。

(3) 对象属性设置

① 数值显示功能　实时显示 PLC 数据寄存器中的数据，数据可以以数字（或数据列表）、ASCII 码字符及日期/时刻等形式显示。单击数值显示的相应图标 [123]、[ASC] 或 [⏰] 即可以选择相应的功能。然后在编辑区域单击鼠标即生成对象，再按键盘的 "Esc" 键，拖动对象到任意需要的位置。双击该对象，设置相应的软元件和其他显示属性，设置完毕再按【确定】键即可。

② 指示灯显示　显示 PLC 位状态或字状态的图形对象，单击按钮 [💡]，将对象放到需要的位置，设定好相应的软元件和其他显示属性，单击【确定】即可。

③ 信息显示功能　显示 PLC 相对应的注释和出错信息，包括注释、报警记录和报警列表。按编辑工具栏或工具选项板中的 [🗨] 按钮及三个报警显示按钮 [📋]（配置扩展报警显示）、[🔍]（报警记录显示）、[📋]（配置报警显示），即可添加注释和报警记录，设置好属性后按【确定】键即可。

④ 动画显示功能　显示与软元件相对应的零件/屏幕，显示的颜色可以通过其属性来设置，同时也可以根据软元件的 ON/OFF 状态来显示不同颜色，以示区别。

⑤ 图表显示功能　可以显示采集到 PLC 软元件的值，并将其以图表的形式显示。在编辑对象工具栏中单击图表按钮，通过下拉列表选择 [📊]（液位）、[📋]（面板仪表）、[📈]（折线图表）、[📉]（趋势图表）、[📊]（条形图表）、[📊]（统计矩形图）、[🥧]（统计饼图）、[📊]（散点图表）、[📊]（记录趋势图表）图标，然后将光标指向编辑区，单击鼠标即生成图表对象，设置好软元件及其他属性后，单击【确定】键即可。

⑥ 触摸键功能　触摸键在被触摸时，能够改变位元件的开关状态、字元件的值，也可以实现画面跳转。添加触摸键需单击编辑对象工具栏中的 [🔘] 图标，并通过下拉列表选 [🔘]（开关）、[🔘]（位开关）、[🔘]（字开关）、[🔘]（画面切换开关）、[🔘]（站点切换开关）、[🔘]（扩展功能开关）、[🔘]（按键窗口显示开关）、[🔘]（键代码开关）图标，将其放置到合适的位置，设置好软元件参数、属性后，单击【确定】键即可。

⑦ 其他功能　其他功能包括硬拷贝功能、系统信息功能、条形码功能、时间动作的功能，还包括屏幕调用功能、安全设置功能等。

9.1.4　触摸屏在 PLC 控制中的应用实践

以 GT1000 GOT、FX_{2N} 系列 PLC 为例，讲述 GOT 在 PLC 的电动机正反转控制中的应用。其基本思路为：通过计算机在 GT Designer 3 中制作触摸屏界面，由 RS-232C 或 USB 电缆将其写入到 GOT 中，使 GOT 能够发出控制命令并显示运行状态和有关运行数据；在 GX Developer 中编写 PLC 控制程序，并将程序下载到 PLC 中，利用 PLC 控制功能对电动机进行控制，使用 RS-422 电缆将触摸屏与 PLC 连接起来，以构成触摸屏和 PLC 的联合控制系统，其系统构成如图 9-16 所示。

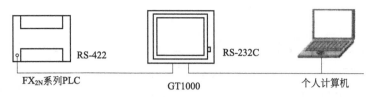

图 9-16 触摸屏和 PLC 的系统构成

该控制系统要注意触摸屏的软元件属性以及与 PLC 软元件的对应关系，在此设定触摸屏与 PLC 软元件的地址分配如表 9-1 所示。

表 9-1 触摸屏和 PLC 软元件的地址分配

地址	功能	地址	功能
M100	正转启动(PLC、GOT)	D101	定时器 T0 的设定值(PLC)
M101	反转启动(PLC、GOT)	D102	已运行时间显示(GOT)
M102	停止运行(PLC、GOT)	Y000	正转运行(PLC、GOT)
M103	停止中(GOT)	Y001	反转运行(PLC、GOT)
D100	运行时间设置(GOT)		

(1) 触摸屏界面制作

本系统触摸屏界面如图 9-17 所示，其内容主要包括框架制作、文本对象、注释文本、触摸键、数值输入和数值显示，下面详细叙述其制作方法。

① 框架制作 选中图形/对象工具栏中的 □ （矩形）按钮，在编辑区域绘制一个大小合适的矩形。双击矩形框线，将弹出如图 9-18 所示的矩形设置对话框。在此对话框中设置线型、线宽、线条颜色、填充图标、图样前景色、图样背景色等。

② 文本对象 图 9-17 中的文本对象主要包括"GOT 在 PLC 控制中的应用""电动机正反转控制""运行时间设置""已运行时间显示""S"。

a. GOT 在 PLC 控制中的应用 选中图形/对象工具栏中的 **A**（文本）按钮，将弹出如图 9-19

图 9-17 触摸屏界面

所示的文本设置对话框。在此对话框的【字符串】栏中输入"GOT 在 PLC 控制中的应用"，设置文本尺寸、文本颜色。

b. 电动机正反转控制 选中图形/对象工具栏中的 **A**（文本）按钮，将弹出文本设置对话框。在此对话框的【字符串】栏中输入"电动机正反转控制"，然后单击"转换为文字图形"按钮，将弹出如图 9-20 所示的艺术字设置对话框。在此对话框中，设置字体、文本尺寸、文本颜色、背景色、效果等。

c. 运行时间设置、已运行时间显示、S 选中图形/对象工具栏中的 **A**（文本）按钮，将弹出文本设置对话框。在此对话框的【字符串】栏中输入"运行时间设置"，【文本尺寸】设置为"1×1"，【文本颜色】选择为"紫色"。依此方法分别绘制"已运行时间显示"和"S"。文本对象绘制完后，其效果如图 9-21 所示。

图 9-18 矩形设置对话框

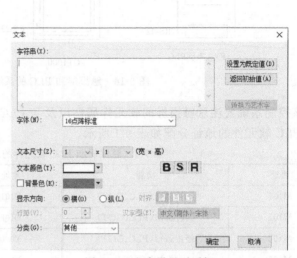

图 9-19 文本设置对话框

图 9-20 艺术字设置对话框

图 9-21 文本对象绘制效果

③ 注释文本 图 9-17 中的注释文本主要包括正转运行、反转运行、停止中。现以"正转运行"的绘制为例讲述注释文本的绘制。选中图形/对象工具栏中的 （位注释）按钮，将弹出【注释显示（位）】对话框。在【注释显示（位）】对话框【基本设置】的【软元件/样式】选项卡中，设置【注释显示种类】为"位"、【软元件】为"Y000"，图形下拉列表中选择"Square_3D_Fixed Width:Rect_12"，分别设置 OFF、ON 状态下图形属性中的边框色和底色，其设置如图 9-22 所示。

在【注释显示（位）】对话框【基本设置】的【显示注释】选项卡中，编辑注释文本为

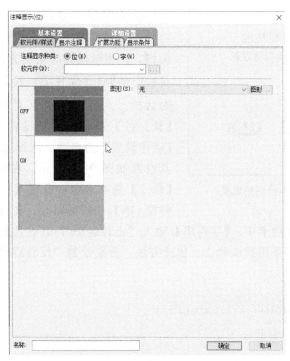

图 9-22　注释显示（位）对话框

"正转运行"，注释文本【显示方法】为【字符串】，【文本尺寸】为 1×1，其设置如图 9-23
所示。【详细设置】中各项内容可以采用默认状态。依此方法，分别绘制"反转运行""停止
中"。文本注释绘制完后，其效果如图 9-24 所示。

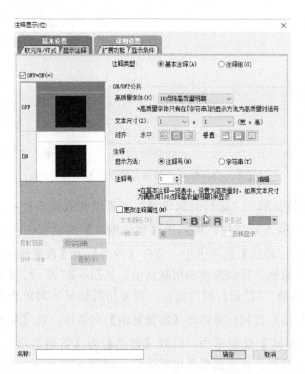

图 9-23　注释显示（位）的显示注释设置对话框

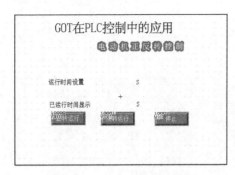

图 9-24　注释文本绘制的效果

④ 触摸键　图 9-17 中的触摸键主要包括正转启动、反转启动、停止运行。现以"正转启动"为例，讲述触摸键的绘制方法。选中图形/对象工具栏中的 （位开关）按钮，将弹出【位开关】对话框。在【位开关】对话框【基本设置】的【软元件】选项卡中，设置【软元件】为 M100，【动作设置】为点动，选择【按键触摸状态（K）】，其设置如图 9-25 所示。在位对话框基本设置的【样式】选项卡中，设置【按键触摸 OFF】【按键触摸 ON】的图形属性。在【位开关】对话框【基本设置】的【文本】选项卡中，【字符串】输入"正转启动"，其设置如图 9-26 所示。【详细设置】中各项内容可以采用默认状态。依此方法，分别绘制"反转启动""停止运行"。

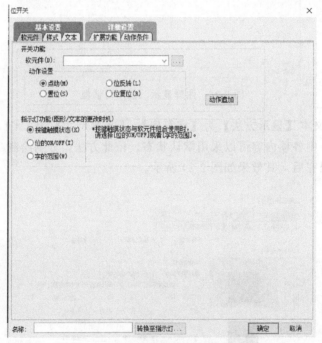

图 9-25　位开关的软元件设置对话框

⑤ 数值输入和数值显示　"运行时间设置"需要用数值输入对象来实现。单击对象工具栏 **123** 下的 **123**（数值输入）按钮，将弹出【数值输入】对话框。在【数值输入】对话框【基本设置】的【软元件/样式】选项卡中，选择【种类】为【数值输入（I）】，【软元件】为"D100"，【数值色】为绿色，其余选项采用默认值，如图 9-27 所示。【数值输入】对话框的其余选项卡均采用默认值。"已运行时间显示"需要用数值显示对象来实现，单击对象工具栏 **123** 下的 **123**（数值显示）按钮，将弹出【数值显示】对话框。在【数值显示】对话框【基本设置】的【软元件/样式】选项卡中，选择【种类】为【数值显示（P）】，【软元件】为"D102"，【数值色】为蓝色，其余选项采用默认值，如图 9-28 所示。【数值显示】对话框的其余选项卡均采用默认值。

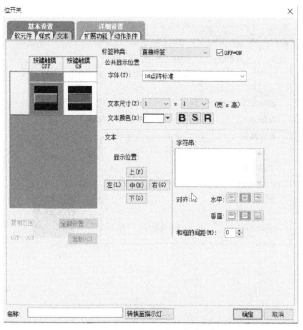

图 9-26 位开关的文本设置对话框

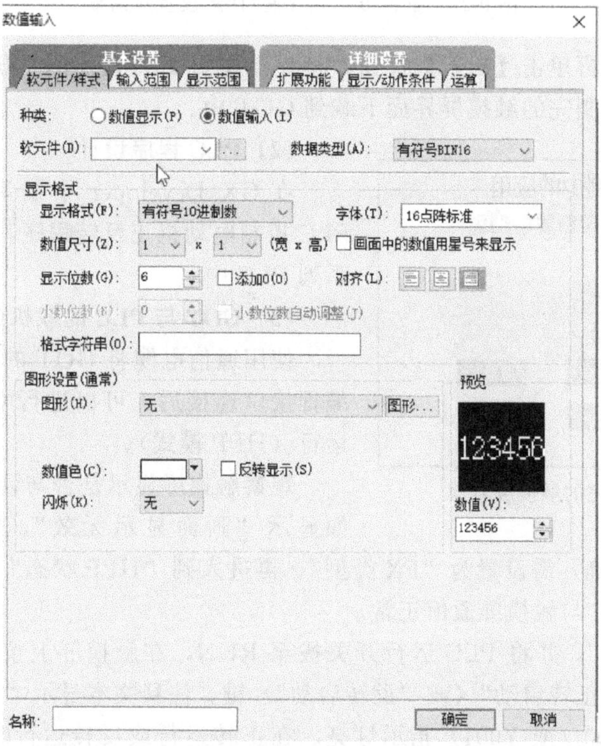

图 9-27 数值输入软元件/样式设置对话框

　　至此，在 GT Designer3 软件中已绘制完触摸屏界面，如图 9-29 所示。将 GOT 与计算机连接好后，执行菜单命令【通信】/【写入到 GOT】，将弹出通信设置对话框。在此对话框中

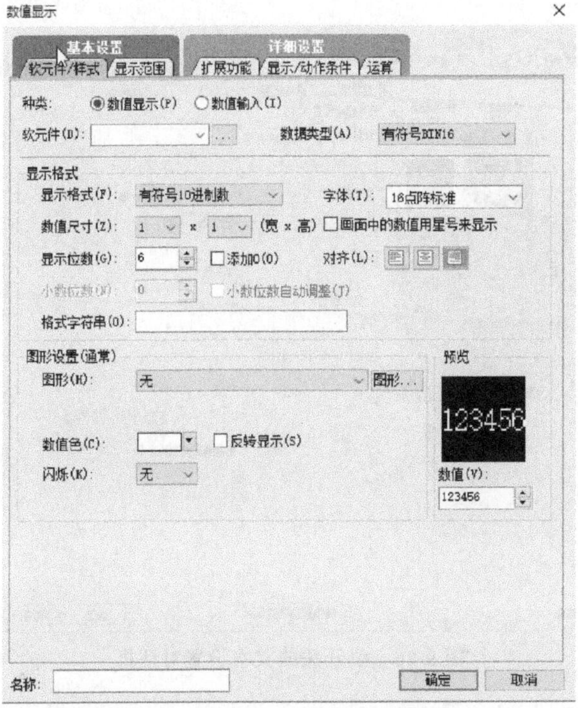

图 9-28　数值显示软元件/样式设置对话框

选择合适的连接方法再单击【确定】按钮，将弹出如图 9-30 所示对话框，然后单击【GOT 写入】按钮，将已绘制完的触摸屏界面下载到 GOT 中。

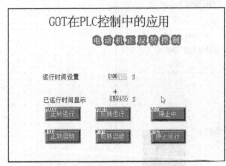

图 9-29　绘制完的触摸屏界面

（2）PLC 程序设计

在 GX Developer 中编写如图 9-31 所示的 PLC 控制电动机正反转程序，并将其下载到 FX$_{2N}$ 系列 PLC 中。

（3）GOT 与 PLC 的联机运行

使用通信电缆将 GOT 的 RS-422 接口与 PLC 编程接口连接后，可以进行 GOT 与 PLC 的联机运行（HPP 模式）。

观察触摸屏显示是否与计算机制作画面一致，如显示"画面显示无效"，则可能是触摸屏中 "PLC 类型"项不正确，需设置为"FX 类型"，再进入到"HPP 状态"，此时应该可以读出 PLC 程序，说明 PLC 与触摸屏通信正常。

返回"画面状态"，并将 PLC 运行开关拨至 RUN，在触摸屏上按运行时间设定按钮，输入运行时间，按"正转启动"（或"反转启动"）键，注释文本显示"正转运行"（或"反转运行"），PLC 的 Y000（或 Y001）指示灯亮。在正转运行或反转运行时，触摸屏画面能显示已运行的时间，并且当按"停止"按钮或运行时间到时，正转或反转均复位，注释文本显示"停止中"，Y000、Y001 指示灯不亮。

若没有触摸屏与 PLC 等硬件时，可以在计算机中通过使用 GX Simulator 软件进行触摸屏与 PLC 的仿真调试。

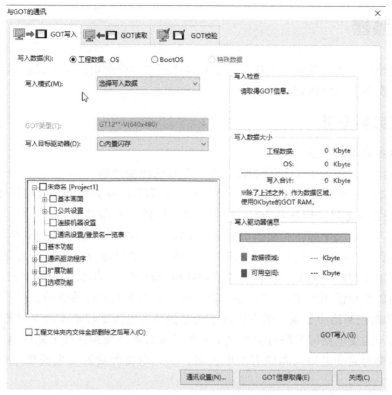

图 9-30　与 GOT 通信对话框

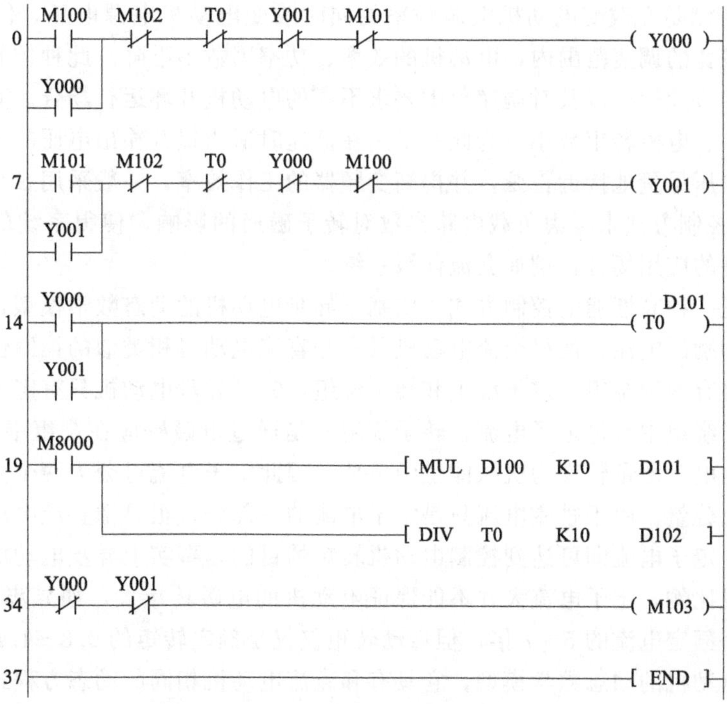

图 9-31　PLC 控制电动机正反转程序

9.2 变频器

把工频交流电（或直流电）变换为电压和频率可变的交流电的电气设备称为变频器。变频器主要用于交流电动机的调速控制。

9.2.1 变频器概述

(1) 变频器的基本类型

① 按变频器的工作电压，可分为高压变频器和低压变频器。

工作电压 380V 的为低压变频器；3～10kV 的则为高压变频器（又称中压变频器）。

② 按变频器主电路结构可分为交-直-交变频器和交-交变频器。

输入端输入固定频率的三相交流电，经过全波整流电路整流成直流电，然后又经逆变电路变换成频率和电压任意可调的三相交流电输出作为电动机电源的变频器为交-直-交型；而输入端输入固定频率的三相交流电，未经中间的整流环节，直接变换为频率和电压可调的三相交流电输出的变频器则为交-交型，多用于低速、大功率电动机的驱动。

③ 按变频器主回路中整流后的直流环节的结构分为电压型和电流型变频器。

整流电路与逆变电路间并联有大容量电容器，成为电压源给逆变电路供电的称电压型变频器。整流电路与逆变电路间串联有大电抗器，成为电流源给逆变电路供电的称电流型变频器。

④ 按变频器的控制方式可分为 V/F 恒定控制型、正弦 PWM 控制型、矢量控制型和直接转矩控制型等。

V/F 恒定控制是在改变电动机电源频率的同时改变电动机电源电压，使电动机的磁通保持一定，在较宽的调速范围内，电动机的效率、功率因数不下降。此种控制方式多用于风机、泵类机械的节能运行以及对调速范围要求不高的电动机开环运行场合。其主要缺点是低速运行性能较差、电磁转矩减小，为此常采用在低速时适当提升输出电压的方法进行补偿。

为使输出电压尽量地接近正弦，并提高变频器的工作效率，一般采用 SPWM 控制方法。普通的 SPWM 控制方法未考虑负载电路参数对转子磁通的影响，使得系统的动、静特性不能满足要求较高的应用场合，例如交流伺服系统。

矢量控制是一种高性能的控制方式，它基于异步电动机的动态数学模型，分别控制电动机的转矩电流和励磁电流，使得交流电动机具有与直流电动机相类似的控制性能。

异步电动机有两套绕组，定子绕组和转子绕组，笼型异步电动机只有定子绕组和外部电源连接，在定子绕组中流过定子电流，转子绕组只是通过电磁感应在绕组中产生转子电流，同时将定子侧的电磁能量转变为机械能供给负载，因此定子电流可分为两个分量：励磁电流分量和转子电流分量。由于励磁电流只是定子电流的一部分，很难像直流电动机那样仅仅控制异步电动机的定子电流即可达到控制电动机转矩的目的，事实上异步电动机的电磁转矩与定子电流并不成比例，定子电流大并不能保证电动机的电磁转矩大，如异步电动机启动时，定子电流几乎是额定电流的 5～7 倍，但启动转矩仅仅是额定转矩的 0.8～1.2 倍。

根据异步电动机的动态数学模型，它具有和直流电动机相同的动态方程式，若再选择合适的控制策略，异步电动机即能得到和直流电动机相类似的控制性能，这就是矢量控制。

直接转矩控制是利用定子电压的空间电压矢量 PWM 为基准，通过磁链、转矩的直接控制，确定逆变器的开关状态来实现的。矢量控制是以转子磁通的空间矢量为基准，故矢量控制方式需要电动机的参数多，要进行复杂的等效变换，调节过程需要若干个开关周期才能完成，故响应时间较长，往往大于 100ms。而直接转矩控制只需要电动机的定子电阻一个参数，不必进行等效变换，故动态响应快，只需 1～5ms，适用于需要快速转矩响应的大惯性拖动系统，如电动机车及交流伺服拖动系统等。

⑤ 按变频器的负载类型可分为恒转矩负载、恒功率负载和二次方律负载型。

恒转矩负载（T 为恒值），指即使转速变化，转矩也不大变化的负载，如传送带、搅拌机、提升机等负载。

恒功率负载（T、n 的乘积为定值），指转速越高转矩越小的负载，如机床主轴，轧钢、造纸、塑料薄膜生产线中的卷取机、开卷机等负载。

在各种风机、泵类中，随叶轮的转动，空气或液体在一定的速度范围内所产生的阻力大致与转速 n 的二次方成正比，称二次方律负载。这类负载所需的功率与速度的三次方成正比。当所需风量、流量减少时，利用变频器通过调速的方式来调节风量、流量，可以大幅度节约电能。

由于变频器的类型、负载类型的多样性，为具体的控制对象配置一套合适变频系统，是正确设计和选用变频器的一项重要工作。

（2）变频器的基本工作原理

低压交-直-交变频器的内部基本结构框图见图 9-32，它由主电路和控制电路两大部分组成。

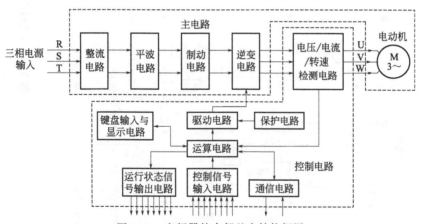

图 9-32　变频器的内部基本结构框图

变频器内部的主电路主要由输入过电压保护电路、整流电路、平波电路、制动电路、逆变电路组成。变频器内部的控制电路则由电压、电流、转速检测电路，运算与控制电路，驱动电路，保护电路，键盘输入与显示电路，模拟与开关量输入、输出电路，运行状态信号输出电路，通信电路等组成。下面分别予以介绍。

某 37kW 变频器内部主电路的原理电路图见图 9-33。

过电压保护电路采用压敏电阻对电源侧的过电压进行吸收，防止电源过电压对变频器造成的损坏；而 R1、C1，R2、C2，R3、C3 和 R7、C4 组成吸收电路，对由电网传导过来的高频干扰信号进行吸收，以免干扰变频器的正常工作，同时也将变频器产生的高次谐波电流进行吸收，以防止变频器产生的高次谐波电流对接于同一电源网络中的电子设备产生干扰。

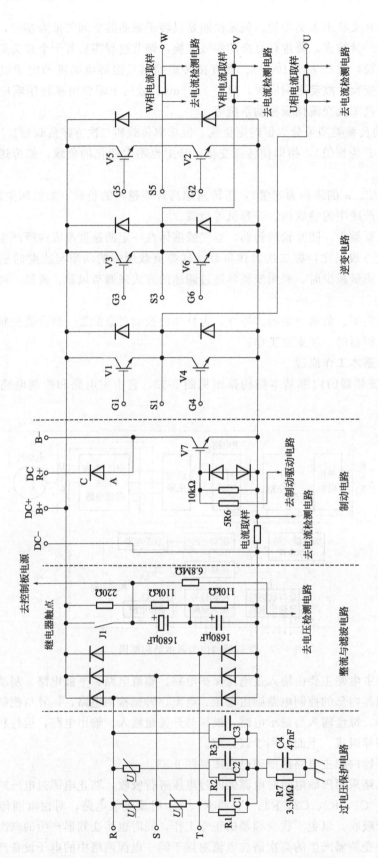

图 9-33 主电路原理电路图

整流电路常采用三相全波桥式不可控整流电路，经滤波后为逆变电路提供 530V 左右的直流电压。

滤波电容的作用除了储能、滤波外，还在整流电路与逆变器之间起着去耦作用，消除相互间的干扰，同时为具有感性负载特性的电动机提供无功功率。变频器的容量越大，所需滤波电容的容量也就越大，故常用多个电容并联，图 9-33 电路中的 $1680\mu F$ 电容，即通过 3 个 $560\mu F$ 的电解电容并联得到。由于滤波电容两端的直流电压为 530V 左右，通常的电解电容耐压为 400V 左右，故采用两个电容串联的方法以提高其耐压，在电容的两端各并联一个阻值相等的均压电阻，使两个串联着的电容各承受直流电压的一半。

由于滤波电容的容量较大，变频器接通电源的瞬间，电容两端的电压为零，电容的充电电流很大，过大的冲击电流会损坏整流桥。为了保护整流桥，在变频器刚接通电源后的一段时间内，整流桥和滤波电容间串接限流电阻以限制充电电流，充电结束后再通过继电器的触点或晶闸管将限流电阻短接。

由 V1～V6 六个开关器件组成经典的三相逆变电路，将直流电逆变成频率和幅度均可调整的交流电。逆变开关管常采用绝缘栅双极晶体管（IGBT）等。

当变频器的输出频率下降时，电动机转子的转速可能会超过对应此时频率的同步转速，系统处于再生制动工作状态，拖动系统的动能转换为电能反馈到直流回路，使直流回路的电压升高，称为泵升电压。过高的泵升电压将危害变频器的元器件，因此需将反馈到直流电路的能量消耗掉，制动电路即为此而设置。制动电路由开关管 V7 和接于 B＋、B－两端的外接制动电阻组成，V7 控制通过制动电阻的放电电流，以消耗掉反馈电流，将泵升电压限制在允许的范围内。

为了对主电路的工作状态进行检测，设置了直流电压采样、直流电流采样、交流输出电流采样、逆变开关器件工作温度检测等电路。

(3) 控制与驱动电路

变频器的控制功能很完善，其控制核心为单片机，对输入的各种开关量、数字量、模拟量信号进行分析、判断与运算，确定变频器的运行模式、输出频率及幅度；不断检测变频器的工作参数，如输入的电源电压和电流、驱动电动机的输出电压和电流、电动机的转速和完成信息通信；用来参与运算处理、显示变频器的工作状态及进行故障保护等工作。

变频器逆变电路、制动电路开关器件（IGBT）的驱动为电压驱动，驱动电路常采用双电源供电方式，驱动电路可由分立元件或专用集成元件构成。

变频器内部的控制电路、控制软件较复杂，本书不做进一步的介绍。对于初学者来说，整个变频器可看作是一个"黑盒子"，只要掌握其外围电路的接线方法、变频器运行参数的正确设定和常见故障的排除方法，即可满足生产现场的基本要求。

9.2.2 三菱 FR-740 变频器

三菱变频器是世界知名的变频器之一，由三菱电机生产，在世界各地市场占有率比较高。三菱变频器目前在市场上用量最多的是 FR-A700 系列和 FR-E700 系列。FR-A700 系列为通用型变频器，适合高启动转矩和高动态响应场合使用，其外形如图 9-34 所示。FR-E700 系列则适合功能要求简单、对动态

图 9-34 三菱 FR-A700 变频器

性能要求较低的场合使用。

FR-A740 为 FR-A700 系列中应用最广泛的变频器，其型号含义如图 9-35 所示。

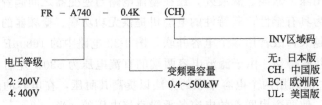

图 9-35 FR-A740 变频器的型号含义

(1) 变频器的接线

FR-A740 变频器的端子接线如图 9-36 所示。FR-A740 变频器主要有主回路端子、输入控制端子、输出控制端子等；有 PU 接口、USB 接口和选件接口；主机自带操作面板。

① 主回路端子 主要包括交流电源输入、变频器输出、制动电阻和直流电抗器连接，具体功能说明如表 9-2 所示。

表 9-2 FR-A740 变频器的主回路端子及功能说明

端子记号	端子名称	端子功能说明
R/L1, S/L2, T/L3	交流电源输入	连接工频电源。 当使用高功率因数交流器(FR-HC、MT-HC)及共直流母线变流器(FR-CV)时不要连接任何东西
U,V,W	变频器输出	接三相笼型电动机
R1/L11,S1/L21	控制回路用电源	与交流电源端子 R/L1、S/L2 相连。在保持异常显示或异常输出时，以及使用高功率因数交流器(FR-HC，MT-HC)、电源再生共通变流器(FR-CV)等时，请拆下端子 R/L1-R1/L11，S/L2-S1/L21 间的短路片，从外部对该端子输入电源。在主回路电源(R/L1、S/L2、T/L3)设为 ON 的状态下请勿将控制回路用电源(R1/L11、S1/L21)设为 OFF，可能造成变频器损坏。控制回路用电源(R1/L11、S1/L21)为 OFF 的情况下，请在回路设计上保证主回路电源(R/L1、S/L2、T/L3)同时也为 OFF。 15kW 以下：60V·A；18.5kW 以上：80V·A
P/+,PR	制动电阻器连接 (22kW 以下)	拆下端子 PR-PX 间的短路片(7.5kW 以下)，连接在端子 P/+ －PR 间连接作为任选件的制动电阻器(FR-ABR)。 22kW 以下的产品通过连接制动电阻，可以得到更大的再生制动力
P/+,N/-	连接制动单元	连接制动单元(FR-BU、BU、MT-BU5)、共直流母线变流器(FR-CV)电源再生转换器(MT-RC)及高功率因数交流器(FR-HC，MT-HC)
P/+,P1	连接改善功率因数 直流电抗器	对于 55kW 以下的产品请拆下端子 P/+ －P1 间的短路片，连接上 DC 电抗器[75kW 以上的产品已标准配备有 DC 电抗器，必须连接。FR-A740-55K 通过 LD 或 SLD 设定并使用时，必须设置 DC 电抗器(选件)]
PR,PX	内置制动器回路连接	端子 PX-PR 间连接有短路片(初始状态)的状态下，内置的制动器回路为有效(7.5K 以下的产品已配备)
⏚	接地	变频器外壳接地用。必须接大地

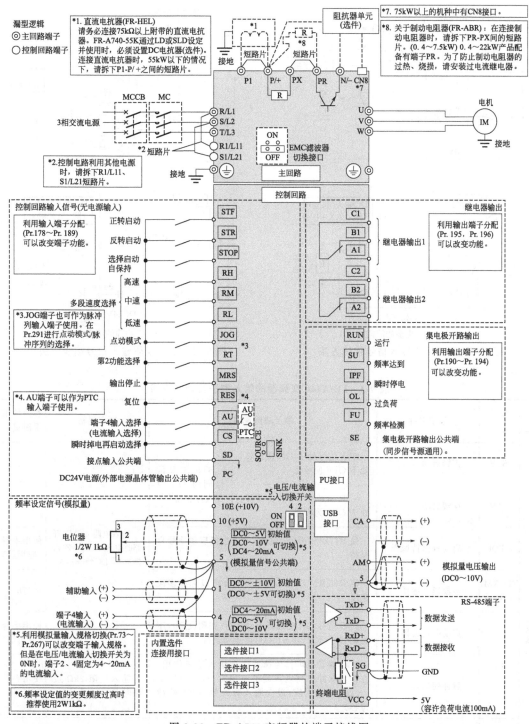

图 9-36 FR-A740 变频器的端子接线图

② 输入控制端子 输入控制的功能是向变频器输入各种控制信号，如控制电动机正转、反转、停机和转速等功能，具体说明如表 9-3 所示。接点输入要注意漏型逻辑或源型逻辑的选择。输入信号出厂时设定为漏型逻辑。漏型逻辑输入信号接线方法如图 9-37 所示，源型逻辑输入信号接线方法如图 9-38 所示。

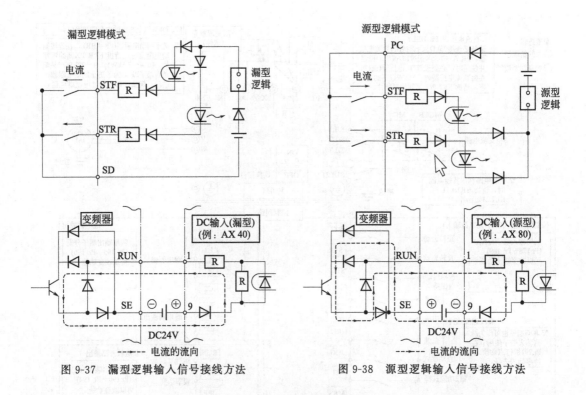

图 9-37　漏型逻辑输入信号接线方法　　　　图 9-38　源型逻辑输入信号接线方法

表 9-3　FR-A740 变频器的输入端子及功能说明

种类	端子记号	端子名称	端子功能说明	额定规格	参照使用手册页码
接点输入	STF	正转启动	STF 信号处于 ON 便正转，处于 OFF 便停止	STF、STR 信号同时 ON 时变成停止指令	75
	STR	反转启动	STR 信号处于 ON 为逆转，处于 OFF 为停止		
	STOP	启动自保持选择	使 STOP 信号处于 ON，可以选择启动信号自保持	输入电阻 4.7kΩ；开路时电压 DC21～27V；短路时 DC4～6mA	使用手册（应用篇）
	RH,RM,RL	多段速度选择	用 RH、RM 和 RL 信号的组合可以选择多段速度		76
	JOG	点动模式选择	JOG 信号 ON 时选择点动运行(初期设定)，用启动信号(STF 和 STR)可以点动运行		使用手册（应用篇）
		脉冲列输入	JOG 端子也可作为脉冲序列输入端子使用。在作为脉冲序列输入端子使用时，有必要变更 Pr.291 的设定值(最大输入脉冲数；100k 脉冲每秒)	输入电阻 2kΩ 短路时 DC8～13mA	使用手册（应用篇）
	RT	第 2 功能选择	RT 信号 ON 时，第 2 功能被选择。设定了"第 2 转矩提升""第 2V/F(基准频率)"时也可以用 RT 信号处于 ON 时选择这些功能	输入电阻 4.7kΩ，开路时电压 DC21～27V，短路时 DC4～6mA	使用手册（应用篇）
	MRS	输出停止	MRS 信号为 ON(20ms 以上)时，变频器输出停止。用电磁制动停止电动机时用于断开变频器的输出		使用手册（应用篇）

续表

种类	端子记号	端子名称	端子功能说明	额定规格	参照使用手册页码
接点输入	RES	复位	复位用于解除保护回路动作的保持状态。使端子 RES 信号处于 ON 在 0.1s 以上，然后断开。工厂出厂时，通常设置为复位。根据 Pr.75 的设定，仅在变频器报警发生时可能复位。复位解除后约 1s 恢复	输入电阻 4.7kΩ，开路时电压 DC21～27V，短路时 DC4～6mA	122
	AU	端子 4 输入选择	只有把 AU 信号置为 ON 时端子 4 才能用（频率设定信号在 DC4～20mA 之间可以操作）、AU 信号置为 ON 时端子 2（电压输入）的功能将无效		80
		PTC 输入	AU 端子也可以作为 PTC 输入端子使用（保护电动机的温度）。用作 PTC 输入端子时要把 AU/PTC 切换开关切换到 PTC 侧		使用手册（应用篇）
	CS	瞬时停电再启动选择	CS 信号预先处于 ON，瞬时停电再恢复时变频器便可自动启动。但用这种运行必须设定有关参数，因为出厂设定为不能再启动		使用手册（应用篇）
	SD	接点输入公共端（漏型）	接点输入端子（漏型）的公共端子。DC24V、0.1A 电源（PC 端子）的公共输出端子。与端子 5 及端子 SE 绝缘	—	—
	PC	外部电源晶体管输出公共端，DC24V 电源接点输入公共端（源型）	漏型时，连接晶体管输出（即电极开路输出），例如可编程控制器时，将晶体管输出用的外部电源公共端接到该端子时，可以防止因漏电引起的误动作，该端子可以使用直流 24V、0.1A 电源。当选择源型时，该端子作为接点输入端子的公共端	电源电压范围 DC19.2～28.8V，消耗电流 100mA	19
频率设定	10E	频率设定用电源	按出厂状态连接频率设定电位器时，与端子 10 连接。	DC10V；容许负载电流 10mA	使用手册（应用篇）
	10		当连接到 10E 时，请改变端子 2 的输入规格	DC5V；容许负载电流 10mA	73,78
	1	频率设定（电压）	输入 DC0～5V（或 0～10V、4～20mA）时，在 5V（10V、20mA）时为最大输出频率，输入输出成比例变化。在电压/电流输入切换开关为 OFF（初始设定为 OFF）时，通过 Pr.73 进行 DC0～5V（初始设定）和 DC0～10V、4～20mA 输入的切换操作。电压/电流输入切换开关为 ON 时，固定为电流输入（有必要将 Pr.73 设定为电流输入）	电压输入的情况下，输入电阻 10kΩ±1kΩ，最大容许电压 DC20V。电流输入的情况下，输入电阻 245Ω±5Ω，最大容许电流 30mA×3	73,78
	4	频率设定（电流）	如果输入 DC4～20mA（或 0～5V、0～10V），当 20mA 时成最大输出频率，输出频率与输入成正比。只有 AU 信号置为 ON 时此输入信号才会有效（端子 2 的输入将无效）。4～20mA（初期设定）、DC0～5V、DC0～10V 的输入切换用 Pr.267 进行控制。在电压/电流输入切换开关为 OFF（初始设定为 ON）时，固定为电压输入。电压/电流输入切换开关为 ON 时，固定为电流输入（有必要将 Pr.267 设定为电流输入）。端子功能的切换通过 Pr.858 进行设定		74,80

种类	端子记号	端子名称	端子功能说明	额定规格	参照使用手册页码
频率设定	1	辅助频率设定	输入 DC0～±5 或 DC0～±10V 时,端子 2 或 4 的频率设定信号与这个信号相加,用参数单元 Pr.73 进行输入 DC0～±5V 或 DC0～±10V(出厂设定)的切换。 通过 Pr.868 进行端子功能的切换	输入电阻 10kΩ± 1kΩ,最大容许电压 DC±20V	使用手册(应用篇)
	5	频率设定公共端	频率设定信号(端子 2、1 或 4)和模拟输出端子 CA,AM 的公共端子,请不要接地	—	—

注:Pr. 代表 Parameter(参数)."Pr.＋数字"代表参数编号,下同。

③ 输出控制端子　输出控制端子是变频器向外输出信号的端子,如向外输出变频器出错开关信号,向外输出模拟信号方便外部设备显示变频器的工作频率值等,具体功能说明如表 9-4 所示。

表 9-4　三菱 FR-A740 变频器输出控制端子及功能说明

种类	端子记号	端子名称	端子功能说明	额定规格	参照使用手册页码
接点	A1,B1,C1	继电器输出 1(异常输出)	指示变频器因保护功能动作时输出停止的转换接点。 故障时：B-C 间不导通(A-C 间导通);正常时：B-C 间导通(A-C 间不导通)	接点容量 AC230V、0.3A(功率因数＝0.4);DC30V、0.3A	使用手册(应用篇)
	A2,B2,C2	继电器输出 2	1 个继电器输出		使用手册(应用篇)
集电极开路	RUN	变频器正在运行	变频器输出频率为启动频率(初始值 0.5Hz)以上时为低电平,正在停止或正在直流制动时为高电平	容许负载为 DC24V、0.1A(打开的时候最大电压下降 2.8V)	使用手册(应用篇)
	SU	频率到达	输出频率达到设定频率的 ±10％(出厂值)时为低电平,正在加/减速或停止时为高电平		使用手册(应用篇)
	OL	过负荷报警	当失速保护功能动作时为低电平,失速保护解除时为高电平	报警代码(4 位)输出	使用手册(应用篇)
	IPF	瞬时停电	瞬时停电,电压不足保护动作时为低电平		使用手册(应用篇)
	FU	频率检测	输出频率为任意设定的检测频率以上时为低电平,未达到时为高电平		使用手册(应用篇)
	SE	集电极开路输出公共端	端子 RUN、SU、OL、IPF、FU 的公共端子	—	—

续表

种类	端子记号	端子名称	端子功能说明		额定规格	参照使用手册页码
脉冲数	CA	模拟电流输出	可以从多种监示项目中选一种作为输出。输出信号与监示项目的大小成比例	输出项目：输出频率（出厂值设定）	容许负载阻抗 200～450Ω，输出信号 DC0～20mA	使用手册（应用篇）
模拟	AM	模拟信号输出			输出信号 DC0～10V，容许负载电流 1mA（负载阻抗 10kΩ 以上），分辨率 8 位	使用手册（应用篇）

④ 通信接口　FR-A740 变频器通信接口有 PU 接口和 USB 接口，其功能说明如表 9-5 所示。

FR-A740 变频器 PU 接口与 FR-PU07 参数单元连接如图 9-39 所示。可以通过 FR-PU07 参数单元来进行变频器的参数读写、控制和监视变频器的工作。

PU 接口用通信电缆连接 PLC 如图 9-40 所示，一台 PLC 可以最多连接 8 台变频器。用户可以通过客户端程序对变频器进行操作、监视或读写参数。

表 9-5　三菱 FR-A740 变频器通信接口及功能说明

种类	端子记号		端子名称	端子功能说明	参照使用手册页码
RS-485	—		PU 接口	通过 PU 接口，进行 RS-485 通信（仅 1 对 1 连接） • 遵守标准：EIA-485(RS-485) • 通信方式：多站点通信 • 通信速率：4800～38400bps • 最长距离：500m	21
	RS-485 端子	TxD+	变频器传输端子	通过 RS-485 端子，进行 RS-485 通信 • 遵守标准：EIA-485(RS-485) • 通信方式：多站点通信 • 通信速率：300～38400bps • 最长距离：500m	21
		TxD−			
		RxD+	变频器接收端子		
		RxD−			
		SG	接地		
USB	—		USB 连接器	与个人电脑通过 USB 连接后，可以实现 FR Configurator 的操作。 • 接口：支持 USB1.1 • 传输速度：12Mbps • 连接器：USB B 连接器（B 插口）	22

变频器和计算机也可用 USB 电缆连接，通过使用 FR Configurator 编程，便可简单地实行变频器的设定，详情请参考三菱公司 FR Configurator 的使用手册。

(2) 变频器的操作面板与参数设定

① FR-A740 变频器的操作面板。

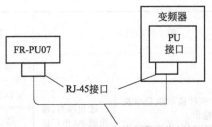

图 9-39　FR-A740 变频器 PU 接口与 FR-PU07 参数单元连接图

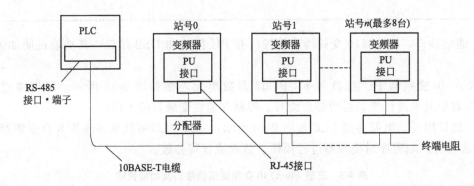

图 9-40　PU 接口与 PLC 连接图

　　FR-A700 系列变频器通常配有 FR-DU07 操作面板或 FR-PU04-CH 参数单元,通过变频器的操作面板可进行运转、功能参数设定和状态监视。FR-A740 的操作面板如图 9-41 所示。

　　② 操作面板参数设定操作。

　　在 FR-A740 变频器的操作面板上,通过 M 旋钮及按下相应的按钮,可以完成参数值的设定,其基本操作如图 9-42 所示。

　　③ FR-A740 的运行模式。

　　运行模式是指变频器的启动指令及设定频率的场所。FR-A740 变频器有多种运行模式,通过设置参数 Pr. 79 (Pr. 79 默认为 0),可以选择不同的运行模式,如表 9-6 所示。

表 9-6　FR-A740 的运行模式

参数	名称	设定值	说明
Pr. 79	运行模式选择	0	外部/PU(内部)切换模式
		1	PU 运行模式固定
		2	外部运行模式固定,可以切换外部和网络运行模式
		3	外部/PU 组合运行模式 1
		4	外部/PU 组合运行模式 2
		6	切换模式。运行时可进行 PU 操作、外部操作和网络操作的切换
		7	外部运行模式(PU 运行互锁)。X12 信号为 ON 时,可切换到 PU 运行模式;X12 信号为 OFF 时,禁止切换到 PU 运行模式

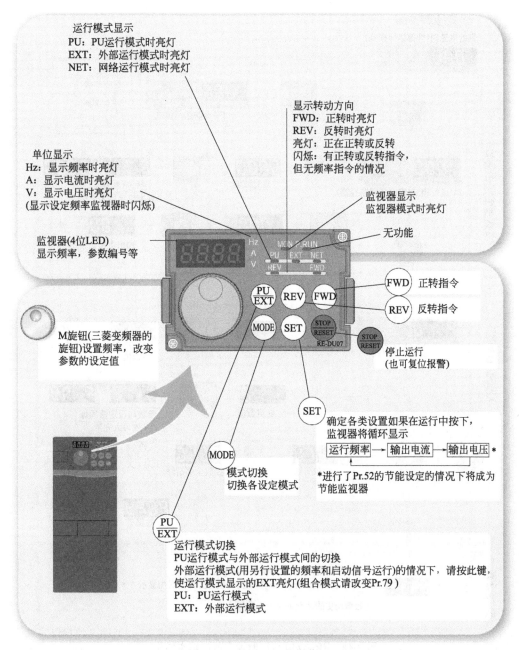

图 9-41 FR-A740 的操作面板

基本上使用控制电路端子，在外部设置电位器及开关等时，变频器可设为"外部运行模式"；通过操作面板（FR-DU07）和参数单元（FR-PU04-CH）、PU 接口的通信输入启动指令、频率设定时，变频器可设为"PU 运行模式"；使用 RS-485 端子及通信选件时，变频器可设为"网络运行模式"。

（3）FR-A740 变频器的基本参数

基本参数可以在初始设定值不做任何改变的状态下实现变频器的变速运行，但一般要根据负荷或运行规格等设定必要的参数。可以在操作面板（FR-DU07）进行参数的设定、变更及确认操作。基本参数见表 9-7。

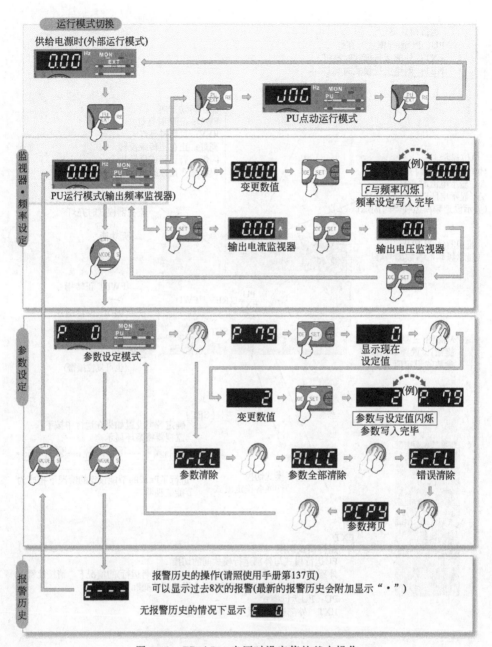

图 9-42　FR-A740 出厂时设定值的基本操作

表 9-7　FR-A740 变频器的基本参数

参数编号	名称	单位	初始值	范围	用途	参照使用手册页码
0	转矩提升	0.1%	6/4/3/2/1% *1	0～30%	V/F 控制时,想进一步提高启动时的转矩,在负载后电动机不转,输出报警(OL),在(OC1)发生跳闸的情况下使用。 *1　初始值因变频器的容量不同而不同 (0.4kW,0.75/1.5kW～3.7/5.5kW,7.5/11kW～55/75kW 以上)	49

续表

参数编号	名称	单位	初始值	范围	用途	参照使用手册页码
1	上限频率	0.01Hz	120/60Hz＊2	0～120Hz	想设置输出频率的上限的情况下进行设定。 ＊2 初始值根据变频器容量不同而不同(55kW以下/75kW以上)	50
2	下限频率	0.01Hz	0Hz	0～120Hz	想设置输出频率的上限与下限的情况下进行设定	
3	基底频率	0.01Hz	50Hz	0～400Hz	请看电动机的额定铭牌进行确认	48
4	3速设定(高速)	0.01Hz	50Hz	0～400Hz	想用参数设定运转速度,用端子切换速度的时候进行设定	76
5	3速设定(中速)	0.01Hz	30Hz	0～400Hz		
6	3速设定(低速)	0.01Hz	10Hz	0～400Hz		
7	加速时间	0.1s	5s/15s＊3	0～3600s	可以设定加减速时间。 ＊3 初始值根据变频器的容量不同而不同(7.5kW以下/11kW以上)	51
8	减速时间	0.1s	5s/15s＊3	0～3600s		
9	电子过电流保护	0.01/0.1A＊4	变频器额定输出电流	0～500/0～3600A＊4	用变频器对电动机进行热保护。设定电动机的额定电流。 ＊4 单位,范围根据变频器容量不同而不同(55kW以下/75kW以上)	48
79	运行模式选择	1	0	0,1,2,3,4,6,7	选择启动指令场所和频率设定场所	52
125	端子2频率设定增益频率	0.01Hz	50Hz	0～400Hz	改变最大值(5V初始值)对应的频率	79
126	端子4频率设定增益频率	0.01Hz	50Hz	0～400Hz	电流最大输入(20mA初始值)	81
160	用户参数组读取选择	1	0	0,1,9999	可以限制通过操作面板或参数单元读取的参数	—

① 输出频率范围（Pr.1、Pr.2、Pr.18）。

通过设置变频器输出频率的上限、下限,可以限制与变频器连接的电动机的运行速度。输出频率的设定范围如表9-8所示,其中参数Pr.1为"上限频率",Pr.2为"下限频率",Pr.18为"高速上限频率"。

表9-8 输出频率的设定范围

参数	名称	初始值		设定范围	说明
Pr.1	上限频率	55kW以下	120Hz	0～120Hz	设定输出频率的上限
		75kW以上	60Hz		

参数	名称	初始值		设定范围	说明
Pr.2	下限频率	0Hz		0~120Hz	设定输出频率的下限
Pr.18	高速上限频率	55kW 以下	120Hz	120~400Hz	120Hz 上运行时设定
		75kW 以上	60Hz		

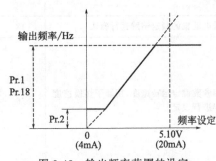

图 9-43　输出频率范围的设定

输出频率范围的设定如图 9-43 所示。在 Pr.1 上限频率中设定输出频率的上限后，即使输入了大于设定频率的频率指令，输出频率也会被固定于上限频率处。若要输出 120Hz 以上的频率，需用参数 Pr.18 设定输出频率的上限。当 Pr.18 被设定时，Pr.1 自动地变为 Pr.18 的设定值；或者，Pr.1 被设定，Pr.18 自动地切换到 Pr.1 的频率。在 Pr.2 下限频率中设定输出频率的下限后，即使设定频率小于 Pr.2 中的频率值，输出频率也会被钳位于 Pr.2 处。

② 基准频率、基准频率电压（Pr.3、Pr.19、Pr.47、Pr.113）。

基本频率又称为基准频率或基底频率，只有在 V/F 模式下才设定。根据电动机的额定值可以调整变频器的输出电压及输出频率。使用标准电动机，通常将变频器设定为电动机的额定频率；当需要电动机运行在工频电源（50Hz）与变频器切换时，应将变频器的基准频率设定为与电源频率相同。

基准频率、基准频率电压的设定范围如表 9-9 所示。其中，参数 Pr.3 为"基准频率"；Pr.19 为"基准频率电压"；Pr.47 为"第二 V/F（基准频率）"；Pr.113 为"第三 V/F（基准频率）"。

表 9-9　基准频率、基准频率电压的设定范围

参数	名称	初始值	设定范围	说明
Pr.3	基准频率	50Hz	0~400Hz	设定电动机额定转矩时的频率
Pr.19	基准频率电压	9999	0~1000V	设定基准电压
			8888	电源电压的 95%
			9999	与电源电压相同
Pr.47	第二 V/F(基准频率)	9999	0~400Hz	设定 RT 信号 ON 时的基准频率
			9999	第二 V/F 无效
Pr.113	第三 V/F(基准频率)	9999	0~400Hz	设定 X9 信号 ON 时的基准频率
			9999	第三 V/F 无效

基准频率、基准频率电压的设定如图 9-44 所示。用 Pr.3、Pr.47、Pr.113 设定基准频率（电动机的额定频率），能设定 3 种不同的基准频率，这 3 种基准频率可以切换使用。当 RT 信号为 ON 时，P.47"第二 V/F（基准频率）"有效；当 X9 信号为 ON 时，Pr.113

"第三 V/F（基准频率）"有效。用 Pr.19 可以对定基准频率电压（电动机的额定电压等）进行设定，如果所设定的值低于电源电压，则变频器的最大输出电压是 Pr.19 中设定的电压。

③ 多段调速运行（Pr.4～Pr.6、Pr.24～Pr.27、Pr.232～Pr.239）。

变频器的多段调速就是通过变频器参数来设定其运行频率，然后通过变频器的外部端子来选择执行相关参数所设定的运行频率。

多段调速就是变频器的一种特殊的组合运行方式，其运行方式由 PU 单元的参数来设置，启动和停止由外部输入端子（RH、RM、RL、REX）来控制。

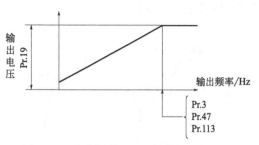

图 9-44　基准频率、基准频率电压的设定

多段速度运行的设定范围如表 9-10 所示。其中，Pr.4～Pr.6 为"三段速度设定"；Pr.24～Pr.27 为"多段速度设定（4～7 段速度设定）"；Pr.232～Pr.239 为"多段速度设定（8～15 段速度设定）"。Pr.24～Pr.27、Pr.232～Pr.239 设定为 9999 时，表示未选择该多段速度设定。

表 9-10　多段速度运行的设定范围

参数	名称	初始值	设定范围	说明
Pr.4	三段速度设定(高速)	50Hz	0～400Hz	设定仅 RH 为 ON 时的频率
Pr.5	三段速度设定(中速)	30Hz	0～400Hz	设定仅 RM 为 ON 时的频率
Pr.6	三段速度设定(低速)	10Hz	0～400Hz	设定仅 RL 为 ON 时的频率
Pr.24	多段速度设定(速度 4)	9999	0～400Hz,9999	设定 RL、RM 为 ON 时的频率
Pr.25	多段速度设定(速度 5)	9999	0～400Hz,9999	设定 RL、RH 为 ON 时的频率
Pr.26	多段速度设定(速度 6)	9999	0～400Hz,9999	设定 RM、RH 为 ON 时的频率
Pr.27	多段速度设定(速度 7)	9999	0～400Hz,9999	设定 RL、RM、RH 为 ON 时的频率
Pr.232	多段速度设定(速度 8)	9999	0～400Hz,9999	设定仅 REX 为 ON 时的频率
Pr.233	多段速度设定(速度 9)	9999	0～400Hz,9999	设定 REX、RL 为 ON 时的频率
Pr.234	多段速度设定(速度 10)	9999	0～400Hz,9999	设定 REX、RM 为 ON 时的频率
Pr.235	多段速度设定(速度 11)	9999	0～400Hz,9999	设定 REX、RL、RM 为 ON 时的频率
Pr.236	多段速度设定(速度 12)	9999	0～400Hz,9999	设定 REX、RH 为 ON 时的频率
Pr.237	多段速度设定(速度 13)	9999	0～400Hz,9999	设定 REX、RL、RH 为 ON 时的频率
Pr.238	多段速度设定(速度 14)	9999	0～400Hz,9999	设定 REX、RM、RH 为 ON 时的频率
Pr.239	多段速度设定(速度 15)	9999	0～400Hz,9999	设定 REX、RL、RM、RH 为 ON 时的频率

从表 9-10 中可以看出，Pr.24～Pr.27 为 4～7 段速度设定，实际运行哪个参数设定的频率由端子 RH、RM、RL、REX 的组合（ON）来决定，如图 9-45 所示。Pr.232～Pr.239 为 8～15 段速度设定，实际运行哪个参数设定的频率由端子 RH、RM、RL、REX 的组合

（ON）来决定，如图 9-46 所示。REX 信号输入所使用的端子，通过 Pr.178～Pr.189（输入端子功能选择）中任一个参数设定为"8"来进行端子功能的分配，例如设置 Pr.184＝8，即将 AU 端子作为 REX 使用。

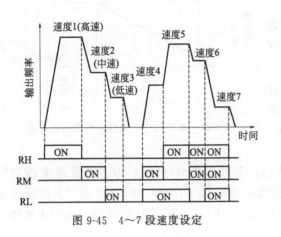

图 9-45　4～7 段速度设定

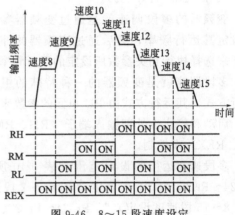

图 9-46　8～15 段速度设定

④ 加、减速时间。

加、减速时间参数用于设定电动机的加减速时间，其设定范围如表 9-11 所示。表中加减速时间设定范围为"0～3600s/0～360s"，是由 Pr.21 加减速时间单位的设定值来决定的。初始值设定范围为"0～3600s"，设定单位为"0.1s"。

表 9-11　加、减速时间的设定范围

参数	名称	初始值		设定范围	说明
Pr.7	加速时间	7.5kW 以下	5s	0～3600s/0～360s	设定电动机加速时间
		11kW 以上	15s		
Pr.8	减速时间	7.5kW 以下	5s	0～3600s/0～360s	设定电动机减速时间
		11kW 以上	15s		
Pr.20	加减速基准频率	50Hz		1～400Hz	设定作为加减速时间基准的频率
Pr.21	加减速时间单位	0		0 单位:0.1s; 范围:0～3600s	可以改变加减速时间设定单位和设定范围
				1 单位:0.01s; 范围:0～360s	
Pr.44	第 2 加减速时间	5s		0～3600s/0～360s	设定 RT 信号为 ON 时的加减速时间
Pr.45	第 2 减速时间	9999		0～3600s/0～360s	设定 RT 信号为 ON 时的减速时间
				9999	加速时间＝减速时间
Pr.110	第 3 加减速时间	9999		0～3600s/0～360s	设定 X9 信号为 ON 时的加减速时间
				9999	无第 3 加减速功能
Pr.111	第 3 减速时间	9999		0～3600s/0～360s	设定 X9 信号为 ON 时的减速时间
				9999	加速时间＝减速时间

加减速时间的设定如图 9-47 所示。

⑤ 电子过电流保护（Pr. 9、Pr. 51）。

通过设定电子过电流保护的电流值，可以进行电动机过热保护。能够在低速运行时，包括电动机冷却能力降低在内的情况下，进行电动机过热保护。

电子过电流保护的设定范围如表 9-12 所示。其中，Pr. 9 为"电子过电流保护"；Pr. 51 为"第 2 电子过电流保护"。

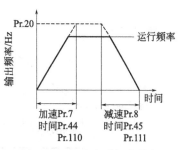

图 9-47　加减速时间的设定

表 9-12　电子过电流保护的设定范围

参数	名称	初始值	设定范围		说明
Pr. 9	电子过电流保护	变频器额定输出电流	55kW 以下	0～500A	设定电动机额定电流
			75kW 以上	0～3600A	
Pr. 51	第 2 电子过电流保护	9999	55kW 以下	0～500A	RT 信号为 ON 时有效，设定电动机额定电流
			75kW 以上	0～3600A	
			9999		第 2 电子过电流无效

⑥ 启动频率和启动时输出保持功能（Pr. 13、Pr. 571）。

Pr. 13 为变频器的启动频率，即启动信号变为 ON 时的开始频率；Pr. 571 为启动时输出保持功能，维持 Pr. 13 设定的输出频率，为顺利启动所驱动的电动机而进行初始励磁。这两个参数的设定范围如表 9-13 所示。

表 9-13　Pr. 13、Pr. 571 参数的设定范围

参数	名称	初始值	设定范围	说明
Pr. 13	启动频率	0.5Hz	0～60Hz	启动时的频率能够在 0～60Hz 的范围内进行设定。设定启动信号变为 ON 时的开始频率
Pr. 571	启动时输出保持功能	9999	0.0～10.0s	设定 Pr. 13 启动频率保持时间
			9999	启动时维持功能无效

启动频率的设定如图 9-48 所示，如果设定频率小于 Pr. 13 "启动频率"的设定值时，变频器不启动。例如当 Pr. 13 设定为 5Hz 时，只有当频率设定信号达到 5Hz 时开始变频输出，电动机才能启动运行。

启动时输出保持功能的设定如图 9-49 所示。启动保持输出时，若启动信号变为 OFF，则从启动信号由 ON 变为 OFF 开始减速。正反转切换时，启动频率有效，启动时输出保持功能无效。

⑦ 适用负荷选择（Pr. 14）。

适用负荷选择（Pr. 14）可以选择符合不同用途和负荷特性的最佳的输出特性（V/F 特性）。Pr. 14 参数的设定范围如表 9-14 所示。

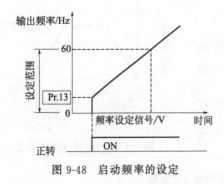

图 9-48 启动频率的设定

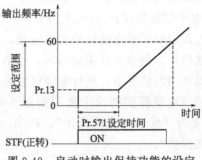

图 9-49 启动时输出保持功能的设定

表 9-14   Pr. 14 参数的设定范围

参数	名称	初始值	设定范围	说明
Pr. 14	适用负荷选择	0	0	用于恒转矩负荷
			1	用于变转矩负荷
			2	用于恒转矩升降负荷(反转时提升 0%)
			3	用于恒转矩升降负荷(正转时提升 0%)
			4	RT(X17)信号为 ON 时,用于恒转矩负荷; RT(X17)信号为 OFF 时,用于恒转矩升降负荷(反转时提升 0%)
			5	RT(X17)信号为 ON 时,用于恒转矩负荷; RT(X17)信号为 OFF 时,用于恒转矩升降负荷(正转时提升 0%)

⑧ 参数写入选择（Pr. 77）。

通过设定 Pr. 77，可以实现防止参数值被意外改写设定范围和设定值的功能。Pr. 77 参数的设定范围如表 9-15 所示。

表 9-15   Pr. 77 参数的设定范围

参数	名称	初始值	设定范围	说明
Pr. 77	参数写入选择	0	0	仅限于停止中可以写入参数
			1	不可以写入参数
			2	在所有的运行模式下,不管状态如何都能写入参数

⑨ 转矩提升（Pr. 0）。

转矩提升的作用是通过补偿电压降以改善电动机在低速范围的转矩降。调整这个参数可以调整低频电动机转矩使之配合负荷并增大启动转矩。

转矩提升参数有 3 个，分别为：Pr. 0，转矩提升；Pr. 46，第二转矩提升；Pr. 112，第三转矩提升。通过端子开关能选择 3 种不同启动转矩中的一种。第二功能参数和第三功能参数需要通过外部输入控制端子（分别为 RT 和 X9 端子）分别来激活，如当 RT 接通时，第二功能参数激活，则变频器所有的第二功能参数都被激活。转矩提升参数的出厂设定与设定范围如表 9-16 所示。

表 9-16　转矩提升参数的出厂设定与设定范围

参数编号		出厂设定	设定范围	备注
0	0.4kW,0.75kW	6%	0～30%	—
	1.5kW～3.7kW	4%		
	5.5kW,7.5kW	3%		
	11kW 以上	2%		
46		9999	0～30%,9999	9999:功能无效
112		9999	0～30%,9999	9999:功能无效

转矩提升示意图如图 9-50 所示。转矩提升主要是在低频时提升变频器的输出电压来实现，如果没有转矩提升，则变频器输出频率为 0 时，对应的输出电压也为 0，若设置了转矩提升，则对应的输出电压不为 0，实现了低频时的转矩提升。

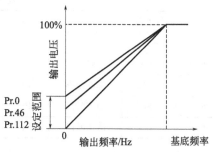

图 9-50　转矩提升示意图

9.2.3　变频器在 PLC 控制中的应用实践

(1) PLC 与变频器联机三段速频率控制实例

【例 9-1】　使用 FX$_{2N}$-48MR 和 FR-A740 变频器联机，以实现电动机三段速频率运转控制。其控制要求如下：若按下启动按钮 SB2，电动机启动并运行在第 1 段，频率为 10Hz，对应电动机转速为 560r/min；延时 10s 后，电动机反向运行在第 2 段，频率为 30Hz；再延时 15s 后，电动机正向运行在第 3 段，频率为 50Hz，对应电动机转速为 2800r/min。如果按下停止按钮 SB1，电动机停止运行。

电动机的三段速率运转采用变频器的多段速度来控制；变频器的多段运行信号通过 PLC 的输出端子来提供，也就是通过 PLC 来控制变频器的 RH、RM、RL 和 STF、SD、RES 的通断。所以，PLC 需使用 2 个输入和 5 个输出，其 I/O 分配如表 9-17 所示。PLC 与变频器的接线方法如图 9-51 所示。

表 9-17　PLC 与变频器联机三段速频率控制的 I/O 分配表

输入			输出	
功能	元件	PLC 地址	功能	PLC 地址
停止工作	SB1	X000	接变频器 STF 端子,使电动机正转	Y000
启动运行	SB2	X001	接变频器 RL 端子,使电动机 1 速运行	Y001
			接变频器 RM 端子,使电动机 2 速运行	Y002
			接变频器 RH 端子,使电动机 3 速运行	Y003
			接变频器 RES 端子,使变频器复位	Y004

根据控制要求，除了设定变频器的基本参数外，还必须设定运行模式选择和多段速度设定等参数，具体参数如表 9-18 所示。

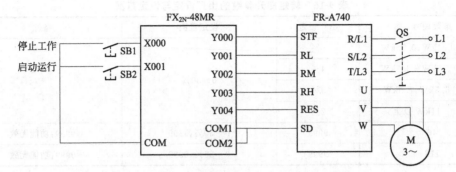

图 9-51　PLC 与变频器联机三段速频率控制接线图

表 9-18　变频器参数设置

参数	设置值	说明	参数	设置值	说明
Pr.1	50Hz	上限频率	Pr.9	电动机额定电流	电子过电流保护
Pr.2	0Hz	下限频率	Pr.79	3	操作模式选择(外部/PU组合模式1)
Pr.3	50Hz	基准频率	Pr.4	10Hz	多段速度设定1
Pr.7	2s	加速时间	Pr.5	30Hz	多段速度设定2
Pr.8	2s	减速时间	Pr.6	50Hz	多段速度设定3

　　根据系统的控制要求可以看出，三段速频率控制属于典型的顺序控制，其状态流程图如图 9-52 所示。

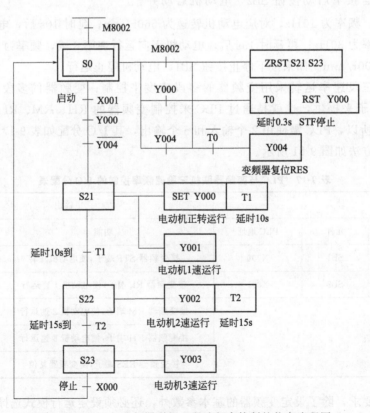

图 9-52　PLC 与变频器联机三段速频率控制的状态流程图

（2）PLC 与变频器联机在物料传送控制中的应用实例

【例 9-2】　使用 FX$_{2N}$-48MR 和 FR-A740 变频器联机，以实现物料传送控制。其控制要求如下：按下启动按钮 SB，系统进入待机状态，当金属物料经落料口放置传送带，光电传感器检测到物料时，电动机以 20Hz 频率启动正转运行，拖动皮带载物料向金属传感器方向运动。当物料行至电感传感器时，电动机以 30Hz 频率加速运行；当物料行至光纤传感器 1 时，电动机以 40Hz 频率加速运行；当物料行至光纤传感器 2 时，电动机以 40Hz 频率反转带动物料返回；当物料行至光纤传感器 1 时，电动机以 30Hz 频率减速运行；当物料行至电感传感器时，电动机以 20Hz 再次减速运行；当物料行至落料口时，光电传感器检测到物料，重复上述的过程。

从控制要求可以看出，本例实质上也是一个三段速频率控制。变频器的多段运行信号通过 PLC 的输出端子来提供，也就是通过 PLC 来控制变频器的 RH、RM、RL 和 STF、SD、RES 的通断。所以，PLC 需使用 6 个输入和 5 个输出，其 I/O 分配如表 9-19 所示。PLC 与变频器的接线方法如图 9-53 所示。

表 9-19　物料传送控制的 I/O 分配表

输入			输出	
功能	元件	PLC 地址	功能	PLC 地址
停止工作	SB1	X000	接变频器 STF 端子，使电动机正转	Y000
启动运行	SB2	X001	接变频器 STR 端子，使电动机反转	Y001
检测物料	光电传感器	X002	接变频器 RL 端子，使电动机 1 速运行	Y002
检测物料	电感传感器	X003	接变频器 RM 端子，使电动机 2 速运行	Y003
检测物料	光纤传感器 1	X004	接变频器 RH 端子，使电动机 3 速运行	Y004
检测物料	光纤传感器 2	X005		

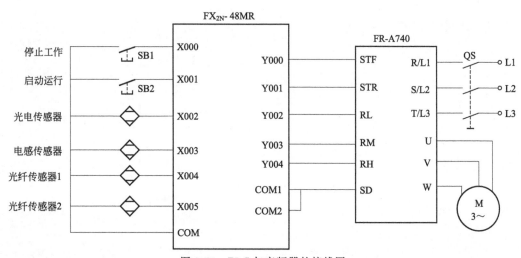

图 9-53　PLC 与变频器的接线图

根据控制要求，除了设定变频器的基本参数外，还必须设定运行模式选择和多段速度设定等参数，具体参数如表 9-20 所示。

表 9-20　变频器参数设置

参数	设置值	说明	参数	设置值	说明
Pr. 1	50Hz	上限频率	Pr. 9	电动机额定电流	电子过电流保护
Pr. 2	0Hz	下限频率	Pr. 79	3	操作模式选择(外部/PU 组合模式 1)
Pr. 3	50Hz	基准频率	Pr. 4	40Hz	多段速度设定 1
Pr. 7	2s	加速时间	Pr. 5	30Hz	多段速度设定 2
Pr. 8	Is	减速时间	Pr. 6	20Hz	多段速度设定 3

　　根据系统的控制要求可以看出，物料传送控制属于典型的顺序控制，其状态流程图如图 9-54 所示。

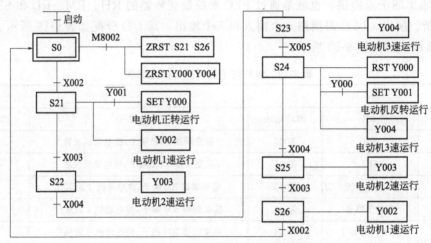

图 9-54　物料传送控制的状态流程图

第**10**章

三菱 PLC 控制系统综合应用实践

PLC 的内部结构尽管与计算机类似，但其接口电路不同，编程语言也不一致，因此，PLC 控制系统与微机控制系统开发过程也不完全相同，需要根据 PLC 本身特点、性能进行系统设计。

10.1 PLC 控制系统的设计

可编程控制器应用方便、可靠性高，大量地应用于各个行业、各个领域。随着可编程控制器功能的不断拓宽与增强，它已经从完成复杂的顺序逻辑控制的继电器控制柜的替代物，逐渐进入过程控制和闭环控制等领域，它所能控制的系统越来越复杂，控制规模越来越大，因此如何用可编程控制器完成实际控制系统应用设计，是每个从事电气控制的技术人员所面临的实际问题。

10.1.1 PLC 控制系统的设计原则和内容

任何一种电气控制系统都是为了实现生产设备或生产过程的控制要求和工艺需求，以提高生产效率和产品质量。因此，在设计 PLC 控制系统时，应遵循以下基本原则：

① 最大限度地满足被控对象提出的各项性能指标。设计前，设计人员除理解被控对象的技术要求外，应深入现场进行实地调查研究，收集资料，访问有关的技术人员和实际操作人员，共同拟定设计方案，协同解决设计中出现的各种问题。

② 在满足控制要求的前提下，力求使控制系统简单、经济，使用及维修方便。

③ 保证控制系统的安全、可靠。

④ 考虑到生产的发展和工艺的改进，在选择 PLC 容量时，应适当留有裕量。

PLC 控制系统是由 PLC 与用户输入/输出设备连接而成的，因此，PLC 控制系统设计的基本内容如下：

① 明确设计任务和技术文件。设计任务和技术条件一般以设计任务的方式给出，在设计任务中，应明确各项设计要求、约束条件及控制方式。

② 明确用户输入设备和输出设备。在构成 PLC 控制系统时，除了作为控制器的 PLC，

用户的输入/输出设备是进行机型选择和软件设计的依据，因此要明确输入设备的类型（如控制按钮、操作开关、限位开关、传感器等）和数量，输出设备的类型（如信号灯、接触器、继电器等）和数量，以及由输出设备驱动的负载（如电动机、电磁阀等），并进行分类、汇总。

③ 选择合适的 PLC 机型。PLC 是整个控制系统的核心部件，正确、合理选择机型对于保证整个系统技术经济性能指标起重要的作用。选择 PLC，应包括机型的选择、容量的选择、I/O 模块的选择、电源模块的选择等。

④ 合理分配 I/O 端口，绘制 I/O 接线图。通过对用户输入/输出设备的分析、分类和整理，进行相应的 I/O 地址分配，并据此绘制 I/O 接线图。

⑤ 设计控制程序。根据控制任务、所选择的机型及 I/O 接线图，一般采用梯形图语言（LAD）或语句表（STL）设计系统控制程序。控制程序是控制整个系统工作的软件，是保证系统工作正常、安全、可靠的关键。

⑥ 必要时设计非标准设备。在进行设备选型时，应尽量选用标准设备，如果无标准设备可选，还可能需要设计操作台、控制柜、模拟显示屏等非标准设备。

⑦ 编制控制系统的技术文件。在设计任务完成后，要编制系统技术文件。技术文件一般应包括设计说明书、使用说明书、I/O 接线图和控制程序（如梯形图、语句表等）。

10.1.2　PLC 控制系统的设计步骤

设计一个 PLC 控制系统需要以下 8 个步骤。

步骤 1：分析被控对象并提出控制要求。

详细分析被控对象的工艺过程及工作特点，了解被控对象机、电、液之间的配合，提出被控对象对 PLC 控制系统的控制要求，确定控制方案，拟定设计任务书。被控对象就是受控的机械、电气设备、生产线或生产过程。控制要求主要指控制的基本方式、应完成的动作、自动工作循环的组成、必要的保护和联锁等。

步骤 2：确定输入/输出设备。

根据系统的控制要求，确定系统所需的全部输入设备（如按钮、位置开关、转换开关及各种传感器等）和输出设备（如接触器、电磁阀、信号指示灯及其他执行器等），从而确定与 PLC 有关的输入/输出设备，以确定 PLC 的 I/O 点数。

步骤 3：选择 PLC。

根据已确定的用户 I/O 设备，统计所需的输入信号和输出信号的点数，选择合适的 PLC 类型，包括机型的选择、容量的选择、I/O 模块的选择、电源模块的选择等。

步骤 4：分配 I/O 点并设计 PLC 外围硬件线路。

① 分配 I/O 点。画出 PLC 的 I/O 点与输入/输出设备的连接图或对应关系表，该部分也可在第②步中进行。

② 设计 PLC 外围硬件线路。画出系统其他部分的电气线路图，包括主电路和未进入 PLC 的控制电路等。由 PLC 的 I/O 连接图和 PLC 外围电气线路图组成系统的电气原理图。到此为止系统的硬件电气线路已经确定。

步骤 5：程序设计。

(1) 程序设计

根据系统的控制要求，采用合适的设计方法来设计 PLC 程序。程序要以满足系统控制要求为主线，逐一编写实现各控制功能或各子任务的程序，逐步完善系统指定的功能。除此之外，程序通常还应包括以下内容：

① 初始化程序。在 PLC 上电后，一般都要做一些初始化的操作，为启动做必要的准备，避免系统发生误动作。初始化程序的主要内容有：对某些数据区、计数器等进行清零，对某些数据区所需数据进行恢复，对某些继电器进行置位或复位，对某些初始状态进行显示等。

② 检测、故障诊断和显示等程序。这些程序相对独立，一般在程序设计基本完成时再添加。

③ 保护和联锁程序。保护和联锁是程序中不可缺少的部分，它可以避免由于非法操作而引起的控制逻辑混乱。

（2）程序模拟调试

程序模拟调试的基本思想是，以方便的形式模拟产生现场实际状态，为程序的运行创造必要的环境条件。根据产生现场信号的方式不同，模拟调试有硬件模拟法和软件模拟法两种形式。

① 硬件模拟法是使用一些硬件设备（如用另一台 PLC 或一些输入器件等）模拟产生现场的信号，并将这些信号以硬接线的方式连到 PLC 系统的输入端，其时效性较强。

② 软件模拟法是在 PLC 中另外编写一套模拟程序，模拟提供现场信号，其简单易行，但时效性不易保证。模拟调试过程中，可采用分段调试的方法，并利用编程器的监控功能。

步骤 6：硬件实施。

硬件实施方面主要是进行控制柜（台）等硬件的设计及现场施工。其主要内容有：

① 设计控制柜和操作台等部分的电器布置图及安装接线图。

② 设计系统各部分之间的电气互连图。

③ 根据施工图纸进行现场接线，并进行详细检查。

由于程序设计与硬件实施可同时进行，因此 PLC 控制系统的设计周期可大大缩短。

步骤 7：联机调试。

联机调试是将通过模拟调试的程序进一步进行在线统调。联机调试过程应循序渐进，从 PLC 只连接输入设备，再连接输出设备，再接上实际负载等逐步进行调试。如不符合要求，则对硬件和程序做调整。通常只需修改部分程序。

全部调试完毕后，交付试运行。经过一段时间运行，如果工作正常、程序不需要修改，应将程序固化到 EPROM 中，以防程序丢失。

步骤 8：编制技术文件。

系统调试好后，应根据调试的最终结果，整理出完整的系统技术文件。系统技术文件包括说明书、电气原理图、电器布置图、电气元件明细表、PLC 梯形图。

10.1.3　PLC 控制系统的硬件设计

PLC 系统硬件设计主要包括 PLC 型号的选择、I/O 模块的选择、输入/输出点数的选择、可靠性的设计等内容。

（1）PLC 型号的选择

作出系统控制方案的决策之前，要详细了解被控对象的控制要求，从而决定是否选用 PLC 进行控制。

随着 PLC 技术的发展，PLC 产品的种类也越来越多。不同型号的 PLC，其结构形式、指令系统、编程方式、价格等也各有不同，适用的场合也各有侧重。因此，合理选用 PLC，对于提高 PLC 控制系统的技术经济指标有着重要意义。

① 对输入/输出点数的选择。盲目选择点数多的机型会造成一定浪费。要先弄清楚控制系统的 I/O 总点数，再按实际所需总点数的 15%～20% 留出备用量（为系统的改造等留有余地）后确定所需 PLC 的点数。另外要注意，一些高密度输入点的模块对同时接通的输入点数有限制，一般同时接通的输入点不得超过总输入点的 60%；PLC 每个输出点的驱动能力也是有限的，有的 PLC 其每点输出电流的大小还随所加负载电压的不同而异；一般 PLC 的允许输出电流随环境温度的升高而有所降低等。在选型时要考虑这些问题。

PLC 的输出点可分共点式、分组式和隔离式几种接法。隔离式的各组输出点之间可以采用不同的电压种类和电压等级，但这种 PLC 平均每点的价格较高。如果输出信号之间不需要隔离，则应选择前两种输出方式的 PLC。

② 对存储容量的选择。对用户存储容量只能做粗略的估算。在仅对开关量进行控制的系统中，可以用输入总点数×10 字/点＋输出总点数×5 字/点来估算；计数器/定时器按 3～5 字/个估算；有运算处理时按 5～10 字/量估算；在有模拟量输入/输出的系统中，可以按每输入（或输出）一路模拟量约需 80～100 字的存储容量来估算；有通信处理时按每个接口 200 字以上的数量粗略估算。最后，一般按估算容量的 50%～100% 留有余量。对缺乏经验的设计者，选择容量时留有余量要大些。

③ 对 I/O 响应时间的选择。PLC 的 I/O 响应时间包括输入电路延迟、输出电路延迟和扫描工作方式引起的时间延迟（一般在 2～3 个扫描周期）等。对开关量控制的系统，PLC 和 I/O 响应时间一般都能满足实际工程的要求，可不必考虑 I/O 响应问题。但对模拟量控制的系统，特别是闭环系统，就要考虑这个问题。

④ 根据输出负载的特点选型。不同的负载对 PLC 的输出方式有相应的要求。例如，频繁通断的感性负载，应选择晶体管或晶闸管输出型的，而不应选用继电器输出型的。但继电器输出型的 PLC 有许多优点，如导通压降小、有隔离作用、价格相对较便宜、承受瞬时过电压和过电流的能力较强、负载电压灵活（可交流、可直流）且电压等级范围大等。因此，动作不频繁的交、直流负载可以选择继电器输出型的 PLC。

⑤ 对在线和离线编程的选择。离线编程是指主机和编程器共用一个 CPU，通过编程器的方式选择开关来选择 PLC 的编程、监控和运行工作状态。编程状态时，CPU 只为编程器服务，而不对现场进行控制。专用编程器编程属于这种情况。在线编程是指主机和编程器各有一个 CPU，主机的 CPU 完成对现场的控制，在每一个扫描周期末尾与编程器通信，编程器把修改的程序发给主机，在下一个扫描周期主机将按新的程序对现场进行控制。计算机辅助编程既能实现离线编程，也能实现在线编程。在线编程需购置计算机，并配置编程软件。采用哪种编程方法应根据需要决定。

⑥ 根据是否联网通信选型。若 PLC 控制的系统需要接入工厂自动化网络，则 PLC 需要有通信联网功能，即要求 PLC 应具有连接其他 PLC、上位计算机及显示器等的接口。大、中型机都有通信功能，目前大部分小型机也具有通信功能。

⑦ 对 PLC 结构形式的选择。在相同功能和相同 I/O 点数的情况下，整体式比模块式价格低且体积相对较小，所以一般用于系统工艺过程较为固定的小型控制系统中。但模块式具有功能扩展灵活、维修方便（换模块）、容易判断故障等优点，因此模块式 PLC 一般适用于

较复杂系统和环境差（维修量大）的场合。

（2）I/O 模块的选择

在 PLC 控制系统中，为了实现对生产机械的控制，需将对象的各种测量参数按要求的方式送入 PLC。PLC 经过运算、处理后再将结果以数字量的形式输出，此时也是把该输出变换为适合于对生产机械控制的量。因此，在 PLC 和生产机械中，必须设置信息传递和变换的装置，即 I/O 模块。由于输入和输出信号的不同，因此 I/O 模块有数字量输入模块、数字量输出模块、模拟量输入模块和模拟量输出模块共 4 大类。不同的 I/O 模块，其电路及功能也不同，这些都直接影响应用的范围和价格，因此必须根据实际需求合理选择 I/O 模块。

选择 I/O 模块之前，应确定哪些信号是输入信号，哪些信号是输出信号。输入信号由输入模块进行传递和变换，输出信号由输出模块进行传递和变换。

对于输入模块的选择要从三个方面进行考虑。

① 根据输入信号的不同进行选择。输入信号为开关量即数字量时，应选择数字量输入模块；输入信号为模拟量时，应选择模拟量输入模块。

② 根据现场设备与模块之间的距离进行选择。一般 5V、12V、24V 属于低电平，其传输出距离不宜太远，如 12V 电压模块的传输距离一般不超过 12m。对于传输距离较远的设备，应选用较高电压或电压范围较宽的模块。

③ 根据同时接通的点数多少进行选择。对于高密度的输入模块，如 32 点和 64 点输入模块，能允许同时接通的点数取决于输入电压的高低和环境温度，不宜过多。一般同时接通的点数不得超过总输入点数的 60%，但对于控制过程，比如自动/手动、启动/停止等输入点同时接通的概率不大，所以不需考虑。

输出模块有继电器、晶体管和晶闸管三种工作方式。继电器输出适用于交、直流负载，其特点是带负载能力强，但动作频率与响应速度慢。晶体管输出适用于直流负载，其特点是动作频率高、响应速度快，但带负载能力小。晶闸管输出适用于交流负载，其特点是响应速度快，但带负载能力不大。因此，对于开关频繁、功率因数低的感性负载，可选用晶闸管（交流）和晶体管（直流）输出；在输出变化不太快、开关要求不频繁的场合，应选用继电器输出。在选用输出模块时，不但要看一个点的驱动能力，还要看整个模块的满负荷能力，即输出模块同时接通点数的总电流值不得超过模块规定的最大允许电流。对于功率较小的集中设备，如普通机床，可选用低电压高密度的基本 I/O 模块；对功率较大的分散设备，可选用高电压低密度的基本 I/O 模块。

（3）输入/输出点数的选择

一般输入点和输入信号、输出点和输出控制是一一对应的。

分配好后，按系统配置的通道与接点号，分配给每一个输入信号和输出信号，即进行编号。在个别情况下，也有两个信号用一个输入点的，那样就应在接入输入点前，按逻辑关系接好线（如两个触点先串联或并联），然后再接到输入点。

① 确定 I/O 通道范围。不同型号的 PLC，其输入/输出通道的范围是不一样的，应根据所选 PLC 型号，查阅相应的编程手册。

② 内部辅助继电器。内部辅助继电器不对外输出，不能直接连接外部器件，而是在控制其他继电器、定时器/计数器时作数据存储或数据处理用。

从功能上讲，内部辅助继电器相当于传统电控柜中的中间继电器。未分配模块的输入/

输出继电器区以及未使用 1：1 链接时的链接继电器区等均可作为内部辅助继电器使用。根据程序设计的需要，应合理安排 PLC 的内部辅助继电器，在设计说明书中应详细列出各内部辅助继电器在程序中的用途，避免重复使用。

③ 分配定时器/计数器。PLC 的定时器/计数器数量分配请参阅前述章节。

(4) 可靠性的设计

PLC 控制系统的可靠性设计主要包括供电系统设计、接地设计和冗余设计。

① 供电系统设计。通常 PLC 供电系统设计是指 CPU 工作电源、I/O 模板工作电源的设计。

a. CPU 工作电源的设计。PLC 的正常供电电源一般由电网供电（交流 220V、50Hz），由于电网覆盖范围广，它将受到所有空间电磁干扰而在线路上感应电压和电流。尤其是电网内部的变化，如开关操作浪涌、大型电力设备的启停、交直流传动装置引起的谐波、电网短路暂态冲击等，都通过输电线路传到电源中，从而影响 PLC 的可靠运行。在 CPU 工作电源的设计中，一般可采取隔离变压器、交流稳压器、UPS 电源、晶体管开关电源等措施。

PLC 的电源模板可能包括多种输入电压，如交流 220V、交流 110V 和直流 24V，而 CPU 电源模板所需要的工作电源一般是 5V 直流电源，在实际应用中要注意电源模板输入电压的选择。在选择电源模板的输出功率时，要保证其输出功率大于 CPU 模板、所有 I/O 模板及各种智能模板总的消耗功率，并且要考虑 30% 左右的余量。

b. I/O 模板工作电源的设计。I/O 模板工作电源是系统中的传感器、执行机构、各种负载与 I/O 模板之间的供电电源。在实际应用中，基本上采用 24V 直流供电电源或 220V 交流供电电源。

② 接地设计。为了安全和抑制干扰，系统一般要正确接地。系统接地方式一般有浮地、直接接地和电容接地三种方式。对 PLC 控制系统而言，它属于高速低电平控制装置，应采用直接接地方式。由于信号电缆分布电容和输入装置滤波等的影响，装置之间的信号交换频率一般都低 1MHz，因此 PLC 控制系统接地线采用一点接地和串联一点接地方式。集中布置的 PLC 系统适于并联一点接地方式，各装置的柜体中心接地点以单独的接地线引向接地极。如果装置间距较大，应采用串联一点接地方式。用一根大截面铜母线（或绝缘电缆）连接各装置的柜体中心接地点，然后将接地母线直接连接接地极。接地线采用截面积大于 20mm^2 的铜导线，总母线使用截面积大于 60mm^2 的铜排。接地极的接地电阻小于 2Ω，接地极最好埋在距建筑物 10～15m 远处，而且 PLC 系统接地点必须与强电设备接地点相距 10m 以上。信号源接地时，屏蔽层应在信号侧接地；不接地时，应在 PLC 侧接地；信号线中间有接头时，屏蔽层应牢固连接并进行绝缘处理，一定要避免多点接地；多个测点信号的屏蔽双绞线与多芯对绞总屏蔽电缆连接时，各屏蔽层应相互连接好，并经绝缘处理。PLC 电源线，I/O 电源线，输入、输出信号线，交流线，直流线都应尽量分开布线。开关量信号线与模拟量信号线也应分开布线，而且后者应采用屏蔽线，并且将屏蔽层接地。数字传输线也要采用屏蔽线，并且要将屏蔽层接地。PLC 系统最好单独接地，也可以与其他设备公共接地，但严禁与其他设备串联接地。连接接地线时，应注意以下几点：

a. PLC 控制系统单独接地。

b. PLC 系统接地端子是抗干扰的中性端子，应与接地端子连接，其正确接地可以有效消除电源系统的共模干扰。

c. PLC 系统的接地电阻应小于 100Ω，接地线至少用 20mm^2 的专用接地线，以防止感应电的产生。

d. 输入、输出信号电缆的屏蔽线应与接地端子端连接，且接地良好。

③ 冗余设计。冗余设计是指在系统中人为地设计某些"多余"的部分，冗余配置代表 PLC 适应特殊需要的能力，是 PLC 高性能的体现。冗余设计的目的是在 PLC 已经可靠工作的基础上，再进一步提高其可靠性，减少出现故障的概率和出现故障后修复的时间。

10.1.4　PLC 控制系统的软件设计

(1) PLC 软件系统设计方法

PLC 软件系统设计就是根据控制系统硬件结构和工艺要求，使用相应的编程语言，编制用户控制程序和形成相应文件的过程。编制 PLC 控制程序的方法很多，这里主要介绍几种典型的编程方法。

① 图解法编程。图解法编程是靠画图进行 PLC 程序设计。常见的主要有梯形图法、逻辑流程图法、时序流程图法和步进顺控法。

a. 梯形图法。梯形图法是用梯形图语言编制 PLC 程序。这是一种模仿继电器控制系统的编程方法。其图形甚至元件名称都与继电器控制电路十分相近。这种方法很容易地就可以把原继电器控制电路移植成 PLC 的梯形图语言。这对于熟悉继电器控制的人来说，是最方便的一种编程方法。

b. 逻辑流程图法。逻辑流程图法是用逻辑框图表示 PLC 程序的执行过程，反映输入与输出的关系。这种方法编制的 PLC 控制程序，逻辑思路清晰，输入与输出的因果关系及联锁条件明确。逻辑流程图会使整个程序脉络清楚，便于分析控制程序，便于查找故障点，便于调试程序和维修程序。有时对一个复杂的程序，直接用语句表和用梯形图编程可能觉得难以下手，则可以先画出逻辑流程图，再为逻辑流程图的各个部分用语句表和梯形图编制 PLC 应用程序。

c. 时序流程图法。时序流程图法是首先画出控制系统的时序图（即到某一个时间应该进行哪项控制的控制时序图），再根据时序关系画出对应的控制任务的程序框图，最后把程序框图写成 PLC 程序。时序流程图法很适合于以时间为基准的控制系统的编程方法。

d. 步进顺控法。步进顺控法是在顺控指令的配合下设计复杂的控制程序。一般比较复杂的程序，都可以分成若干个功能比较简单的程序段，一个程序段可以看成整个控制过程中的一步。从整体看，一个复杂系统的控制过程是由这样若干个步组成的。系统控制的任务实际上可以认为在不同时刻或者在不同进程中去完成对各个步的控制。为此，不少 PLC 生产厂家在自己的 PLC 中增加了步进顺控指令。在画完各个步进的状态流程图之后，可以利用步进顺控指令方便地编写控制程序。

② 经验法编程。经验法编程是运用自己的或别人的经验进行设计。多数是设计前先选择与自己工艺要求相近的程序，把这些程序看成自己的"试验程序"，结合自己工程的情况，对这些"试验程序"逐一修改，使之适合自己的工程要求。

③ 计算机辅助设计编程。计算机辅助设计编程是通过 PLC 编程软件在计算机上进行程序设计、离线或在线编程、离线仿真和在线调试等。使用编程软件可以十分方便地在计算机上离线或在线编程、在线调试，还可以进行程序的存取、加密以及形成 EXE 运行文件。

(2) PLC 软件系统设计步骤

在了解了程序结构和编程方法的基础上，就要实际地编写 PLC 程序了。编写 PLC 程序和编写其他计算机程序一样，都需要经历如下过程。

① 对系统任务分块。分块的目的就是把一个复杂的工程分解成多个比较简单的小任务。这样可便于编制程序。

② 编制控制系统的逻辑关系图。从逻辑关系图上可以反映出某一逻辑关系的结果是什么，这一结果又应该导出哪些动作。这个逻辑关系可能是以各个控制活动顺序为基准，也可能是以整个活动的时间节拍为基准。逻辑关系图反映了控制过程中控制作用与被控对象的活动，也反映了输入与输出的关系。

③ 绘制各种电路图。绘制各种电路的目的，是把系统的输入/输出所设计的地址和名称联系起来，这是关键的一步。在绘制 PLC 的输入电路时，不仅要考虑到信号的连接点是否与命名一致，也要考虑到输入端的电压和电流是否合适，还要考虑到在特殊条件下运行的可靠性与稳定条件等问题，特别是要考虑到能否把高压引导到 PLC 的输入端。若将高压引入PLC 的输入端时，有可能对 PLC 造成比较大的伤害。在绘制 PLC 输出电路时，不仅要考虑到输出信号连接点是否与命名一致，也要考虑到 PLC 输出模块的带负载能力和耐电压能力，还要考虑到电源输出功率和极性问题。在整个电路的绘制过程中，还要考虑设计原则，努力提高其稳定性和可靠性。虽然用 PLC 进行控制方便、灵活，但是在电路设计时仍然需要谨慎、全面。

④ 编制 PLC 程序并进行模拟调试。在编制完电路图后，就可以着手编制 PLC 程序了。在编程时，除了注意程序要正确、可靠之外，还要考虑程序运行简捷、省时，便于阅读，便于修改。编好一个程序块要进行模拟实验，这样便于查找问题，便于及时修改程序。

10.2 恒压供水系统

(1) 控制要求

使用 PLC、触摸屏、变频器设计一个有 7 段速度的恒压供水系统。电动机的转速由变频器的 7 段调速来控制，7 段速度与变频器的控制端子的对应关系如表 10-1 所示。恒压供水系统的速度切换分别由水压上限和水压下限两个传感器完成，如图 10-1 所示。

表 10-1 7 段速度与变频器的控制端子的对应关系

速度	1	2	3	4	5	6	7
接点	RH				RH	RH	RH
		RM		RM		RM	RM
			RL	RL	RL		RL
频率/Hz	15	20	25	30	35	40	45

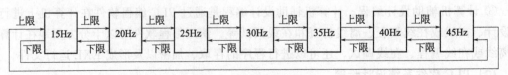

图 10-1 7 段速度的切换

（2）恒压供水系统的设计思路

恒压供水系统的设计思路：通过计算机在 GT Designer3 中制作触摸屏界面，由 RS-232C 或 USB 电缆将其写入到 GOT 中，使 GOT 能够发出控制命令并显示运行状态和有关运行数据；在 GX Developer 中编写 PLC 控制程序，并将程序下载到 PLC 中，PLC 主要用来控制变频器的运行；变频器与三相异步电动机连接，控制电动机的转速；使用 RS-422 电缆将触摸屏与 PLC 连接起来，以构成 PLC、触摸屏、变频器的联合控制系统。

（3）PLC 的 I/O 分配表及接线方法

在恒压供水系统中，PLC 的输入主要有启动按钮、停止按钮、水压下限、水压上限，而变频器的多段运行信号通过 PLC 的输出端子来提供，也就是通过 PLC 来控制变频器的 RH、RM、RL 和 STF、SD 及 RES 的通断。因此，PLC 需使用 4 个输入和 5 个输出（SD 端子与 PLC 的 COM2 端子连接），其 I/O 分配如表 10-2 所示。PLC 与变频器的接线图如图 10-2 所示。

表 10-2　PLC 与变频器的 I/O 分配表

输入			输出	
功能	元件	PLC 地址	功能	PLC 地址
停止工作	SB1	X000	接变频器 STF 端子，使电动机正转	Y000
启动运行	SB2	X001	接变频器 RH 端子	Y001
水压下限	传感器 1	X002	接变频器 RM 端子	Y002
水压上限	传感器 2	X003	接变频器 RL 端子	Y003
			接变频器 RES 端子，使变频器复位	Y004

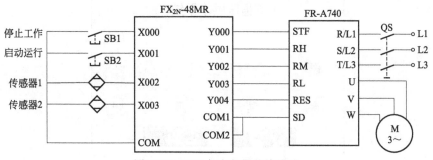

图 10-2　PLC 与变频器的接线图

（4）变频器的设定参数

根据控制要求，变频器的参数设置如表 10-3 所示。

表 10-3　变频器的参数设置

参数	设置值	说明	参数	设置值	说明
Pr. 1	50Hz	上限频率	Pr. 9	电动机额定电流	电子过电流保护
Pr. 2	0Hz	下限频率	Pr. 79	3	操作模式选择(外部/PU 组合模式 1)
Pr. 3	50Hz	基准频率	Pr. 6	25Hz	多段速度设定 3
Pr. 7	2s	加速时间	Pr. 24	30Hz	多段速度设定 4

续表

参数	设置值	说明	参数	设置值	说明
Pr. 8	2s	减速时间	Pr. 25	35Hz	多段速度设定 5
Pr. 4	15Hz	多段速度设定 1	Pr. 26	40Hz	多段速度设定 6
Pr. 5	20Hz	多段速度设定 2	Pr. 27	45Hz	多段速度设定 7

(5) 触摸屏画面制作

触摸屏画面中包含多个对象，其对象名称及对应的软元件如表 10-4 所示，制作的触摸屏画面如图 10-3 所示。

表 10-4 触摸屏画面对象名称及对应的软元件

对象名称	对象类型	软元件	对象名称	对象类型	软元件
GOT 恒压供水系统	文本	—	RM	位指示灯	Y002
当前运行频率	文本	—	RL	位指示灯	Y003
Hz	文本	—	停止按钮	位开关	M100
正转	位指示灯	Y000	启动按钮	位开关	M101
复位	位指示灯	Y004	模拟水压下限	位开关	X002
下限	位指示灯	Y002	模拟水压上限	位开关	X003
上限	位指示灯	Y003	123456	数值显示	D100
RH	位指示灯	Y001	文本框	矩形	—

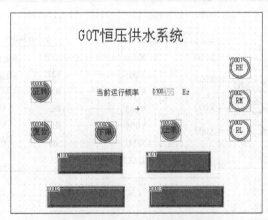

图 10-3 恒压供水触摸屏画面

(6) PLC 控制程序

从控制要求可以看出，该系统是顺序控制，其状态流程图如图 10-4 所示，PLC 程序梯形图如图 10-5 所示。

(7) 联机模拟仿真

在 GX Developer 软件中，编写好程序，并执行菜单命令【工具】|【梯形图逻辑测试起动】，启动 GX Simulator 仿真，进入梯形图逻辑测试状态。在 GT Designer3 软件中，执行菜单命令【工具】|【模拟器】|【起动】，进入触摸屏的仿真调试界面，按下触摸键"启动按

钮"，然后再按下触摸键"模拟水压上限"或"模拟水压下限"，即可进行恒压供水系统的模拟仿真。

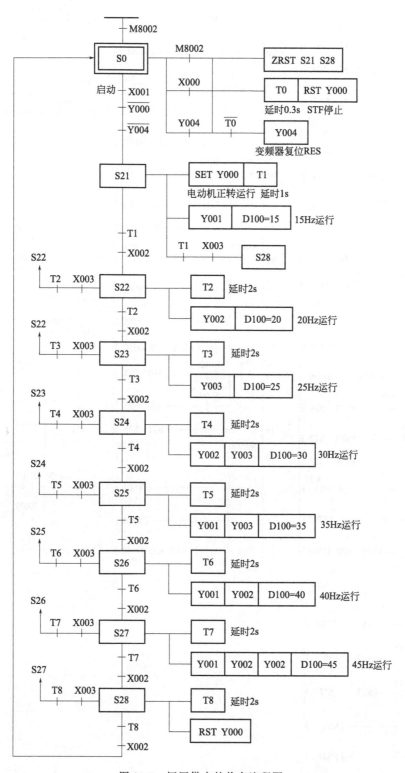

图 10-4　恒压供水的状态流程图

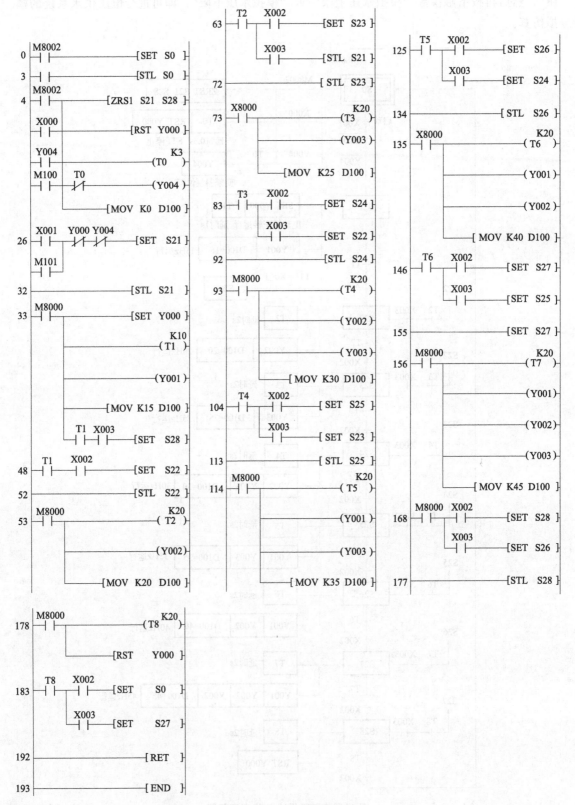

图 10-5 PLC 程序梯形图

10.3　仓储控制系统

① 控制任务机械手能自动将载货台上的工件放入仓库 1～4 号库位（载货台只提供正确的工件且每个库位只放一个工件），或将 1～4 号库位里的工件放到载货台上。

② 仓储系统（TVT-METS3）设备主要部件及其名称，设备各部件、器件的名称和安装位置如图 10-6 所示。

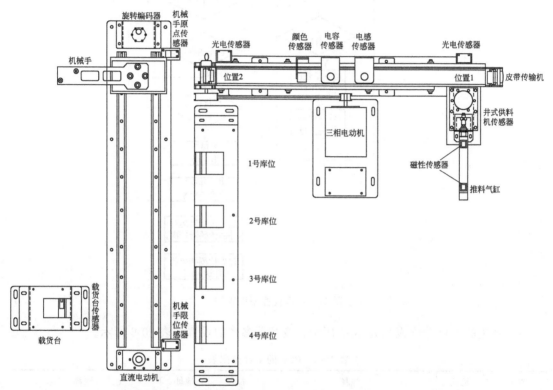

图 10-6　设备主要部件及其名称，设备各部件、器件的名称和安装位置

③ 系统的控制要求如下。

a. 运行前，设备应满足一种初始状态。

b. 入库流程。启动后，指示灯提示进入工作状态，若库位有空，供料指示灯发光提示向载货台放工件，机械手将工件取下后送到位置 2，由皮带传输机运送到位置 1，然后反转送回到位置 2，同时进行检测，机械手根据检测结果将工件送到相应的库位；若载货台没有工件，机械手在载货台附近等待；当仓库满时，对应指示灯进行提示，机械手自动回原点，若此时载货台上有工件，则蜂鸣器报警提示，直到取走工件。

c. 出库流程。启动后，指示灯提示进入工作状态，若库位有工件，出货指示灯发光提示，机械手按 1～4 号库位的顺序出货至载货台，并由数码管显示库位号，库位全空时，机械手回原点，出货指示灯提示库位已空。

d. 停止后，停机指示灯点亮提示，机械手运送完当前工件后，系统回到初始状态。

④ 系统控制流程图如图 10-7 所示。

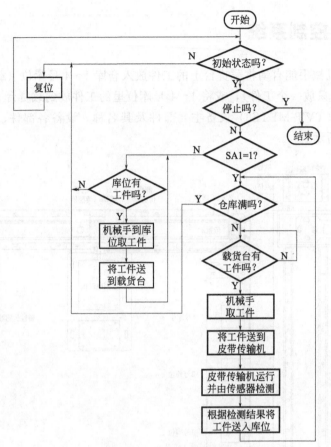

图 10-7　系统控制流程图

⑤ 系统的 I/O 分配表如表 10-5 所示，变频器参数的设置如表 10-6 所示。

表 10-5　PLC 的 I/O 分配表

符号	地址	注释	符号	地址	注释
SQ1A 相	X0	旋转编码器 A 相	SQ10	X12	颜色传感器
SQ1B 相	X1	旋转编码器 B 相	SQ11	X13	机械手右转限位传感器
SQ2	X2	机械手原点传感器	SQ12	X14	机械手左转限位传感器
SQ3	X3	机械手限位传感器	SQ19	X17	载货台检测传感器
SQ20	X6	皮带传输机位置 1 传感器	SA1	X20	工作状态选择开关
SQ7	X7	皮带传输机位置 2 传感器	SB1	X26	启动按钮
SQ8	X10	电感传感器	SB2	X27	停止按钮
SQ9	X11	电容传感器	CW	Y0	机械手行走信号 CW（＋）
CCW	Y1	机械手行走信号 CCW（－）	HL2	Y12	2 号灯
YV22	Y2	机械手右转气缸控制电磁阀	HL3	Y13	3 号灯
YV21	Y3	机械手左转气缸控制电磁阀	HL4	Y14	4 号灯
YV3	Y4	机械手下降气缸控制电磁阀	HA	Y15	蜂鸣器报警

符号	地址	注释	符号	地址	注释
YV4	Y5	抓手气缸控制电磁阀	B00	Y20	LED 数码管显示
Inverter-Z	Y7	变频器正转运行 40Hz	B01	Y21	LED 数码管显示
Inverter-F	Y10	变频器反转运行 20Hz	B02	Y22	LED 数码管显示
HL1	Y11	1 号灯	B03	Y23	LED 数码管显示

表 10-6　变频器参数设置

参数	设置值	参数	设置值
Pr. 1	0.2	Pr. 9	5
Pr. 2	0.2	Pr. 32	20.0
Pr. 8	5		

⑥ 系统气动原理图如图 10-8 所示。

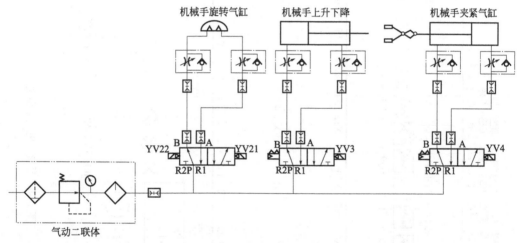

图 10-8　系统气动原理图

⑦ 系统的电气原理图如图 10-9 所示。

⑧ 系统的梯形图程序如图 10-10 所示。

⑨ 程序的运行与调试说明如下。

a. 初始状态下，皮带输送机停止运行，机械手停在原点并处于皮带输送机上方，推料气缸复位，1 号灯处于发光状态。若不满足初始状态，可用启动按钮进行复位（按钮 SB1 兼有复位和启动两个功能）。

b. 入库流程。转换开关 SA1 在位置 1（手柄在左位置），按下按钮 SB1（启动功能），指示灯 HL1 变为每秒闪烁一次，提示设备处于工作状态，若 1～4 号库位有空位，指示灯 HL2 发光，提示可以向载货台上放工件，当载货台上传感器检测到有工件时，机械手在直流电动机的拖动下移动到载货台附近，然后将载货台上的工件取下并送到皮带传输机位置 2，机械手放下工件 1s 后，皮带传输机在变频器的控制下以 40Hz 运行，将工件送至皮带传输机位置 1，当位置 1 检测传感器检测到工件时，皮带传输机停止转动 1s，随后皮带传输机在变频器的控制下以 20Hz 反转运行，将工件送至皮带传输机位置 2。在传送过程中经过三

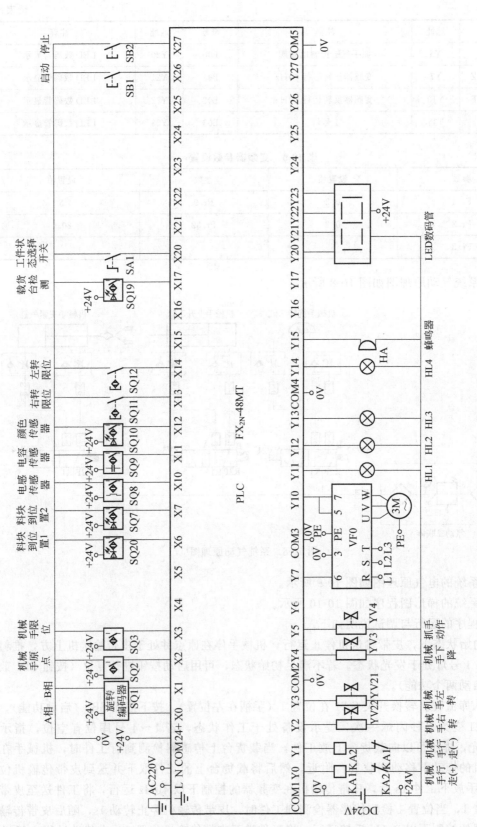

图 10-9 系统的电气原理图

个传感器进行检测，判断工件进入仓库的库位号（白色塑料＋铝送 1 号库位，白色塑料＋铁送 2 号库位，黑色塑料＋铝送 3 号库位，黑色塑料＋铁送 4 号库位），当工件到达位置 2 时，皮带传输机停止转动，机械手将工件送到相应的库位。若库位仍有空的，而载货台没有工件时，机械手在送完最后一个工件后，在直流电动机的拖动下移动到载货台附近等待。当仓库满时，机械手自动回原点，指示灯 HL2 每秒闪烁两次，提示库位满，禁止向载货台送工件，若此时继续向载货台送工件，则蜂鸣器报警提示，机械手停在原位，直到取走载货台上的工件，设备恢复正常，等待操作者按下停止按钮。

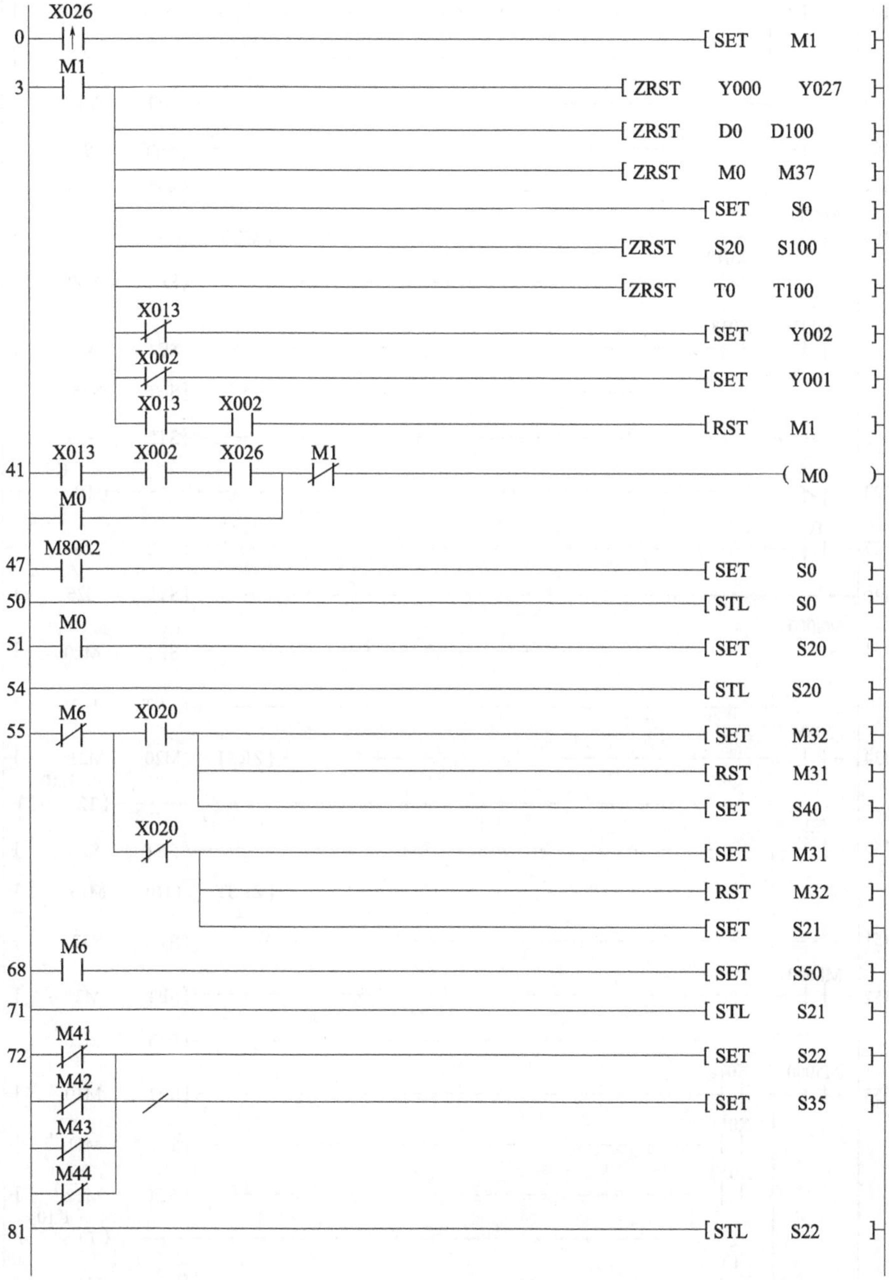

图 10-10

```
82  X017 ─────────────────────────────────────[MOV  K5    D20  ]
    ┤├
         X014
         ─┤/├──────────────────────────────────[SET  Y003 ]
                                                            K5
90  X017  M25   X014 ──────────────────────────────────(T0   )
    ┤├    ┤├    ┤├

96  M25   M6 ────────────────────────────────────[SET  S50  ]
    ┤/├   ┤├

100 T0 ───────────────────────────────────────────[SET  M4   ]
    ┤├
        ───────────────────────────────────────────[SET  S23  ]

104 ──────────────────────────────────────────────[STL  S23  ]
105 M4 ────────────────────────────────────────────[SET  S24  ]
    ┤/├
108 ──────────────────────────────────────────────[STL  S24  ]
109 M8000 ─────────────────────────────────────────[MOV  K0   D20  ]
    ┤├
         X013
         ─┤/├──────────────────────────────────────[SET  Y002 ]

117 X002  X013 ───────────────────────────────────[SET  M5   ]
    ┤├    ┤├
        ───────────────────────────────────────────[SET  S25  ]

122 ──────────────────────────────────────────────[STL  S25  ]
                                                            K5
123 M5 ───────────────────────────────────────────(T0   )
    ┤/├
127 T0 ────────────────────────────────────────────[SET  S26  ]
    ┤├
130 ──────────────────────────────────────────────[STL  S26  ]
131 M8000 ─────────────────────────────────────────[SET  M20  ]
    ┤├
        ───────────────────────────────────────────[RST  M21  ]

134 X006 ─────────────────────────────────[ZRST  M20   M21  ]
    ┤├                                                      K10
        ────────────────────────────────────────────(T2   )

143 T2 ─────────────────────────────────────────────[SET  S27  ]
    ┤├
        ───────────────────────────────[ZRST  M10   M13  ]

151 ──────────────────────────────────────────────[STL  S27  ]
152 M8000 ─────────────────────────────────────────[SET  M21  ]
    ┤├
        ───────────────────────────────────────────[RST  M20  ]

155 M8000  X010 ──────────────────────────────────[SET  M10  ]
    ┤├    ┤├
          X011
          ─┤├───────────────────────────────────────[SET  M11  ]
          X012
          ─┤├───────────────────────────────────────[SET  M12  ]
                                                            K10
                                              ────────(T3   )
          T3
          ─┤├───────────────────────────────────────[SET  M13  ]
```

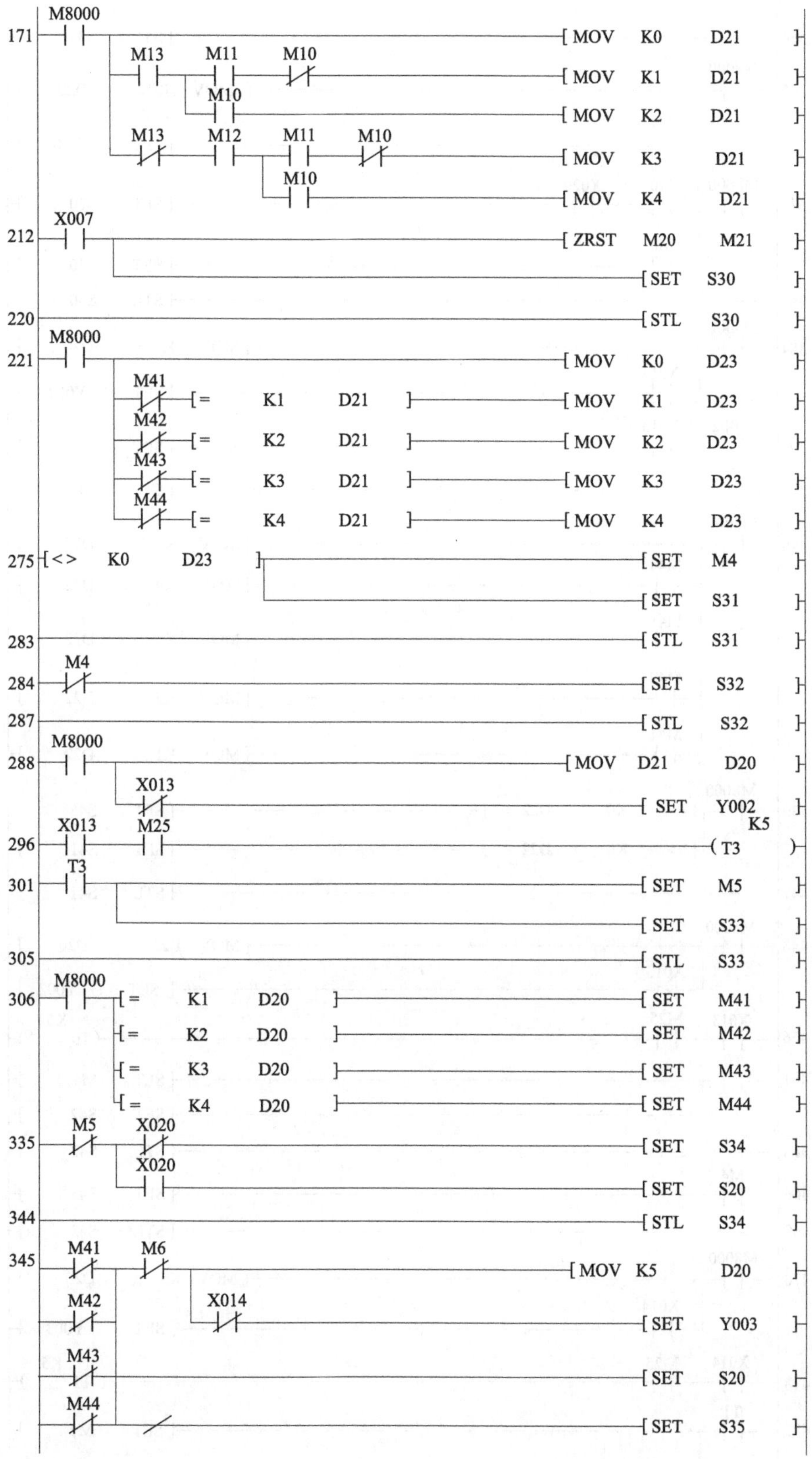

```
      M8000
171 ──┤├──────────────────────────────────────────[ MOV   K0    D21 ]─
         M13    M11    M10
      ───┤├────┤├────┤/├─────────────────────────[ MOV   K1    D21 ]─
                 M10
                ─┤├────────────────────────────────[ MOV   K2    D21 ]─
         M13    M12    M11    M10
      ───┤/├────┤├────┤├────┤/├──────────────────[ MOV   K3    D21 ]─
                        M10
                       ─┤├─────────────────────────[ MOV   K4    D21 ]─
      X007
212 ──┤├──────────────────────────────────────────[ ZRST  M20   M21 ]─
                                                     ─[ SET   S30 ]─

220 ───────────────────────────────────────────────[ STL   S30 ]─
      M8000
221 ──┤├──────────────────────────────────────────[ MOV   K0    D23 ]─
         M41
      ───┤/├───[=    K1    D21 ]──────────────────[ MOV   K1    D23 ]─
         M42
      ───┤/├───[=    K2    D21 ]──────────────────[ MOV   K2    D23 ]─
         M43
      ───┤/├───[=    K3    D21 ]──────────────────[ MOV   K3    D23 ]─
         M44
      ───┤/├───[=    K4    D21 ]──────────────────[ MOV   K4    D23 ]─
275 ─[<>   K0    D23 ]──────────────────────────────[ SET   M4 ]─
                                                     ─[ SET   S31 ]─

283 ───────────────────────────────────────────────[ STL   S31 ]─
      M4
284 ──┤/├──────────────────────────────────────────[ SET   S32 ]─

287 ───────────────────────────────────────────────[ STL   S32 ]─
      M8000
288 ──┤├──────────────────────────────────────────[ MOV   D21   D20 ]─
              X013
           ───┤├───────────────────────────────────[ SET   Y002 ]─
      X013   M25                                                K5
296 ──┤├────┤├────────────────────────────────────(  T3        )─
      T3
301 ──┤├──────────────────────────────────────────[ SET   M5 ]─
                                                     ─[ SET   S33 ]─

305 ───────────────────────────────────────────────[ STL   S33 ]─
      M8000
306 ──┤├────[=    K1    D20 ]──────────────────────[ SET   M41 ]─
           ─[=    K2    D20 ]──────────────────────[ SET   M42 ]─
           ─[=    K3    D20 ]──────────────────────[ SET   M43 ]─
           ─[=    K4    D20 ]──────────────────────[ SET   M44 ]─
      M5   X020
335 ──┤/├──┤├──────────────────────────────────────[ SET   S34 ]─
           X020
          ─┤├───────────────────────────────────────[ SET   S20 ]─

344 ───────────────────────────────────────────────[ STL   S34 ]─
      M41    M6
345 ──┤/├───┤/├─────────────────────────────────[ MOV K5    D20 ]─
      M42          X014
     ─┤/├─────────┤/├───────────────────────────────[ SET   Y003 ]─
      M43
     ─┤/├───────────────────────────────────────────[ SET   S20 ]─
      M44
     ─┤/├──────────────┤/├──────────────────────────[ SET   S35 ]─
```

图 10-10

364 ──────────────────────────────────────[STL S35]

365 ┤M8000├┬─────────────────────────────[MOV K0   D20]
　　　　　└┤X013/├────────────────────────[SET Y002]

373 ┤M8000├┬┤M6/├─┤X020├──────────────────[SET S20]
　　　　　└┤M6├──────────────────────────[SET S50]

383 ──────────────────────────────────────[STL S50]

384 ┤M8000├┬─────────────────────────────[MOV K0   D20]
　　　　　└┤X013/├────────────────────────[SET Y002]

392 ┤X002├┤X013├───────────────────────────[SET M1]

395 ──────────────────────────────────────[STL S40]

396 ┤M8000├┬─────────────────────────────[MOV K0 D22]
　　　　　├┤M44├──────────────────────────[MOV K4 D22]
　　　　　├┤M43├──────────────────────────[MOV K3 D22]
　　　　　├┤M42├──────────────────────────[MOV K2 D22]
　　　　　└┤M41├──────────────────────────[MOV K1 D22]

430 ┤M8000├┬[= K0 D22]─────────────────────[SET S45]
　　　　　└[<> K0 D22]────────────────────[SET S41]

447 ──────────────────────────────────────[STL S41]

448 ┤M8000├┬─────────────────────────────[MOV D22 D20]
　　　　　└┤X013/├────────────────────────[SET Y002]

456 ┤X013├┤M25├───────────────────────────(T0 K5)

461 ┤T0├┬───────────────────────────────[SET M4]
　　　└───────────────────────────────[SET S42]

465 ──────────────────────────────────────[STL S42]

466 ┤M4/├──────────────────────────────────[SET S43]

469 ──────────────────────────────────────[STL S43]

470 ┤M8000├┬─────────────────────────────[MOV K5 D20]
　　　　　└┤X014/├────────────────────────[SET Y003]

478 ┤X014├┤M25├───────────────────────────(T1 K5)

483 ┤T1├┬───────────────────────────────[SET M5]
　　　└───────────────────────────────[SET S44]

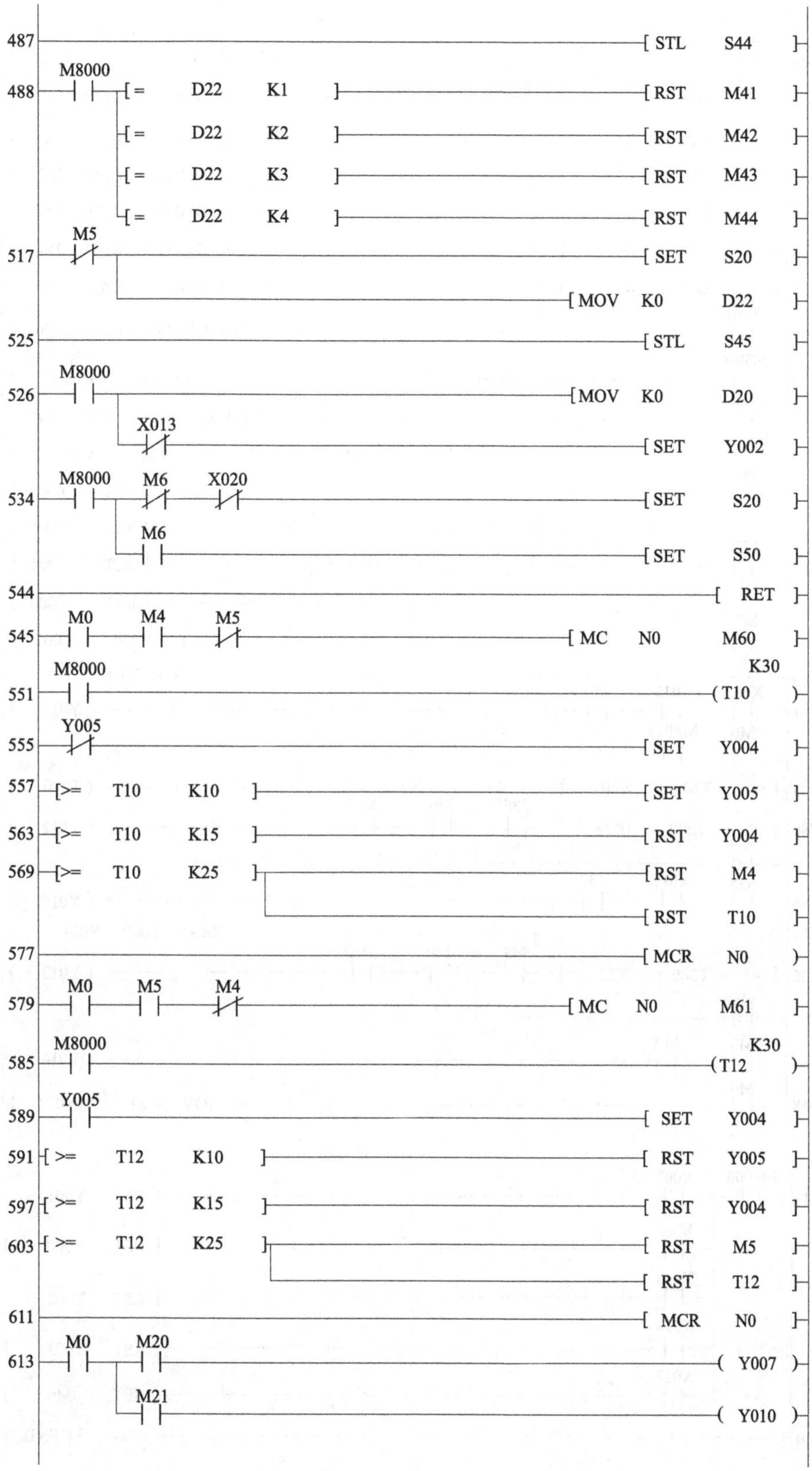

```
487 ─────────────────────────────────────────────[ STL    S44 ]

       M8000
488 ───┤├────[=    D22    K1   ]─────────────────[ RST    M41 ]

            ─[=    D22    K2   ]─────────────────[ RST    M42 ]

            ─[=    D22    K3   ]─────────────────[ RST    M43 ]

            ─[=    D22    K4   ]─────────────────[ RST    M44 ]

       M5
517 ───┤/├──────────────────────────────────────[ SET    S20 ]

        └──────────────────────────────────[ MOV   K0    D22 ]

525 ─────────────────────────────────────────────[ STL    S45 ]

       M8000
526 ───┤├──────────────────────────────────[ MOV   K0    D20 ]

            X013
          ──┤├────────────────────────────────[ SET    Y002 ]

       M8000  M6    X020
534 ───┤├───┤├────┤/├──────────────────────────[ SET    S20 ]

            M6
          ──┤├──────────────────────────────────[ SET    S50 ]

544 ─────────────────────────────────────────────[ RET ]

       M0    M4    M5
545 ───┤├───┤├───┤/├────────────────────[ MC    N0    M60 ]

       M8000                                              K30
551 ───┤├──────────────────────────────────────────────( T10 )

       Y005
555 ───┤/├──────────────────────────────────────[ SET    Y004 ]

557 ─[>=   T10    K10  ]──────────────────────────[ SET    Y005 ]

563 ─[>=   T10    K15  ]──────────────────────────[ RST    Y004 ]

569 ─[>=   T10    K25  ]──────────────────────────[ RST    M4 ]

        └────────────────────────────────────[ RST    T10 ]

577 ─────────────────────────────────────────────[ MCR    N0 ]

       M0    M5    M4
579 ───┤├───┤├───┤/├────────────────────[ MC    N0    M61 ]

       M8000                                              K30
585 ───┤├──────────────────────────────────────────────( T12 )

       Y005
589 ───┤├──────────────────────────────────────[ SET    Y004 ]

591 ─[>=   T12    K10  ]──────────────────────────[ RST    Y005 ]

597 ─[>=   T12    K15  ]──────────────────────────[ RST    Y004 ]

603 ─[>=   T12    K25  ]──────────────────────────[ RST    M5 ]

        └────────────────────────────────────[ RST    T12 ]

611 ─────────────────────────────────────────────[ MCR    N0 ]

       M0    M20
613 ───┤├───┤├──────────────────────────────────( Y007 )

            M21
          ──┤├──────────────────────────────────( Y010 )
```

图 10-10

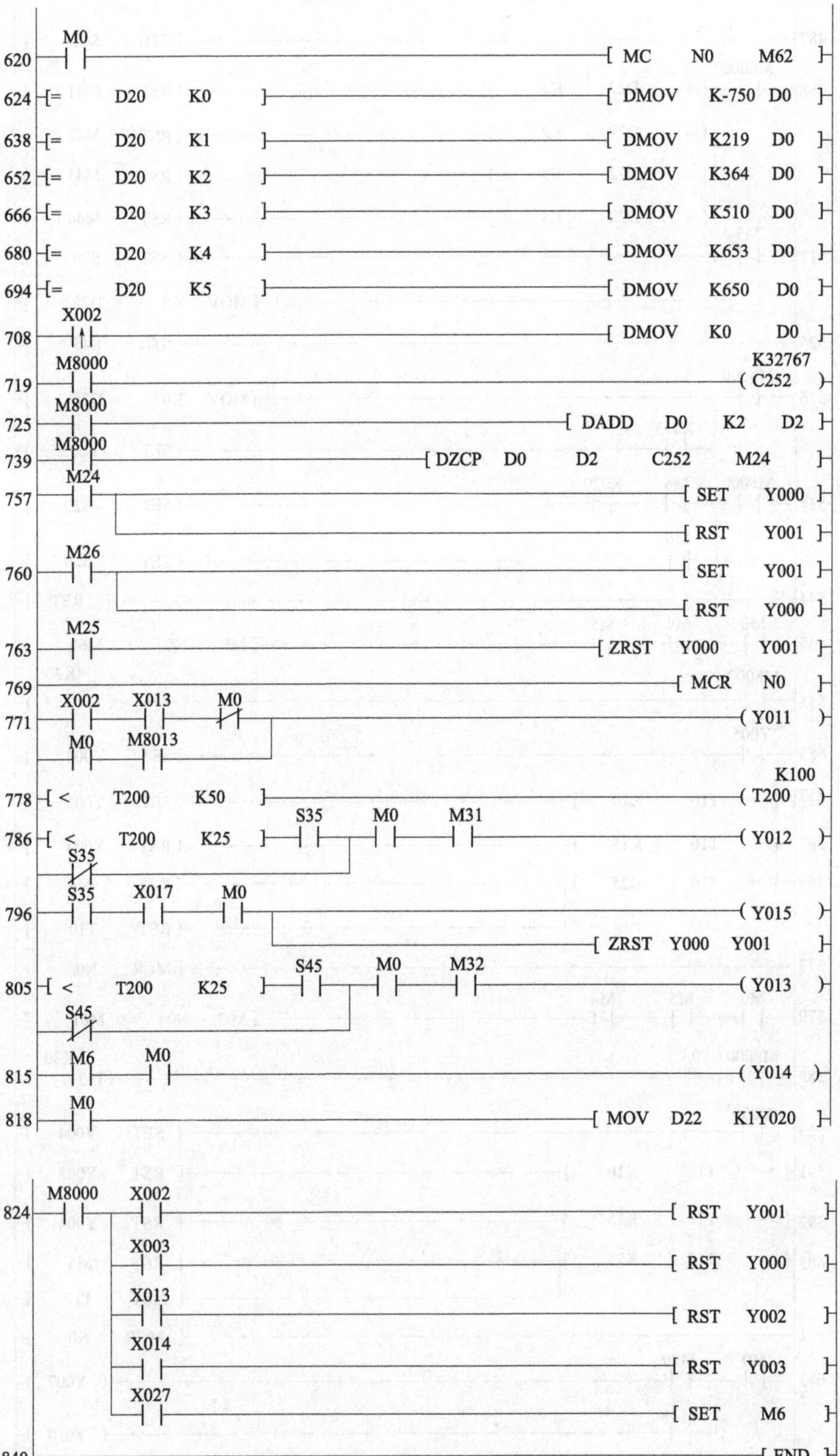

```
      M0
620 ──┤├────────────────────────────────────────────[ MC    N0    M62 ]

624 ─[= D20    K0 ]─────────────────────────────────[ DMOV  K-750  D0 ]

638 ─[= D20    K1 ]─────────────────────────────────[ DMOV  K219   D0 ]

652 ─[= D20    K2 ]─────────────────────────────────[ DMOV  K364   D0 ]

666 ─[= D20    K3 ]─────────────────────────────────[ DMOV  K510   D0 ]

680 ─[= D20    K4 ]─────────────────────────────────[ DMOV  K653   D0 ]

694 ─[= D20    K5 ]─────────────────────────────────[ DMOV  K650   D0 ]

      X002
708 ──┤↑├───────────────────────────────────────────[ DMOV  K0     D0 ]

      M8000                                                    K32767
719 ──┤├──────────────────────────────────────────────────────( C252 )

      M8000
725 ──┤├──────────────────────────────────────[ DADD  D0    K2    D2 ]

      M8000
739 ──┤├────────────────────────[ DZCP  D0    D2    C252    M24 ]

      M24
757 ──┤├──────────────────────────────────────────────[ SET   Y000 ]
      │
      └──────────────────────────────────────────────[ RST   Y001 ]

      M26
760 ──┤├──────────────────────────────────────────────[ SET   Y001 ]
      │
      └──────────────────────────────────────────────[ RST   Y000 ]

      M25
763 ──┤├──────────────────────────────────────[ ZRST  Y000  Y001 ]

769 ──────────────────────────────────────────────────[ MCR   N0 ]

      X002  X013   M0
771 ──┤├───┤├───┤/├──────────────────────────────────────( Y011 )
      M0    M8013
      ┤├───┤├──┘

778 ─[< T200    K50 ]──────────────────────────────────( T200 )

                          S35   M0   M31
786 ─[< T200    K25 ]────┤├───┤├───┤├──────────────────( Y012 )
      S35
      ┤/├──┘
      S35   X017   M0
796 ──┤├───┤├───┤├──────────────────────────────────────( Y015 )
      │
      └──────────────────────────────────[ ZRST  Y000  Y001 ]

                          S45   M0   M32
805 ─[< T200    K25 ]────┤├───┤├───┤├──────────────────( Y013 )
      S45
      ┤/├──┘
      M6    M0
815 ──┤├───┤├──────────────────────────────────────────( Y014 )

      M0
818 ──┤├──────────────────────────────────────[ MOV   D22   K1Y020 ]


      M8000  X002
824 ──┤├───┤├──────────────────────────────────────────[ RST   Y001 ]
      X003
      ┤├──────────────────────────────────────────────[ RST   Y000 ]
      X013
      ┤├──────────────────────────────────────────────[ RST   Y002 ]
      X014
      ┤├──────────────────────────────────────────────[ RST   Y003 ]
      X027
      ┤├──────────────────────────────────────────────[ SET   M6 ]

840 ──────────────────────────────────────────────────────[ END ]
```

图 10-10 系统的梯形图程序

　　c. 出库流程。SA1 开关在位置 2（手柄在右位置），按下启动按钮 SB1（启动功能），指示灯 HL1 变为每秒闪烁一次，提示设备处于工作状态，若 1～4 号库位有工件，指示灯 HL3 发光，提示可以由仓库向载货台出货，机械手将自动按 1～4 号库位的顺序将工件送到载货台，并由 LED 数码管显示当前工件的库位号，直到 4 个库位全是空的，机械手自动回原点，指示灯 HL3 每秒闪烁两次，提示仓库已空，等待操作者按下停止按钮。

　　d. 按下按钮 SB2，发出设备正常停机指令，指示灯 HL4 点亮；机械手应完成当前工件的运送，在放下工件并返回初始位置后再停止。系统回到初始状态后，指示灯 HL4 熄灭，指示灯 HL1 变为点亮。

　　⑩ 系统编程与调试中应该注意的主要问题说明如下。

　　a. 程序中每次传送新的地址给 D20 后，都要通过参数 M25 判断机械手是否到位。因为扫描周期过快，所以会出现机械手还没有移动（参数 M25 还没有被刷新），却已经判断到位的错误结果。因此，在判断是否到位时，本程序使用了定时器，适当增加延时，以达到机械手必须移动到位后才能继续向下运行的目的。此外，延时还可消除机械手的惯性的影响，保证机械手在停止后进行下一个动作时不会出现偏差。

　　b. 传感器的位置应尽可能保证当工件经过传感器下方时，传感器与工件同轴。调整颜色传感器时应保证对金属和白色塑料检测有效，对黑色塑料检测无效。

　　c. 为使每一次检测数据准确，对于公用的标志位在使用后应及时进行复位。

　　d. 数码管采用 4 位 BCD 码输入，程序中使用的数制为十进制，为能够正确显示结果，程序中使用了整数转换为 BCD 码指令。设备上用于库位检测的传感器偏少，因此，程序中使用标志位来记忆库位内有无工件。

10.4　带式传送机的无级调速系统

(1) 带式传送机的 PWM 调速控制

　　① 控制要求：利用 PLC 及变频器实现传送机的 PWM 调速控制。传送带由三个按钮控制，分别控制电动机的启动、停止和运行速度。当电动机启动后，可以通过转速按钮控制电动机的速度，按住增速按钮不放时转速将会以 0.5Hz/s 加速变化，反之按住减速按钮不放转速将会以 0.5Hz/s 减速变化。

　　② 系统组成：由传送带、交流电动机、变频器、指示与主令单元及 PLC 主机单元组成带式传送机的 PWM 调速控制系统，其系统组成如图 10-11 所示。

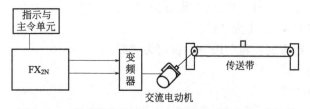

图 10-11　带式传送机用 PWM 控制的系统组成示意图

　　③ 带式传送机的 PWM 调速控制系统的变频器参数设置及其步骤：该系统涉及的变频器参数有 Pr. 66、Pr. 8、Pr. 9、Pr. 22、Pr. 23、Pr. 24，具体步骤如下：

a. 按图 10-12 及表 10-7 进行接线。

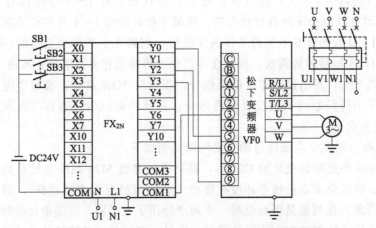

图 10-12　带式传送机的 PWM 调速控制系统原理接线图

表 10-7　带式传送机的 PWM 调速控制系统分配表

电源端子	变频器	电动机	指示与主令单元	PLC 主机单元
U	L1	—	—	—
V	L2	—	—	—
W	L3	—	—	—
PE	PE	PE	—	—
—	U	U	—	—
—	V	V	—	—
—	W	W	—	—
0V	③	—	SB1-1,SB2-1,SB3-1	DC 电源输入"－",模拟量输出"COM 1"
—	⑤	—	—	Y2
—	⑥	—	—	Y3
—	⑨	—	—	Y0
—	—	—	SB1-2	X0
—	—	—	SB2-2	X1
—	—	—	SB3-2	X2
24V	—	—	—	DC 电源输入"＋",数字量输入"COM"

b. 变频器参数初始化：将"Pr. 66"设置为"1"。

c. 设定频率：将 Pr. 9 设定为"1"。

d. 设定变频器运行方式：将"Pr. 8"设定为"2"。

e. 将 Pr. 22 置为"1"。

f. 将 Pr. 23 置为"1"。

g. 将 Pr. 24 置为"100"。

h. 将写好的 PLC 程序下载到 PLC 中，其梯形图程序如图 10-13 所示。

i. 调试运行：SB1 是启动/停止按钮，在停止状态下，按下 SB1 将启动电动机。在运行

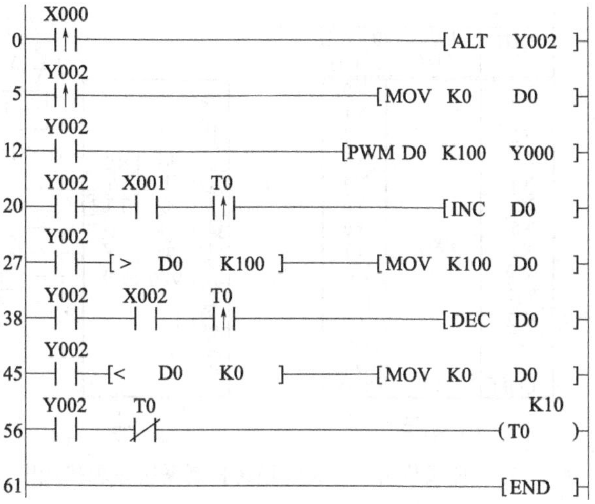

```
       X000
   0 ──┤↑├──────────────────────────[ALT  Y002 ]
       Y002
   5 ──┤↑├────────────────────[MOV  K0    D0 ]
       Y002
  12 ──┤ ├────────────────[PWM D0  K100  Y000 ]
       Y002  X001   T0
  20 ──┤ ├──┤ ├──┤↑├───────────────[INC   D0 ]
       Y002
  27 ──┤ ├──[>  D0   K100 ]─────[MOV  K100  D0 ]
       Y002  X002   T0
  38 ──┤ ├──┤ ├──┤↑├───────────────[DEC   D0 ]
       Y002
  45 ──┤ ├──[<  D0   K0 ]──────[MOV  K0    D0 ]
       Y002   T0                         K10
  56 ──┤ ├──┤/├────────────────────────(T0 )
  61 ────────────────────────────────[END ]
```

图 10-13   带式传送机的 PWM 调速控制系统梯形图程序

状态下,按下 SB1 电动机就会停止运行,SB2 加速控制,SB3 减速控制。

脉冲宽度调制(PWM)是英文"Pulse Width Modulation"的缩写,简称脉宽调制。它是利用控制器的数字输出来对模拟电路进行控制的一种非常有效的技术,广泛应用于测量、通信、功率控制与变换等许多领域。采用 PWM 进行电压和频率的控制,该信号由 PLC 提供,PWM 指令可以直接与变频器一起使用,以控制电动机的运行及速度。设置变频器参数时要特别注意:变频器的周期单位要与 PLC 的周期单位一致,如 PLC 输出 PWM 的周期为 1ms,对应变频器的周期也应该设置为 1ms。

(2) 采用模拟量模块实现带式传送机的无级调速控制

① 控制要求:利用 PLC 及变频器实现传送机的模拟量调速控制。传送带由两个按钮控制,分别控制电动机的启动与停止。按下启动按钮,电动机启动并以每秒增加 0.1Hz 的加速度运行,直到最大输出频率 50Hz 后停止运行。在电动机运行期间按下停止按钮,电动机将会停止。

② 系统组成:由传送带、交流电动机、变频器、指示与主令单元、PLC 主机及模拟量单元组成带式传送机的无级调速控制系统,如图 10-14 所示。

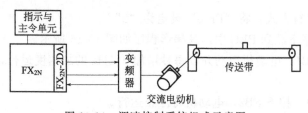

图 10-14   调速控制系统组成示意图

③ 模拟量模块实现带式传送机的无级调速控制系统的变频器参数设置及其步骤:该系统涉及的变频器参数有 Pr.66、Pr.8、Pr.9,具体步骤如下:

a. 按图 10-15 及表 10-8 接好线。

b. 变频器参数初始化:将"Pr.66"设置为"1"。

c. 设定频率:将参数 Pr.9 设定为"4"。

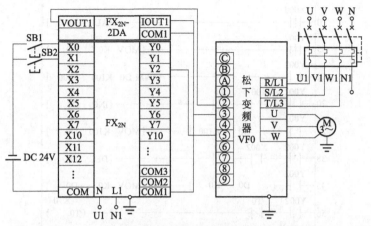

图 10-15 带式传送机的无级调速控制系统原理接线图

表 10-8 带式传送机的无级调速控制系统分配表

电源端子	变频器	电动机	指示与主令单元	PLC 主机单元
U	L1	—	—	—
V	L2	—	—	—
W	13	—	—	—
PE	PE	PE	—	—
—	U	U	—	—
—	V	V	—	—
—	W	W	—	—
0V	③	—	SB1-1,SB2-1	DC 电源输入"—",数字量输出 COM1,模拟量 COM1、IOUT1
—	⑤	—	—	Y2
—	②	—	—	VOUT1
—	—	—	SB1-2	X0
—	—	—	SB2-2	X1
24V	—	—	—	DC 电源输入"+",数字量输入"COM"

d. 设定变频器运行方式:将"Pr. 8"设定为"2"。

e. 编写 PLC 程序下载到 PLC 中,其梯形程序如图 10-16 所示。

f. 启动:按下 SB1,电动机启动并以每秒增加 0.1Hz 的加速度运行,直到最大输出频率 50Hz 后停止增加。

g. 在运行过程中,按下 SB2,电动机将停止运行。

(3) 采用通信协议实现带式传送机的无级调速控制

① 控制要求:系统由两个按钮和一个两位的拨码器控制,按钮分别控制传送带的启动和停止,拨码器作为信号的输入控制变频器的输出频率,变频器输出可以在 0~50Hz 之间整数变化。

② 系统组成系统:由指示与主令单元、PLC、变频器、交流电动机及传送带组成,其系统构成示意图如图 10-17 所示。

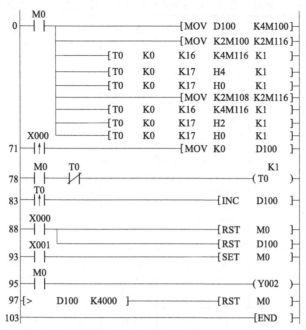

图 10-16　带式传送机的无级调速控制系统梯形图程序

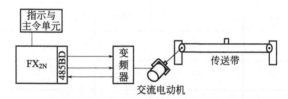

图 10-17　采用通信协议实现无级调速控制系统构成示意图

③ 具体步骤如下：

a. 按图 10-18 及表 10-9 接好线。

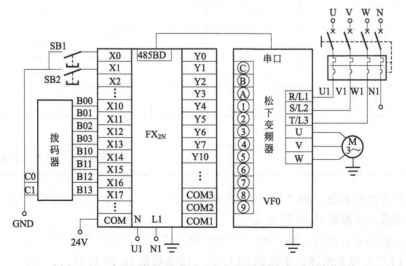

图 10-18　采用通信协议实现无级调速控制系统原理接线图

表 10-9 采用通信协议实现带式传送机的无级调速控制系统分配表

电源端子	变频器	电动机	指示与主令单元	拨码器	PLC 主机单元
U	L1	—	—	—	—
V	L2	—	—	—	—
W	L3	—	—	—	—
PE	PE	—	—	—	—
—	U	U	—	—	—
—	V	V	—	—	—
—	W	W	—	—	—
0 V	③	—	SB1-1,SB2-1	C0,C1	DC 电源输入
—	—	—	—	B00	X10
—	—	—	—	B01	X11
—	—	—	—	B02	X12
—	—	—	—	B03	X13
—	—	—	—	B10	X14
—	—	—	—	B11	X15
—	—	—	—	B12	X16
—	—	—	—	B13	X17
—	—	—	SB1-2	—	X0
—	—	—	SB2-2	—	X1
—	D+	—	—	—	SDA
—	D−	—	—	—	SDB
—	SG	—	—	—	V−
—	D−、E	—	—	—	—
24V	—	—	—	—	DC 电源输入"+",数字量输入"COM"

b. 变频器参数初始化：将 "Pr. 93" 设置为 "1"。

c. 设定频率：将参数 Pr. 8 设定为 "1"。

d. 设定变频器运行方式：将 "Pr. 9" 设定为 "6"。

e. 编写 PLC 程序并编译、下载到 PLC 中，程序如图 10-19 所示。

f. SB1 是停止按钮，SB2 是启动按钮，变频器启动后将按照拨码器的数值运行。

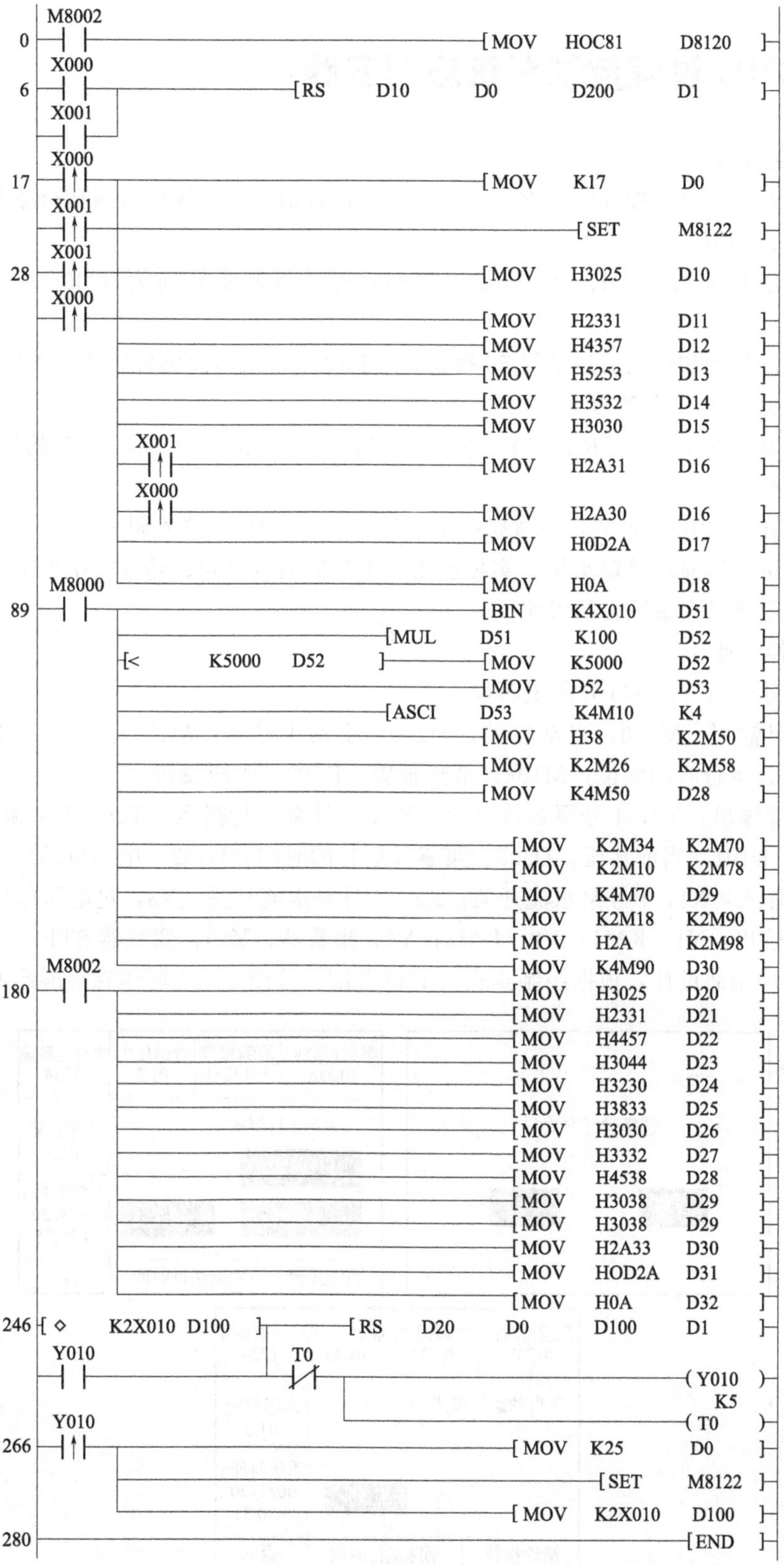

```
     M8002
0    ─┤ ├─────────────────────────────────[ MOV    HOC81    D8120 ]
     X000
6    ─┤ ├──────────────────────[ RS     D10     D0     D200    D1 ]
     X001
    ─┤ ├───┐
     X000  │
17   ─┤↑├──┴──────────────────────────────[ MOV    K17      D0 ]
     X001
    ─┤↑├──────────────────────────────────[ SET    M8122 ]
     X001
28   ─┤↑├──────────────────────────────────[ MOV    H3025    D10 ]
     X000
    ─┤↑├──────────────────────────────────[ MOV    H2331    D11 ]
                                           [ MOV    H4357    D12 ]
                                           [ MOV    H5253    D13 ]
                                           [ MOV    H3532    D14 ]
                                           [ MOV    H3030    D15 ]
          X001
         ─┤↑├──────────────────────────────[ MOV    H2A31    D16 ]
          X000
         ─┤↑├──────────────────────────────[ MOV    H2A30    D16 ]
                                           [ MOV    H0D2A    D17 ]
     M8000
                                           [ MOV    H0A      D18 ]
89   ─┤ ├──────────────────────────────────[ BIN    K4X010   D51 ]
                                     [ MUL  D51     K100     D52 ]
         ─[<    K5000    D52 ]────────────[ MOV    K5000    D52 ]
                                           [ MOV    D52      D53 ]
                                     [ ASCI D53     K4M10    K4 ]
                                           [ MOV    H38      K2M50 ]
                                           [ MOV    K2M26    K2M58 ]
                                           [ MOV    K4M50    D28 ]
                                           [ MOV    K2M34    K2M70 ]
                                           [ MOV    K2M10    K2M78 ]
                                           [ MOV    K4M70    D29 ]
                                           [ MOV    K2M18    K2M90 ]
                                           [ MOV    H2A      K2M98 ]
     M8002                                 [ MOV    K4M90    D30 ]
180  ─┤ ├──────────────────────────────────[ MOV    H3025    D20 ]
                                           [ MOV    H2331    D21 ]
                                           [ MOV    H4457    D22 ]
                                           [ MOV    H3044    D23 ]
                                           [ MOV    H3230    D24 ]
                                           [ MOV    H3833    D25 ]
                                           [ MOV    H3030    D26 ]
                                           [ MOV    H3332    D27 ]
                                           [ MOV    H4538    D28 ]
                                           [ MOV    H3038    D29 ]
                                           [ MOV    H3038    D29 ]
                                           [ MOV    H2A33    D30 ]
                                           [ MOV    HOD2A    D31 ]
                                           [ MOV    H0A      D32 ]
246  ─[ ◇ K2X010 D100 ]──────[ RS     D20     D0     D100    D1 ]
     Y010                 T0
     ─┤ ├────────────────┤/├──────────────────────────( Y010 )
                                                          K5
                                                       ( T0 )
     Y010
266  ─┤↑├──────────────────────────────────[ MOV    K25      D0 ]
                                           [ SET    M8122 ]
                                           [ MOV    K2X010   D100 ]
280  ─────────────────────────────────────────────────[ END ]
```

图 10-19　带式传送机的无级调速控制系统梯形图程序

10.5 PID 过程控制系统应用实践

(1) 控制要求

① 共有两台水泵,按设计要求一台运行,一台备用,自动运行时泵运行累计 100h 轮换一次,手动时不切换。

② 两台水泵分别由 Ml、M2 电动机拖动,电动机同步转速为 3000r/min,由 KM1、KM2 控制。

③ 切换后启动和停电后启动需 5s 报警,运行完可自动切换到备用泵并报警。

④ PLC 采用 PID 调节指令。

⑤ 变频器(使用三菱 FR-A540)采用 PLC 的特殊功能单元 FX_{0N}-3A 的模拟输出,调节电动机的转速。

⑥ 水压在 0～100N 可调,通过触摸屏(使用三菱 F940)输入调节。

⑦ 触摸屏可以显示设定水压、实际水压、水泵的运行时间、转速、报警信号等。

⑧ 变频器的其余参数自行设定。

(2) 软件设计

① I/O 分配系统:I/O 分配说明如下:

a.触摸屏输入:M500,自动启动;M100,手动 1 号泵;M101,手动 2 号泵;M102,停止;M103,运行时间复位;M104,清除报警;D500,水压设定。

b.触摸屏输出:Y0,1 号泵运行指示;Y1,2 号泵运行指示;T20,1 号泵故障;T21,2 号泵故障;D101,当前水压;D502,泵累计运行的时间;D102,电动机的转速。

c.PLC 输入:X1,1 号泵水流开关;X2,2 号泵水流开关;X3,过电压保护。

d.PLC 输出:Y1,KM1;Y2,KM2;Y4,报警器;Y10,变频器 STF。

② 触摸屏画面设计:根据控制要求及 I/O 分配,按图 10-20 制作触摸屏画面。

图 10-20 触摸屏画面

③ PLC 程序：根据控制要求，编制的 PLC 程序，如图 10-21 所示。

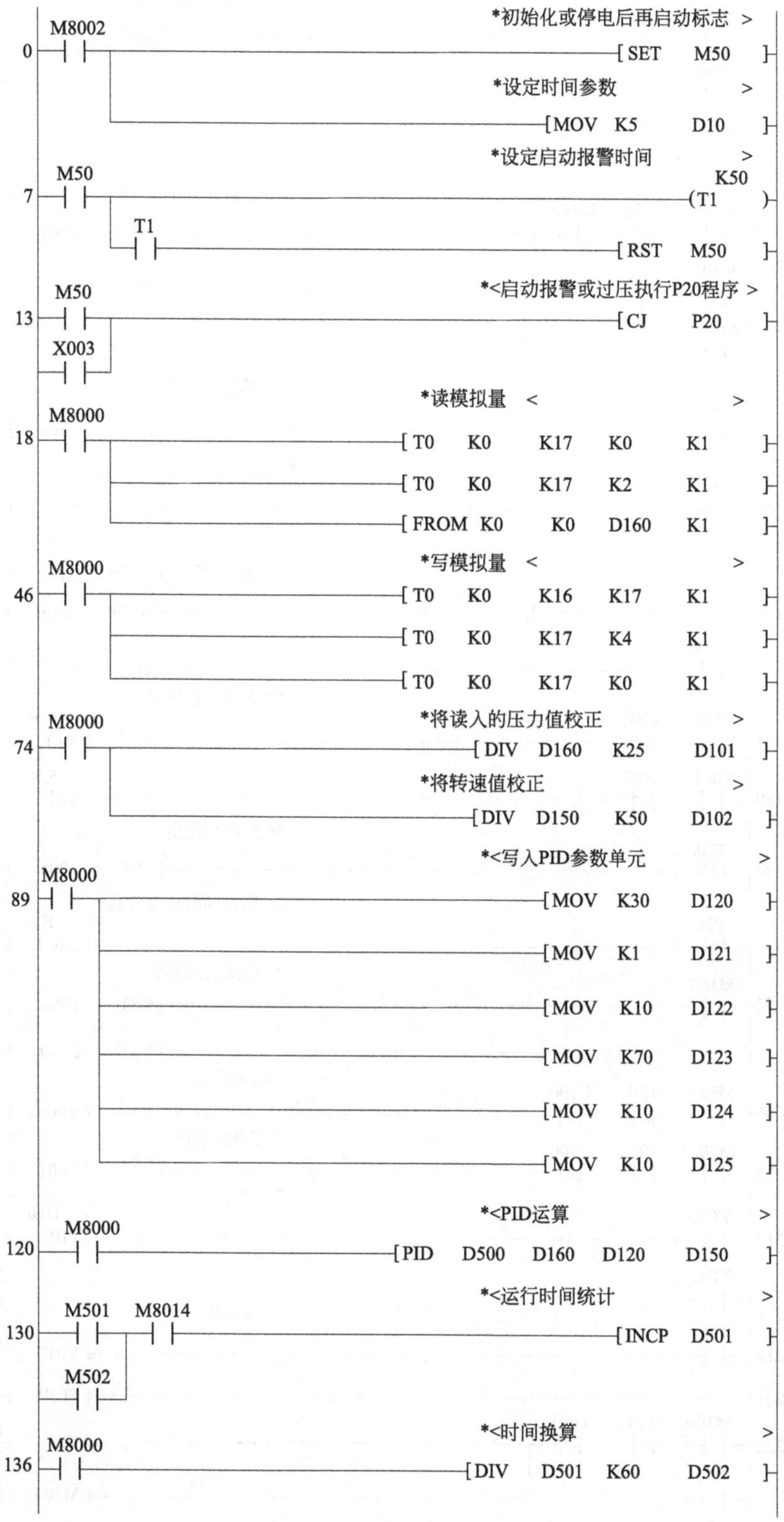

图 10-21

```
                                      *<运行时间复位              >
     M503
144 ─┤↑├──┬─────────────────────────────────[RST    D501   ]┤
     M503 │
    ─┤↓├──┤
     M103 │
    ─┤↑├──┘

                                      *<手动跳转到P10            >
     M100  M500  M102
153 ─┤├───┤/├───┤/├──┬──────────────────────────(M501   )┤
     M101            │
    ─┤├──────────────┤
     M501            │
    ─┤├──────────────┴────────────────[CJ     P10    ]┤

                                      *<自动运行标志             >
     M500
162 ─┤├──────────────────────────────[ALTP   M502   ]┤

                                      *<没有启动命令跳到结束       >
     M502
166 ─┤/├─────────────────────────────[CJ     P63    ]┤

                                      *< 运行时间到或故障时切换      >
170 ─[=  D502  K6000 ]──┬────────────[ALTP   M603   ]┤
     Y004              │
    ─┤├────────────────┴────────────[MOV   K10    D10  ]┤
                                      *< 无水流指示延时
     Y000  X001                                  K30
184 ─┤├───┤/├───────────────────────────────────(T20   )┤
     Y001  X002                                  K30
189 ─┤├───┤/├───────────────────────────────────(T21   )┤
                                      *<时间到报警               >
     T20
194 ─┤↑├──┬─────────────────────────────────[SET    Y004   ]┤
                                      *< 两台同时故障计数           K2
     T21  │
    ─┤↑├──┘                                        (C100  )┤
                                      *<清除故障报警             >
     M104
202 ─┤├───┬─────────────────────────────────[RST    Y004   ]┤
          │
          └─────────────────────────────────[RST    C100   ]┤
                                      *<1号泵运行               >
     M503  T20   C100
206 ─┤/├───┤/├───┤/├─────────────────────────────(Y000  )┤
                                      *<2号泵运行               >
     M503  T21   C100
210 ─┤├───┤/├───┤/├─────────────────────────────(Y001  )┤
                                      *<延时                    D10
     Y000
214 ─┤├──┬──────────────────────────────────────(T10   )┤
     Y001 │
    ─┤├───┘
                                      *<变频器STF               >
     T10
219 ─┤├───────────────────────────────────────────(Y010  )┤

221 ─────────────────────────────────────────────[FEND   ]┤
     M100  M102  Y001
222 ─┤├───┤/├───┤/├──┬───────────────────────────(Y000  )┤
     M504            │
    ─┤├──────────────┴───────────────────────────(M504  )┤
```

图 10-21　PLC 程序

④ 变频器设置：其参数设置如下：

a. 上限频率 Pr.1＝50Hz；

b. 下线频率 Pr.2＝30Hz；

c. 基底频率 Pr.3＝50Hz；

d. 加速时间 Pr.7＝3s；

e. 加速时间 Pr.8＝3s；

f. 电子过电流保护 Pr.9＝电动机的额定电流；

g. 启动频率 Pr.13＝10Hz；

h. PU 面板的第三监视功能为变频器的输出功率 Pr.52＝14；

i. 模式选择为节能模式 Pr.60＝4；

j. 端子 2-5 间的频率设定为电压信号 0～10V，Pr.73＝0；

k. 允许所有参数的读/写 Pr.160＝0；

l. 操作模式选择（外部运行）Pr.79＝2；

m. 其他设置为默认值。

⑤ 系统接线：根据控制要求及 I/O 分配，其系统接线如图 10-22 所示。

⑥ 系统调试：其调试步骤如下：

a. 将触摸屏 RS-232 接口与计算机连接，将触摸屏 RS-422 接口与 PLC 接口连接，编写好 FX$_{0N}$-3A 偏移/增益调整程序，连接好 FX$_{0N}$-3AI/O 电路，通过 GAIN 和 OFFSET 调整偏移/增益。

b. 按图 10-20 设计好触摸屏画面，并设置好各控件的属性，编写好 PLC 程序，并传送到触摸屏和 PLC。

c. 将 PLC 运行开关保持 OFF，程序设定为监视状态，按触摸屏上的按钮，观察程序各触点动作情况，如动作不正确，检查触摸屏属性设置和程序是否对应。

d. 系统时间应正确显示。

e. 改变触摸屏输入寄存器值，观察程序对应寄存器的值变化。

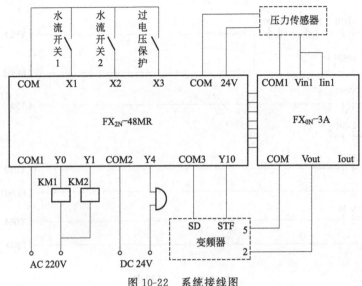

图 10-22 系统接线图

f. 按图 10-22 连接好 PLC 的 I/O 线路和变频器的控制电路及主电路。

g. 将 PLC 运行开关保持 ON，水压设定调整为 30N。

h. 按手动启动，设备应正常启动，观察各设备运行是否正常、变频器输出频率是否相对平稳、实际水压与设定的偏差。

i. 如果水压在设定值上下有剧烈的抖动，则应该调节 PID 指令的微分参数，将值设定小一些，同时适当增加积分参数值。如果调整过于缓慢，水压的上下偏差很大，则系统比例常数太大，应适当减小。

j. 测试其他功能，看是否跟控制要求相符。

10.6 采用伺服驱动的机械手控制系统应用实践

(1) 控制要求

系统设有 5 个控制按钮：一个启动按钮、一个停止按钮和三个速度按钮，三个速度按钮分别控制不同的速度。按下启动按钮后，机械手返回原点；按下速度按钮 1，机械手将会以 100Hz 的频率运行到极限位置，然后以 500Hz 的频率返回原点；按下速度按钮 2，机械手将会以 400Hz 的频率运行到极限位置，然后以 600Hz 的频率返回原点；按下速度按钮 3，机械手将会以 800Hz 的频率运行到极限位置，然后以 1000Hz 的频率返回原点；在机械手运行过程中按下停止按钮，机械手立即停止运动。

(2) 系统组成

行走机械手的速度控制系统构成示意图如图 10-23 所示，该系统由行走机构、伺服电动机、伺服电动机驱动、指示与主令单元及 PLC 主机单元组成。

(3) 调试步骤

伺服电动机驱动器设置及具体步骤如下。

① 按图 10-24 所示的系统原理接线图进行接线。

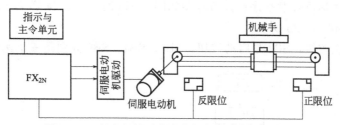

图 10-23　行走机械手的速度控制系统构成示意图

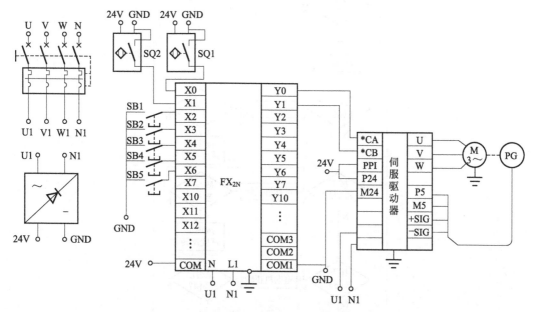

图 10-24　行走机械手的速度控制系统原理接线图

② 打开伺服驱动器编程软件，按表 10-10 所示设置参数，然后下载到驱动器中。

表 10-10　伺服驱动器参数设置

编号	设定项目	设定值	设定范围	初始值
1	指令脉冲修正 α	16	1~32767	16
2	指令脉冲修正 β	1	1~32767	1
3	*脉冲列输入形态	0	0:指令脉冲/指令符号；1:正转脉冲/反转脉冲	1
4	*回转方向/输出脉冲相位切换	0	0:正方向指令时回转方向/CCW 回转时输出脉冲	0
5	调节模式	0	0:自动调节；1:半自动调节；2:手动调节	0
6	负荷惯性比	5.0	0.0~100.0	5.0
7	自动调节增益	10	1~20	10
8	自动向前增益	5	1~20	5
9	*控制模式切换	0	0:位置；1:速度；2:转矩；3:位置<=>速度	0
10	*CONT1 信号分配	1	0:无指定；1:RUN；2:RST；3:+OT；4:-OT	1

注：参数简称前带有 * 号的参数，在设定后要先关闭电源 1s 以上然后再接通后，才会变为有效。

③ 行走机械手速度控制程序设计流程图如图 10-25 所示，编写 PLC 程序并下载到 PLC 中，其梯形程序如图 10-26 所示。

④ SB1 是停止按钮，SB2 是启动按钮，SB3、SB4、SB5 分别是三个速度的控制按钮。

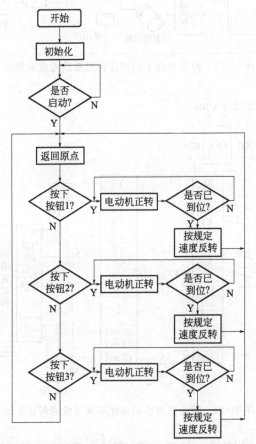

图 10-25　行走机械手速度控制程序设计流程图

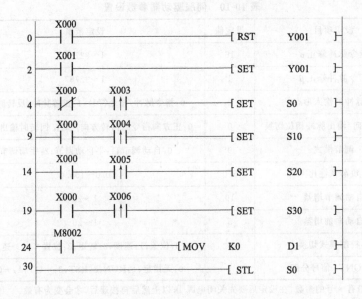

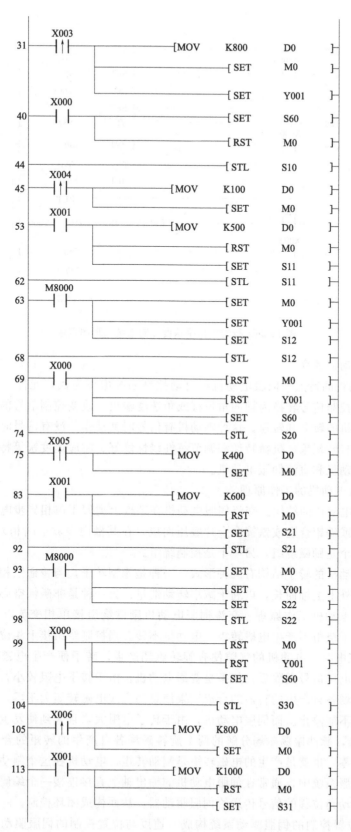

图 10-26

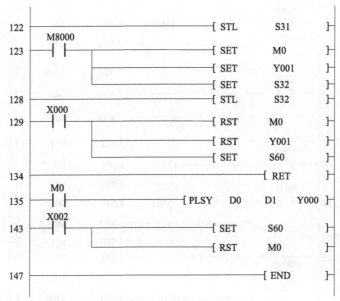

图 10-26 行走机械手速度控制系统梯形图程序

（4）伺服电动机简介

① 伺服电动机的特点 伺服电动机在自动控制系统中作为执行元件，又称为执行电动机。其接收到的控制信号转换为轴的角位移或角速度输出。改变控制信号的极性和大小，便可改变伺服电动机的转向和转速。这种电动机有信号时就动作，没有信号时就立即停止。伺服电动机具有无自转现象、机械特性和调节特性线性度好、响应速度快等特点。伺服电动机分为交流伺服电动机和直流伺服电动机。

② 交流伺服电动机的工作原理

a. 交流伺服电动机的结构。交流伺服电动机在结构上类似于单相异步电动机。它的定子铁芯是用硅钢片或铁铝合金或铁镍合金片叠压而成，在其槽内嵌放空间相差 90°电角度的两个定子绕组，一个是励磁绕组，另一个是控制绕组。

交流伺服电动机的转子结构有两种形式：一种是笼型转子，与普通三相异步电动机笼型转子相似，只是外形上细而长，以利于减小转动惯量；另一种是非磁性空心杯形转子。

b. 交流伺服电动机工作原理。交流伺服电动机励磁绕组接单相交流电，在气隙产生脉冲振荡磁场，转子绕组不产生电磁转矩，电动机不转。当控制绕组接上相位与励磁绕组相差 90°电角度的交流电时，电动机的气隙便有旋转磁场产生，转子便产生电磁转矩并转动。当控制绕组的控制电压信号撤除后，如果是普通电动机，由于转子电阻较小，脉冲振荡磁场分解的两个旋转磁场各自产生的转矩的合成结果使的合成电磁转矩大于零，因此电动机转子仍然保持转动，不能停止。而伺服电动机，由于转子电阻大，且大到使发生最大电磁转矩的转差率 s_m 大于 1，脉冲振荡磁场分解的两个旋转磁场各自产生的转矩的合成结果使总的合成电磁转矩小于零，也就是产生的电磁转矩是制动转矩，电动机在这个制动转矩的作用下立即停止转动。伺服系统中，通常在伺服电动机的输出轴上直接连接一个编码器，该编码器将伺服电动机的转动角位移的信号传送给伺服驱动器，从而构成闭环控制。

③ 速度与位置控制的伺服驱动系统构成 速度与位置控制的伺服驱动系统主要由伺服电动机、伺服驱动器、PLC 控制单元、光电编码器及指示与主令控制单元等构成，其系统

框图如图 10-27 所示。

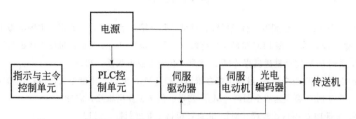

图 10-27　伺服驱动系统的速度与位置控制的构成系统框图

④ 伺服驱动系统的速度与位置控制　伺服驱动系统的速度、位置控制与步进驱动系统的速度、位置控制类似，两者都是利用 PLC 的输出脉冲的数量及频率来控制运动机构的位移大小和运动速度。

参考文献

[1] 阳胜峰，盖超会.三菱 PLC 与变频器、触摸屏综合培训教程（第二版）[M]. 北京：中国电力出版社，2017.

[2] 刘艳梅，陈震，李一波，等.三菱 PLC 基础与系统设计（第二版）[M]. 北京：机械工业出版社，2012.

[3] 向晓汉.三菱 FX 系列 PLC 完全精通教程 [M]. 北京：化学工业出版社，2018.

[4] 盖超会，阳胜峰.三菱 PLC 与变频器.触摸屏综合培训教程 [M]. 北京：中国电力出版社，2016.

[5] 韩相争.三菱 FX 系列 PLC 编程速成全图解 [M]. 北京：化学工业出版社，2018.

[6] 牟应华，陈玉平.三菱 PLC 项目式教程 [M]. 北京：机械工业出版社，2017.

[7] 周军，李忠文，卢梓江.三菱 PLC、变频器与触摸屏应用实例精选 [M]. 北京：化学工业出版社，2018.

[8] 文杰.三菱 PLC 电气设计与编程自学宝典 [M]. 北京：中国电力出版社，2017.

[9] 韩相争.三菱 FX 系列 PLC 编程速成全图解 [M]. 北京：化学工业出版社，2015.

[10] 钱厚亮，田会峰，鞠勇，等.电气控制与 PLC 原理、应用实践 [M]. 北京：机械工业出版社，2018.

[11] 黄志坚.机械电气控制与三菱 PLC 应用详解 [M]. 北京：化学工业出版社，2017.

[12] 陈忠平，侯玉宝.三菱 FX2N PLC 从入门到精通 [M]. 北京：中国电力出版社，2015.

[13] 高安邦，姜立功，冉旭.三菱 PLC 技术完全攻略 [M]. 北京：化学工业出版社，2014.

[14] 常斗南，翟津.三菱 PLC 控制系统综合应用技术 [M]. 北京：机械工业出版社，2017.

[15] 张还.三菱 FX 系列 PLC 控制系统设计与应用实例 [M]. 北京：中国电力出版社，2011.

[16] 李江全，王建平，蒙贺伟，等.三菱 FX 系列 PLC 数据通信及测控应用 [M]. 北京：电子工业出版社，2011.